전라도야생화
오영상

지역 일간지 기자시절, 고향 해남의 한 농가 돌담에 핀 노란색 민들레꽃을 무슨 꽃인지 몰랐다는 자책감에서 시작된 들꽃과의 눈맞춤이 어느새 20여년이 지났다. 실제로 슬라이드 필름을 직접 스캔하면서 살펴보니 1992년에 촬영한 슬라이드 필름도 있었다. 슬라이드 마운트에 네임펜으로 써놓은 촬영일자를 보고 마치 역사학자가 유물을 발견한 것 같이 스스로 놀랐던 것이다.

그렇다고 다른 일을 제쳐놓고 야생화만 기록해 온 것만은 아니다. 언제나 병행했었다. 그래서 더디고 치밀하지도 못한 어설픈 작업이었다고 고백할 수밖에 없다. 그러나 다행히 그동안 야생화를 기록하는 작업이 단절되지 않고 계속할 수 있었다. 카메라 가방에는 항상 접사렌즈가 덤으로 담겨 있었다.

1996년 에베레스트원정대원으로 세계의 지붕을 다녀올 때도 접사렌즈는 품고 갔었다. 무게를 줄여야하는 카라반에도 간식 대신 이 렌즈가 자리를 대신했다. 베이스캠프까지 가는 동안 식물들은 고도가 높아질수록 키는 작아지고 털 복송이가 돼 추위를 이겨낸다는 사실을 알았다. 그 들만의 생존 전략을 관찰할 수 있었으며 카메라에 담아 올 수 있었다.

2005년부터 3년 8개월간 환경부 산하기관인 국립공원관리공단 홍보담당관으로 근무하면서도 접사렌즈는 항상 출장가방에 담고 다녔다. 우리나라의 생태우수지역인 국립공원을 관리하는 전문기관이기 때문에 인적자원이 풍부했고, 그 전문가들의 생태자원관리를 눈여겨 볼 수 있었다. 그때 덕유산국립공원의 광릉요강꽃 등 수많은 멸종위기 식물을 쉽게 만날 수 있었으니 큰 행운이 아닐 수 없었다.

생활 속에서도 마찬가지다. 고향 부모님을 찾을 때도, 벌초나 성묘, 시제를 다녀올 때도 늘 그랬다. 2010년 고향으로 귀농을 했다. 숲해설가 자격증도 취득했으며 생태체험 프로그램을 만들겠다는 큰 포부를 갖고 삽질을 시작했다. 지금도 삽자루 옆에는 항상 접사렌즈가 있다. 국립공원관리공단에서 배운 대로 지역자원을 문화

책을 펴내면서

자원과 자연자원으로 구분하는 습관이 생겼다. 그래서 2011년 <땅끝해남의 자연자원>이라는 책을 낸 적도 있다.

생태관련 출판 작업은 큰 용기가 필요하다고 생각한다. 2002년 171종의 야생화를 모아 <무등산야생화>를 출판했을 때도 그렇고 지금도 마찬가지다. 이 책은 도감도 아니고 그렇다고 사진집도 아닌 애매한 성격으로 식물학 전공자도 아닌 생태사진가가 전라도 지역의 식물자원을 오로지 땀방울로 기록했기 때문에 일부 식물의 경우 동정이나 표기에 있어서 매끄럽지 못할 수 있으므로 독자 여러분께서 양해 부탁드린다. 주로 초본류를 다뤘으며 식물명은 국가생물종지식정보시스템에 의존했다. 분류와 학명은 이창복 박사의 원색 대한식물도감을 따랐다. 그러나 일제시대부터 내려왔던 식물관련 한자용어는 될 수 있으면 한글로 표기하는 것을 고집했다.

해남신문 편집국장으로 있으면서 시도한 OSMU(one source multi use)를 이 책에도 적용해 일부 야생화는 스마트폰을 갖다 대면 직접 촬영한 동영상을 볼 수 있는 QR코드까지 만들어 보는 시도를 했다. 스마트미디어 시대를 뒤따라가기 위한 시도에 대해 격려 부탁드린다. 이 책은 완결판이 아니라 새로운 시작이다. 무등산야생화 출판 당시에도 약속했듯이 앞으로도 지속적으로 우리지역의 식물자원을 기록해 나갈 것을 약속드린다.

이 어려운 출판 작업에 늘 함께 해 주신 영민기획 전율호 사장께 감사드린다. 또한 단 한마디 불평불만없이 든든한 후원자로 나서준 아내와 자료수집과 동영상 편집을 맡아 준 딸, 아들에게 감사드린다. 특히 자료제공은 물론 교열작업에도 팔 벗고 나서주신 전라도우리꽃기행의 정하진, 홍철희, 김세진, 고경남, 김미정 선생님과 자료제공과 분류작업에 힘을 주신 장성의 김상열 선생님, 제자를 써주신 범수 서재경 선생님, 구슬을 꿰매 보석으로 만들어 주신 디자이너 김현희님께도 감사드린다.

2015년 1월 저자 오영상

차례

<속새과>

쇠뜨기 12
고사리삼 13

<고란초과>

콩짜개덩굴 14

<생이가래과>

생이가래 15

<삼백초과>

삼백초 16
약모밀 17

<홀아비꽃대과>

홀아비꽃대 18
옥녀꽃대 19
꽃대 20

<버드나무과>

떡버들 21
갯버들 22

<참나무과>

밤나무 23

<뽕나무과>

닥나무 24
꾸지뽕나무 25
산뽕나무 26
천선과나무 27

<삼과>

환삼덩굴 28

<쐐기풀과>

나도물통이 29
좀깨잎나무 30

<겨우살이과>

겨우살이 31

<쥐방울덩굴과>

개족도리풀 32
족도리풀 33

<마디풀과>

여뀌 34
산여뀌 35
애기수영 36
수영 37
범꼬리 38
닭의덩굴 39
이삭여뀌 40
며느리배꼽 41
며느리밑씻개 42
고마리 43
미꾸리낚시 44
털여뀌 45
기생여뀌 46
큰개여뀌 47
쪽 48
흰꽃여뀌 49
바보여뀌 50
개여뀌 51

<명아주과>

칠면초 52
나문재 53
해홍나물 54

<비름과>

쇠무릎 55

<자리공과>

자리공 56
미국자리공 57

<석류풀과>

번행초 58

<쇠비름과>

쇠비름 59

<석죽과>

개미자리 60
가는장구채 61
큰개별꽃 62
개별꽃 63
유럽점나도나물 64
점나도나물 65
쇠별꽃 66
별꽃 67
패랭이꽃 68
술패랭이꽃 69
동자꽃 70
갯장구채 71

<수련과>

순채 72
왜개연꽃 73
가시연꽃 74
수련 75
연꽃 76

<미나리아재비과>

변산바람꽃 77
나도바람꽃 78
종덩굴 79
병조희풀 80
자주조희풀 81
세잎종덩굴 82
큰꽃으아리 83
외대으아리 84
으아리 85
할미밀망 86
사위질빵 87
할미꽃 88
노루귀 89
새끼노루귀 90
꿩의바람꽃 91
개구리자리 92
미나리아재비 93
개구리미나리 94
복수초 95
자주꿩의다리 96
산꿩의다리 97
꿩의다리 98
참꿩의다리 99
개구리발톱 100
큰제비고깔 101
흰진범 102
놋젓가락나물 103
노루삼 104
만주바람꽃 105
너도바람꽃 106
모데미풀 107
동의나물 108
백작약 109

<으름덩굴과>

으름 110

멀꿀 111

<매자나무과>

삼지구엽초 112
깽깽이풀 113

<방기과>

댕댕이덩굴 114

<목련과>

함박꽃나무 115

<녹나무과>

생강나무 116
털조장나무 117

<양귀비과>

애기똥풀 118
피나물 119
매미꽃 120

<현호색과>

금낭화 121
왜현호색 122
현호색 123
댓잎현호색 124
빗살현호색 125
들현호색 126
자주괴불주머니 127
눈괴불주머니 128
염주괴불주머니 129
산괴불주머니 130

<풍접초과>

풍접초 131

<십자화과>

미나리냉이 132
큰황새냉이 133
논냉이 134
개갓냉이 135
냉이 136
꽃다지 137
장대나물 138

<끈끈이귀개과>

끈끈이주걱 139
끈끈이귀개 140

<돌나물과>

바위솔 141
난장이바위솔 142
기린초 143
큰꿩의비름 144
돌나물 145
땅채송화 146
바위채송화 147

<범의귀과>

노루오줌 148
숙은노루오줌 149
돌단풍 150
바위떡풀 151
바위취 152
산괭이눈 153
물매화 154
나도승마 155
물참대 156
바위말발도리 157
고광나무 158
산수국 159
까마귀밥여름나무 160

<돈나무과>

돈나무 161

<조록나무과>

히어리 162

<장미과>

산딸기 163
참조팝나무 164
자주가는오이풀 165
산오이풀 166
물양지꽃 167
쉬땅나무 168
조팝나무 169
공조팝나무 170
산조팝나무 171
아구장나무 172
국수나무 173
눈개승마 174
뱀딸기 175
돌양지꽃 176
솜양지꽃 177
양지꽃 178
세잎양지꽃 179
딱지꽃 180
큰뱀무 181
수리딸기 182
곰딸기 183
멍석딸기 184
복분자딸기 185
장딸기 186
터리풀 187
오이풀 188
가는오이풀 189
짚신나물 190
찔레 191
돌가시나무 192
생열귀나무 193
해당화 194
이스라지 195
다정큼나무 196
콩배나무 197
마가목 198
팥배나무 199

<콩과>

황기 200
족제비싸리 201
선등갈퀴 202
네잎갈퀴나물 203
자귀나무 204
왕자귀나무 205
차풀 206
고삼 207
참싸리 208
싸리 209
개싸리 210
비수리 211
매듭풀 212
큰도둑놈의갈고리 213
자귀풀 214
살갈퀴 215
갈퀴나물 216
나래완두 217
활량나물 218
갯완두 219
새팥 220
칡 221
돌콩 222
새콩 223
땅비싸리 224
애기등 225
아까시나무 226
벌노랑이 227

골담초 228
자운영 229
붉은토끼풀 230
토끼풀 231
개자리 232
전동싸리 233
활나물 234

<쥐손이풀과>

흰이질풀 235
이질풀 236
털쥐손이 237
둥근이질풀 238

<괭이밥과>

괭이밥 239

<운향과>

초피나무 240
산초나무 241
백선 242

<멀구슬나무과>

멀구슬나무 243

<원지과>

애기풀 244
병아리다리 245

<대극과>

예덕나무 246
붉은대극 247
큰땅빈대 248
등대풀 249
대극 250
개감수 251

<옻나무과>

붉나무 252

<감탕나무과>

호랑가시나무 253
먼나무 254

<노박덩굴과>

미역줄나무 255

<고추나무과>

고추나무 256
말오줌때 257

<단풍나무과>

부게꽃나무 258
단풍나무 259

<무환자나무과>

모감주나무 260

<나도밤나무과>

나도밤나무 261

<봉선화과>

노랑물봉선화 262
물봉선 263
흰물봉선 264

<갈매나무과>

상동나무 265

<포도과>

왕머루 266
까마귀머루 267
개머루 268
담쟁이덩굴 269

<피나무과>

장구밥나무 270

<아욱과>

아욱 271
당아욱 272
황근 273

<벽오동과>

수까치깨 274

<차나무과>

노각나무 275
차나무 276
동백나무 277
흰동백나무 278
사스레피나무 279
우묵사스레피 280

<물레나물과>

물레나물 281
고추나물 282

<제비꽃과>

남산제비꽃 283
알록제비꽃 284
털제비꽃 285
태백제비꽃 286
흰젖제비꽃 287
흰제비꽃 288
제비꽃 289
졸방제비꽃 290
콩제비꽃 291
노랑제비꽃 292

<선인장과>

선인장 293

<박과>

새박 294
뚜껑덩굴 295
하늘타리 296

<팥꽃나무과>

팥꽃나무 297
서향 298
백서향 299
삼지닥나무 300

<보리수나무과>

뜰보리수 301
보리수나무 302
보리장나무 303
보리밥나무 304

<부처꽃과>

배롱나무 305
부처꽃 306

<마름과>

마름 307
애기마름 308

<바늘꽃과>

쇠털이슬 309
돌바늘꽃 310
바늘꽃 311
큰달맞이꽃 312

<개미탑과>

물수세미 313

<두릅나무과>

송악 314
황칠나무 315
팔손이나무 316
음나무 317
두릅나무 318
독활 319

<산형과>
큰피막이 ······ 320
사상자 ······ 321
회향 ······ 322
갯방풍 ······ 323
어수리 ······ 324
등대시호 ······ 325
개시호 ······ 326
개발나물 ······ 327
왜당귀 ······ 328
바디나물 ······ 329
갯강활 ······ 330
갯기름나물 ······ 331

<층층나무과>
산딸나무 ······ 332
층층나무 ······ 333
말채나무 ······ 334
산수유 ······ 335

<노루발과>
매화노루발 ······ 336
노루발 ······ 337
수정난풀 ······ 338

<진달래과>
진달래 ······ 339
털진달래 ······ 340
산철쭉 ······ 341
정금나무 ······ 342

<자금우과>
백량금 ······ 343
자금우 ······ 344

<앵초과>
진퍼리까치수영 ······ 345
좀가지풀 ······ 346
까치수영 ······ 347
큰까치수영 ······ 348
갯까치수영 ······ 349
큰앵초 ······ 350
앵초 ······ 351
봄맞이 ······ 352

<갯질경이과>
갯질경 ······ 353

<노린재나무과>
노린재나무 ······ 354

<때죽나무과>
쪽동백나무 ······ 355
때죽나무 ······ 356

<물푸레나무과>
은목서 ······ 357
금목서 ······ 358
물푸레나무 ······ 359
쇠물푸레 ······ 360
이팝나무 ······ 361
쥐똥나무 ······ 362
미선나무 ······ 363
영춘화 ······ 364

용담과
쓴풀 ······ 365
자주쓴풀 ······ 366
구슬붕이 ······ 367
봄구슬붕이 ······ 368
용담 ······ 369
노랑어리연꽃 ······ 370
어리연꽃 ······ 371

<협죽도과>
개정향풀 ······ 372
마삭줄 ······ 373
털마삭줄 ······ 374
협죽도 ······ 375

<박주가리과>
박주가리 ······ 376
산해박 ······ 377
민백미꽃 ······ 378
선백미꽃 ······ 379

<메꽃과>
애기나팔꽃 ······ 380
둥근잎나팔꽃 ······ 381
갯메꽃 ······ 382
메꽃 ······ 383
새삼 ······ 384
실새삼 ······ 385
미국실새삼 ······ 386

<지치과>
모래지치 ······ 387
반디지치 ······ 388
참꽃마리 ······ 389
꽃마리 ······ 390

<마편초과>
마편초 ······ 391
작살나무 ······ 392
누리장나무 ······ 393
순비기나무 ······ 394
누린내풀 ······ 395
층꽃나무 ······ 396

<꿀풀과>
흰골무꽃 ······ 397
자주광대나물 ······ 398
금창초 ······ 399
내장금란초 ······ 400
조개나물 ······ 401
개곽향 ······ 402
골무꽃 ······ 403
참골무꽃 ······ 404
배초향 ······ 405
벌깨덩굴 ······ 406
긴병꽃풀 ······ 407
꿀풀 ······ 408
익모초 ······ 409
송장풀 ······ 410
석잠풀 ······ 411
광대나물 ······ 412
광대수염 ······ 413
배암차즈기 ······ 414
쥐깨풀 ······ 415
쉽싸리 ······ 416
꽃층층이꽃 ······ 417
박하 ······ 418
향유 ······ 419
꽃향유 ······ 420
방아풀 ······ 421
산박하 ······ 422
오리방풀 ······ 423
속단 ······ 424

<가지과>
구기자나무 ······ 425
미치광이풀 ······ 426
가시꽈리 ······ 427
까마중 ······ 428
배풍등 ······ 429

<현삼과>
참오동나무 ······ 430
물꽈리아재비 ······ 431

토현삼 ···· 432
누운주름잎 ···· 433
주름잎 ···· 434
밭뚝외풀 ···· 435
산꼬리풀 ···· 436
큰개불알풀 ···· 437
개불알풀 ···· 438
꽃며느리밥풀 ···· 439
알며느리밥풀 ···· 440
나도송이풀 ···· 441
송이풀 ···· 442

<열당과>

백양더부살이 ···· 443
야고 ···· 444
초종용 ···· 445

<통발과>

이삭귀개 ···· 446
땅귀개 ···· 447
통발 ···· 448

<쥐꼬리망초과>

쥐꼬리망초 ···· 449
파리풀 ···· 450
질경이 ···· 451
개질경이 ···· 452
창질경이 ···· 453

<꼭두서니과>

계요등 ···· 454
꼭두서니 ···· 455
솔나물 ···· 456

<인동과>

넓은잎딱총나무 ···· 457
딱총나무 ···· 458
덜꿩나무 ···· 459
가막살나무 ···· 460
백당나무 ···· 461
붉은병꽃나무 ···· 462
병꽃나무 ···· 463
인동 ···· 464
길마가지나무 ···· 465

<마타리과>

금마타리 ···· 466
마타리 ···· 467
뚝갈 ···· 468
쥐오줌풀 ···· 469

<초롱꽃과>

소경불알 ···· 470
도라지 ···· 471
더덕 ···· 472
애기도라지 ···· 473
영아자 ···· 474
층층잔대 ···· 475
도라지모시대 ···· 476
모시대 ···· 477

<숫잔대과>

숫잔대 ···· 478
수염가래꽃 ···· 479

<국화과>

나래가막살이 ···· 480
흰씀바귀 ···· 481
향등골나물 ···· 482
벌개미취 ···· 483
참취 ···· 484
주홍서나물 ···· 485
까치고들빼기 ···· 486
갯쑥부쟁이 ···· 487
절굿대 ···· 488
삽주 ···· 489
지느러미엉겅퀴 ···· 490
조뱅이 ···· 491
엉겅퀴 ···· 492
정영엉겅퀴 ···· 493
지칭개 ···· 494
가야산은분취 ···· 495
각시서덜취 ···· 496
수리취 ···· 497
산비장이 ···· 498
솜나물 ···· 499
단풍취 ···· 500
떡쑥 ···· 501
풀솜나물 ···· 502
금불초 ···· 503
담배풀 ···· 504
긴담배풀 ···· 505
골등골나물 ···· 506
등골나물 ···· 507
미역취 ···· 508
미국미역취 ···· 509
쑥부쟁이 ···· 510
개쑥부쟁이 ···· 511
미국쑥부쟁이 ···· 512
해국 ···· 513
개망초 ···· 514
망초 ···· 515
머위 ···· 516
우산나물 ···· 517
붉은서나물 ···· 518
털머위 ···· 519
곰취 ···· 520
솜방망이 ···· 521
개쑥갓 ···· 522
박쥐나물 ···· 523
만수국아재비 ···· 524
진득찰 ···· 525
한련초 ···· 526
미국가막사리 ···· 527
가막사리 ···· 528
도깨비바늘 ···· 529
톱풀 ···· 530
구절초 ···· 531
산국 ···· 532
감국 ···· 533
쇠서나물 ···· 534
흰민들레 ···· 535
민들레 ···· 536
서양민들레 ···· 537
조밥나물 ···· 538
벋음씀바귀 ···· 539
좀씀바귀 ···· 540
씀바귀 ···· 541
선씀바귀 ···· 542
왕고들빼기 ···· 543
사데풀 ···· 544
방가지똥 ···· 545
큰방가지똥 ···· 546
뽀리뱅이 ···· 547
이고들빼기 ···· 548
고들빼기 ···· 549

<부들과>

부들 ···· 550
애기부들 ···· 551

<가래과>

가래 ···· 552

<택사과>

질경이택사 ···· 553
벗풀 ···· 554

보풀 555

<자라풀과>

물질경이 556
자라풀 557

<벼과>

갯강아지풀 558
조릿대 559
띠 560
억새 561
수크령 562
강아지풀 563
금강아지풀 564
줄 565
왕쌀새 566
오리새 567
갈대 568

<사초과>

통보리사초 569
밀사초 570
방울고랭이 571
방동사니 572
알방동사니 573

<천남성과>

넓은잎천남성 574
창포 575
석창포 576
앉은부채 577
애기앉은부채 578
반하 579
섬천남성 580
두루미천남성 581
천남성 582
큰천남성 583

<닭의장풀과>

나도생강 584
덩굴닭의장풀 585
자주닭개비 586
사마귀풀 587
닭의장풀 588

<골풀과>

골풀 589
꿩의밥 590

<물옥잠과>

부레옥잠 591
물옥잠 592
물닭개비 593

<백합과>

금강애기나리 594
홍도원추리 595
처녀치마 596
참여로 597
주걱비비추 598
산파 599
맥문동 600
소엽맥문동 601
삿갓나물 602
은방울꽃 603
풀솜대 604
윤판나물 605
애기나리 606
큰애기나리 607
죽대 608
둥굴레 609
왕둥굴레 610
용둥굴레 611
선밀나물 612
청미래덩굴 613
뻐꾹나리 614
박새 615
흰여로 616
옥잠화 617
비비추 618
일월비비추 619
원추리 620
왕원추리 621
홑왕원추리 622
골잎원추리 623
쥐꼬리풀 624
산마늘 625
산부추 626
얼레지 627
나도개감채 628
산자고 629
하늘말나리 630
말나리 631
하늘나리 632
털중나리 633
솔나리 634
땅나리 635
참나리 636
중의무릇 637
무릇 638
진노랑상사화 639
백양꽃 640
석산 641
상사화 642
수선화 643

<마과>

마 644

<붓꽃과>

각시붓꽃 645
노랑붓꽃 646
꽃창포 647
붓꽃 648

<난초과>

나도제비란 649
섬사철란 650
복주머니란 651
광릉요강꽃 652
잠자리난초 653
제비난 654
천마 655
금난초 656
은난초 657
꼬마은난초 658
타래난초 659
애기천마 660
사철란 661
백운란 662
자란 663
새우난초 664
금새우난 665
약난초 666
감자난 667
석곡 668
보춘화 669
대흥란 670
지네발란 671
풍란 672
나도풍란 673

010-5636-5040 jeolladoeco@naver.com

1960년 전남 해남출생 • 광주 북성중학교 졸업 • 광주 금호고등학교 졸업
전남대학교 문헌정보학과 졸업 • 광주대학교 언론홍보대학원 졸업(정치학 석사)

현재 / 광주생명의숲 홍보위원장 • 광주서구문화원 이사 • 환경부 환경교육홍보단 강사 • 숲해설가
활동 / 17년간 전남일보, 광주매일, 굿데이신문 근무 • 해남신문 편집국장
국립공원관리공단 홍보담당관 • 1996년 조선대에베레스트 원정대원

저서

2002년 무등산야생화
2004년 전라도탐조여행 새들아! 놀자
2011년 땅끝해남의 자연자원

전라도야생화

쇠뜨기

과명 속새과 학명 *Equisetum arvense* L. 개화기 포자낭

햇볕이 잘 드는 밭, 길가, 제방 등에서 흔히 자라며 특히 사질토양에서 잘 자라는 여러해살이풀로 뿌리줄기가 길게 벋으며 번식한다. 생식경은 이른 봄에 나와서 높이 10~20cm 정도의 연한 갈색으로 끝에 뱀대가리 같은 포자낭 이삭을 형성한다. 영양경은 뒤늦게 나와서 높이 30~40cm 정도로 봄부터 가을까지 자라며 속이 비어 있고 겉에 능선이 있으며 마디에는 비늘같은 잎이 윤생한다. 소가 잘뜯는 풀이므로 쇠뜨기라는 이름으로 불리었다. 뱀밥이라는 속명으로도 불린다. 생식경과 괴근을 식용하며 영양경은 민간에서 치질, 이뇨제 등으로 쓰인다.

과명 고사리삼과

학명 ***Botrychium ternatum*** (Thunb.) 개화기 포자낭

고사리삼

햇볕이 잘 드는 숲속 기름진 곳이나 산골짜기 냇물 가까운 풀밭에서 자라는 여러해살이 양치류다. 생육환경은 습기가 많고 토양이 비옥한 반그늘의 풀밭에서 자라며 높이는 50cm정도다. 전체에 털이 없고 잎은 두꺼우며 포자가 없는 영양엽과 포자가 있는 포자엽이 있으며 영양엽은 두꺼우며 광채가 있고 잎자루가 세 갈래로 갈라지며 길고 끝에 톱니가 있다. 포자엽은 영양엽보다 길고 윗부분에서 여러 갈래로 갈라진 뿔 모양이며 갈라진 가지에 좁쌀같은 여러 개의 포자낭이 달린다. 포자엽에 달린 포자낭이 9~11월에 익는다. 꽃고사리로도 불리며 풀 전체가 약용으로 쓰인다. 고사리에 비해 재배가 까다롭다.

콩짜개덩굴

과명 고란초과

학명 *Lemmaphyllum microphyllum* Lpersl 개화기 포자낭

해남, 변산 등 서남해안지대와 완도, 거문도, 흑산도 등 남쪽 섬의 바위나 노목에 붙어서 자라는 상록 여러해살이풀로 뿌리줄기가 옆으로 벋으며 콩처럼 작고 콩을 반으로 쪼개 놓은 것 같은 잎이 드문드문 달린다. 반그늘에서 잘 자란다. 잎은 2가지가 있고 나엽은 원형 또는 타원형이며 가장자리가 밋밋하고 뿔기줄기 양쪽으로 퍼지며 포자낭이 달린 잎은 주걱형으로 끝이 둥글며 밑부분이 좁아져서 양쪽에 포자낭군이 달린다. 나엽이 콩짜개와 비슷한 덩굴성식물이라 콩짜개덩굴로 불린다. 난과 식물로 꽃이 피는 콩짜개난은 다른 종이다. 돌이나 기와, 마른 나뭇가지에 붙여 기르기도 한다.

과명 생이가래과
학명 *Salnimia natans* (L.) All. 개화기 포자낭

생이가래

논밭이나 호수, 저수지, 연못 등 물 위에 떠서 자라는 한해살이풀이다. 수면 전체를 덮어버릴 정도로 번식력이 강하며 전체 길이가 7~10cm이고 줄기는 가늘게 물 위로 벋으며 털이 많고 가지가 많이 갈라진다. 잎은 3개씩 돌려나며 2개는 마주나며 물 위에 뜨고 주맥과 측맥이 있으며 1개는 물속에 잠기며 잘게 갈라져서 양분을 흡수하는 뿌리 역할을 한다. 물 위에 떠 있는 잎은 잎자루가 짧고 중축의 좌우에 깃처럼 배열되며 타원형이다. 물에 잠기는 잎은 가을철에는 털로 덮인 주머니 같은 것이 생겨 안에 포자낭이 만들어진다.

삼백초

과명 삼백초과 학명 ***Saururus chinensis*** **Baill.** 개화기 **6~8월**

주로 제주도 습지에서 자라는 여러해살이풀이지만 이 지역에서도 약초로 재배하기도 한다. 반그늘인 곳에서 잘 자라며 높이는 50~100㎝다. 잎은 어긋나며 달걀모양의 타원형이다. 잎 표면은 연한 녹색이고 뒷면은 연한 흰색이며 꽃이 필 무렵에는 윗부분의 잎 2~3개가 흰색으로 변한다. 잎겨드랑이에서 꽃대가 자라 작은 흰색 꽃이 이삭 모양으로 뭉쳐난다. 꽃은 흰색으로 아래로 처지다가 끝부분은 위로 올라가며 잎과 마주나고 길이는 10~15㎝이고 꼬불꼬불한 털이 있다. 열매는 9~10월경에 꽃망울에 한 개씩 둥글게 달린다. 꽃을 포함한 잎과 줄기, 뿌리는 약재로 쓰인다. 삼엽백초, 백설골, 백면골이라고도 한다.

과명 삼백초과 학명 *Houttuynia cordata* Thunb. 개화기 6월

약모밀

제주도와 울릉도, 남부지방의 습지에서 자라는 여러해살이풀이다. 뿌리는 흰색이고 연하며 옆으로 길게 벋고 아래줄기는 누워 자라는데 마디에서 뿌리가 내린다. 줄기는 잎과 더불어 털이 없으며 높이는 20~50cm로 곧추 자라고 몇 개의 세로줄이 있다. 잎은 어긋나며 잎자루가 길고 넓은 달걀모양 심장형이다. 6월경에 원줄기 끝에서 짧은 꽃줄기가 나와 그 끝에서 길이 1~3cm의 이삭꽃차례에 많은 꽃이 빽빽하게 붙어 핀다. 삭과는 암술대 사이에서 갈라져 연한 갈색 종자가 나온다. 전체에서 물고기 비린내가 나므로 '어성초(魚腥草)'라 부르기도 하며 종처, 화농, 치질, 이뇨제 등의 약재로 쓰인다.

홀아비꽃대

과명 홀아비꽃대과
학명 *Chloranthus japonicus* Siebold 개화기 4~5월

산지의 숲 속에 자라는 여러해살이풀이다. 높이는 20~30cm이고 밑부분의 마디에 비늘같은 잎이 달려 있으며 뿌리줄기는 마디가 많고 흔히 덩어리처럼 되며 회갈색의 뿌리가 돋는다. 잎은 줄기 끝에 4장이 모여 나며 달걀모양 또는 타원형이다. 꽃은 잎 가장자리에 길이 2~3cm로 피며 꽃잎이 없다. 수술은 3개로 흰색 실 같으며 밑부분이 합쳐져서 열매는 삭과이며 둥글다. 전국적으로 분포한다고 하지만 이 지역에서는 주로 옥녀꽃대가 많다. 유사종인 꽃대는 두 개의 꽃자루가 자란다. 그래서 북한에서는 이 꽃을 홀꽃대라 부른다. 호래비꽃대라고도 한다.

과명 홀아비꽃대과
학명 *Chloranthus fortunei* (A.Gray) Solms 개화기 4~5월

옥녀꽃대

주로 제주도와 남부지방의 반그늘이나 양지의 숲에서 자라는 여러해살이풀이다. 높이는 15~40㎝이고 잎은 줄기 끝에 타원형으로 4장이 뭉쳐나고 녹색이며 끝이 날카롭지 않다. 흰색 꽃이 4장의 잎 사이에서 꽃대가 올라와 핀다. 잎은 줄기 끝에 4장이 모여 나며 달걀모양이거나 타원형이다. 꽃은 잎 가장자리에 길이 2~3cm로 피며 꽃잎이 없다. 처음 발견된 장소가 거제도 옥녀봉이어서 옥녀꽃대라고 하였다. 몇 해 전까지만해도 남도지방에서는 이 꽃을 홀아비꽃대라 불렀다. 이 꽃의 꽃잎이 홀아비꽃대에 비해 가늘고 길어 연약해 보인다. 관상용으로 쓰인다.

꽃대

과명 홀아비꽃대과
학명 *Chloranthus serratus* Roem. et Schult. 개화기 4~5월

중부 이북의 숲속에서 흔히 자라지만 지리산 등 남부지방에서도 자라는 여러해살이풀이다. 높이 30~50cm이고 가지가 갈라지지 않으며 밑부분의 잎이 얇은 초상엽으로된다. 잎은 4개이고 간혹 6개가 접근하여 마주나며 끝이 뾰족한 달걀모양 긴 타원형 또는 타원모양으로 가장자리에 뾰족한 톱니가 있으며 밑부분이 좁아져 잎이 된다. 꽃은 양성으로 꽃잎이 꽃받침이 없고 수상꽃차례는 길이 3~5cm로 보통 2개씩 나온다. 수술대는 3개이며 중앙부의 것이 약간 길다. 열매는 넓은 거꾸로 세운 달걀모양으로 때로는 마디에서 폐쇄화가 나온다.

과명 버드나무과 학명 *Salix hallaisanensis* Lev. 개화기 4월

떡버들

낙엽관목으로 높이 6m 내외로 산지 정상부근에서 자란다. 어린가지에 비단같은 털이 있다. 잎은 마주나며 원형, 넓은 타원이나 달걀모양이며 길이 3~14cm로 가장자리는 밋밋하거나 뚜렷하지 않은 톱니가 있다. 꽃은 노란색으로 잎보다 먼저 묵은 가지에 달린다. 꽃대에는 털이 있고 수술은 2개이고 수술대 기부에 털이 있다. 탐라류라는 속명처럼 제주도에 분포하는 걸로 알려져 졌으나 무등산국립공원에도 분포한다. 원엽류라고도 불린다. 잎이 두껍고 크기 때문에 떡버들이라고 한다. 민간에서 이뇨, 종기, 황달, 치통, 지혈 등에 약재로 쓰인다.

갯버들

과명 버드나무과 학명 *Salix gracilistyla* Miq. 개화기 3~4월

산골짜기나 물가에서 자라는 낙엽관목이다. 줄기는 2m 정도이며 뿌리 근처에서 많은 가지가 나오고 어린가지는 황록색으로 털이 있다가 곧 없어진다. 잎은 마디마다 서로 어긋나게 달리며 넓은 바소꼴로 양끝이 뾰족하고 뒷면에는 일반적으로 잔털이 빽빽하여 희게 보인다. 잎의 길이는 5~10cm 정도로 가장자리에는 털과 같은 작은 톱니가 있다. 꽃은 잎이 나기 전에 전년도 가지의 잎이 붙었던 자리에서 원기둥꼴로 많이 뭉쳐서 피는데 수술은 1개이고 꽃밥은 붉은색이다. 햇가지는 황록색이며 암수딴그루다. 이삭의 길이는 3~5cm다. 전국 각지에 널리 분포하며 냇가나 산골짜기 등 물기가 많은 땅에 난다.

과명 참나무과 학명 *Castanea crenata* S. et Z. 개화기 6~8월

밤나무

산과 들에서 자라며 인가 주변에서 흔히 심어 기르는 낙엽활엽교목으로 높이 15m다. 지름 1m로 수피가 세로로 갈라지고 잔가지는 자줏빛이 도는 적갈색으로서 단모 또는 성모가 있으나 없어진다. 잎은 어긋나며 타원형 또는 바소꼴로 17~25쌍의 측맥이 있으며 가장자리에 끝이 날카로운 물결무늬 톱니가 있다. 암수한그루로 6~8월에 꽃이 달린다. 수꽃은 새가지 끝의 잎겨드랑이에서 꼬리모양의 꽃차례에 많이 달리고 암꽃은 그 밑부분에서 2~3개식 한군데 모여 달걀모양으로 작게 달린다. 열매는 9~10월에 익는데 견과는 3개 또는 1개씩 들어있다.

닥나무

과명 뽕나무과
학명 *Broussonetia kazinoki* Siebold 개화기 6~8월

양지바른 산기슭, 밭둑에 자라는 낙엽관목이다. 높이 3m에 달하며 잔가지에 짧은 털이 있으나 곧 없어진다. 잎은 어긋나며 달걀모양 또는 긴 달걀모양이고 끝 부분이 길고 뾰족하다. 잎 가장자리가 2~3개로 깊게 갈라진다. 꽃은 암수한그루로 수꽃이삭은 어린 가지 밑부분에 달리며 타원 모양이다. 수꽃의 꽃덮개조각과 수술은 각각 4개이다. 암꽃이삭은 윗부분의 잎겨드랑이에 달리며 둥근 모양, 열매는 핵과로 둥글며 붉은빛으로 익는다. 한방에서 열매는 양기부족, 수종의 치료제로 쓰인다. 어린 잎은 식용한다. 예로부터 이 나무를 이용해 창호지 등 종이를 만들었다.

과명 뽕나무과

학명 *Cudrania tricuspidata* Bureau 개화기 5~6월

꾸지뽕나무

중부이남에 자라는 낙엽소교목으로 수피는 갈색 또는 회갈색으로 세로로 얕게 갈라지며 가지에 껍질눈이 발달한다. 잎겨드랑이에 잔가지가 변한 굵고 날카로운 가시가 있다. 뿌리는 노란색이다. 잎은 세 갈래로 갈라지며 밋밋한 달걀모양이며 어긋나게 달린다. 꽃은 암수딴그루며 연한 노란색 꽃이 잎겨드랑에 핀다. 수꽃이삭은 둥글며 연한 털이 덮이고 암꽃이삭은 타원형으로 암술대 2개가 실처럼 갈라진다. 익지 않은 열매는 녹색이며 붉은색으로 변해 붉게 익는다. 열매는 식용이며 기능성 과일로 알려지면서 재배농가가 늘고 있다.

산뽕나무

과명 뽕나무과
학명 *Morus bombycis* Koidzumi 개화기 4~6월

낙엽소교목으로 높이 10m 내외다. 산지 낮은 지대나 논·밭둑에서 자란다. 껍질은 잿빛을 띤 갈색이다. 잎은 달걀모양이거나 넓은 달걀모양으로 길이 8~15cm, 폭이 4~8cm다. 가장자리에 불규칙하고 날카로운 톱니가 있다. 꽃은 녹색이며 암수딴그루이거나 잡성화이다. 열매는 녹색에서 붉은색으로 변했다가 자주빛을 띤 검은색으로 익는다. 잎과 줄기의 모양에 따라 꼬리뽕, 좁은잎뽕, 가새뽕, 섬뽕, 붉은대산뽕 등 여러종이 있다. 산상으로도 불린다. 한방과 민간에서는 나무전체가 여러 종류의 질병에 약으로 쓰인다.

과명 뽕나무과 학명 *Ficus erecta* Thunb. 개화기 5~6월

천선과나무

주로 남부지방의 해안지대와 섬에서 자라는 낙엽활엽관목이다. 높이 2~4m이고 나무껍질은 밋밋하며 가지는 회백색이고 상처를 내면 젖 같은 즙액이 나온다. 잎은 어긋나고 거꾸로 세운 달걀모양의 타원형이다. 암수딴그루로 5~6월 새 가지의 잎겨드랑이에 열매처럼 생긴 둥근 꽃주머니가 달리는데 그 안에 많은 꽃이 들어 있다. 수꽃은 3개의 수술이 있으며 암꽃은 1개의 자방에 짧은 암술대가 있다. 꽃주머니가 자라서 열매로 되며 9~10월에 검은 자주색으로 익는다. 천상의 선녀들이 따 먹는 과일이라는 의미로 이같이 불리었다. 맹아에 톱니가 있는 것을 좁은잎천선과나무라 한다.

환삼덩굴

과명 삼과

학명 *Humulus japonicus* Siebold. et Zucc. 개화기 7~10월

휴경지나 논둑과 밭둑 그리고 도시의 빈터에서 자라는 덩굴성 한해살이풀이다. 줄기는 네모가 지며 길이가 길이 2~4m에 이르고 땅에 기면서 자라거나 기주식물이 있을 경우 지주삼아 올라간다. 밑을 향한 거친 가시가 있다. 잎은 마주나며 손바닥 모양이다. 암수딴그루이며 수꽃은 길이 15~25cm의 원추꽃차례를 이루며 꽃받침 조각과 수술이 5개씩 있다. 암꽃은 10개 정도가 모여 피며 짧은 총상꽃차례에 달린다. 열매는 수과다. 열매가 달린 덩굴을 이뇨제로 쓰기도 한다. 약명은 천장초이며 한삼덩굴, 범삼덩굴, 노호등, 고가등, 거거 등으로도 불린다.

과명 쐐기풀과 학명 *Nanocnide japonica* Bl. 개화기 5~6월

나도물통이

제주도와 남부 산지 그늘에서 자라는 여러해살이풀로 높이 10~20cm이며 옆으로 벋는 가지가 있으며 줄기는 모여 난다. 잎은 어긋나고 긴 잎자루를 가지며 줄모양이거나 넓은 달걀모양이고 표면에 광택이 있고 가장자리가 둔한 톱니모양이며 양면에 털이 있다. 수꽃은 연두색으로 잎겨드랑이에서 나온 긴 꽃대 끝에 1송이씩 달리고 수술은 안쪽으로 말려 있다. 암꽃은 연한 붉은 빛이며 줄기 윗부분의 잎겨드랑이에서 나온 짧은 꽃대 끝에 달린다. 열매는 수과이고 꽃덮개에 쌓인 타원 모양이다. 식물명에서 접두어 '나도'는 유사하다는 뜻이다.

좀깨잎나무

과명 쐐기풀과 학명 *Boehmeria spicata* Thunb. 개화기 7~8월

산지의 바위 틈이나 숲 가장자리, 민가의 돌담에서 자라는 낙엽 반관목으로 높이 50~100cm이고 줄기에 붉은빛이 돌며 털이 있으나 점차 없어진다. 잎은 마주나고 마름모형 달걀모양이며 끝이 꼬리처럼 길고 가장자리에 큰 톱니가 5~6개 있다. 잎자루는 길이 1~3cm로 붉은 빛이 돈다. 꽃은 암수한그루로서 7~8월에 피며 수상꽃차례로 수꽃은 줄기 윗부분의 잎겨드랑이에, 암꽃은 밑부분의 잎겨드랑이에 달린다. 열매는 긴 달걀모양이지만 여러 개가 모여달리기 때문에 둥글게 보이며 10월에 익는다. 어린 순은 나물로 먹는다.

과명 겨우살이과

학명 *Viscum album* var. *coloratum* (Kom.) Ohwi 개화기 2~3월

겨우살이

산지에 드물게 자라는 상록관목이다. 참나무, 팽나무, 물오리나무, 밤나무, 자작나무에 기생한다. 줄기와 잎에 엽록소가 있어서 스스로 광합성을 하여 양분을 만들기도 한다. 줄기는 새 둥지같이 둥글게 엉켜 자라고 2~3개로 갈라진다. 잎은 마주나고 바소꼴이거나 타원형이며 표면은 녹색이고 가장자리는 밋밋하며 열매는 반투명의 액과로 둥글고 연한 노란색으로 10~12월에 익는다. 암수딴그루로 가지 끝의 잎 사이에 꽃자루가 없는 연한 노란색의 꽃이 핀다. 열매는 장과로 연한 노란색으로 익는다. 열매가 붉은색으로 익는 것을 붉은겨우살이라 한다.

개족도리풀

과명 쥐방울덩굴과

학명 *Asarum maculatum* Nakai 개화기 3~5월

남부해안, 섬 지역의 상록수 아래 반음지에서 자라는 여러해살이풀이다. 낙엽이 많이 덮여 있는 약간 습한 지역에서 자생한다. 높이는 10~15㎝이고 잎은 뿌리에서 나오며 심장모양이다. 잎은 길이가 약 8㎝, 폭이 약 7㎝로 표면은 짙은 녹색이고 흰색 무늬가 불규칙하게 있다. 꽃은 잎자루 옆에 짙은 자주색으로 한송이 핀다. 길이는 1.6~2㎝, 지름이 약 1㎝로 항아리 모양이며 끝이 3개로 갈라진다. 뿌리는 약용으로 쓰인다. 제주도, 전라남도, 경상남도 등지에 분포하며 환경부가 한국 특산종으로 지정, 보호하고 있다.

과명 쥐방울덩굴과 학명 *Asarum sieboldii* Miq. 개화기 4~5월

족도리풀

숲 속 그늘에서 자라는 여러해살이풀이다. 뿌리줄기는 마디가 많고 옆으로 비스듬히 기며 마디에서 뿌리가 내린다. 잎은 원줄기에서 2개의 잎이 나와 마주퍼져 마주난 것처럼 보인다. 긴 자루가 있으며 심장 모양으로 폭이 5~10cm이고 가장자리가 밋밋하다. 꽃은 안쪽은 연한 갈색이며 바깥쪽은 갈색 반점이 많은 꽃자루 끝에 1개의 통꽃이 붙으며 끝부분이 3개로 갈라져서 뒤로 조금 젖혀진다. 수술은 12개이고 암술대는 6개로 갈라진다. 족두리풀, 세삼, 만병초, 등의 속명으로도 불린다. 한방에서는 뿌리는 세신이라 하여 발한, 거담, 진통, 진해 등의 약재로 쓰인다.

여뀌

과명 마디풀과 학명 *Polygonum hydropiper* L. 개화기 6~9월

습지 또는 개울가나 길가에 자라는 한해살이풀이다. 줄기는 곧게 자라거나 비스듬히 자라며 높이 30~80cm로 털이 없으며 가지가 많이 갈라진다. 잎은 어긋나며 바소꼴이다. 잎자루가 없으며 양끝이 좁고 가장자리가 밋밋하다. 가지나 줄기 끝에서 붉은 빛을 띠는 백록색의 꽃이 수상꽃차례로 달리며 밑으로 처진다. 꽃잎은 없고 꽃덮개는 4~5개로 갈라진다. 수술 6개, 암술대 2개가 있다. 수과인 열매는 짙은 갈색으로 삼릉형으로 꽃받침에 싸여 검게 익는다. 꽃, 잎, 열매 등을 씹으면 매운맛이 난다. 어린 잎은 식용하며 밀원식물로 이용되기도 한다. 민간요법에서는 잎과 줄기가 통경, 각기병, 부종이뇨, 장염 등의 약재로 쓰인다.

과명 마디풀과

학명 *Persicaria nepalensis* Miyab et Kudo 개화기 8월

산여뀌

산간지대의 습기가 있는 빈터에서 자라는 한해살이풀이다. 밑부분이 옆으로 기다가 높이 약 30cm로 곧추 자란다. 가지가 많이 갈라져 퍼지며 줄기는 흔히 붉은빛이 돌고 마디에 아래를 향한 털이 있다. 잎은 어긋나고 달걀모양 삼각형이며 밑에는 잎자루가 있으나 위로 올라가면서 없어지며 밑부분은 갑자기 좁아져서 잎자루의 날개로 된다 꽃은 붉은 빛을 띤 흰색으로 피는데 잎겨드랑이와 가지 끝에 둥글게 모여달리고 잎 같은 포가 있다. 수과인 열매는 검게 익는다. 납작한 달걀모양이며 검고 오목한 점이 퍼져 있다.

애기수영

과명 마디풀과 학명 *Rumex acetocella* L. 개화기 5~6월

볕이 잘 드는 길가나 들에서 자라는 여러해살이풀이다. 줄기는 곧게 서고 높이 20~50cm로 뿌리줄기가 자라 왕성하게 번식한다. 전체가 붉은색이 돌고 잎과 줄기는 신맛이 난다. 뿌리잎은 모여 나며 창모양이며 잎자루가 길다. 줄기잎은 어긋나게 달리며 바소꼴이거나 긴 타원형으로 아래쪽이 창 모양이다. 꽃은 붉은 녹색으로 줄기 끝에 작은 꽃이 원추꽃차례를 이루어 핀다. 암수딴그루며 열매는 수과로 타원형이다. 유럽 원산으로 전국적으로 퍼져 있다. 애기괴싱아, 애기괘싱아, 소산모 등의 속명으로 불린다. 식용이며 민간에서 통경, 옴, 피부병 등에 약재로 쓰인다.

과명 마디풀과 학명 *Rumex acetosa* L. 개화기 5~6월

수영

전국의 산과 들의 풀밭에서 자라는 여러해살이풀이다. 줄기는 높이 30~80cm이고 능선이 있으며 붉은색 빛이 도는 자주색이 돈다. 이른 봄 굵은 뿌리에서 긴 잎자루를 지닌 잎이 돋아나와 둥글게 땅을 덮는다. 경생엽은 어긋나며 바소꼴 또는 긴 타원형이다. 꽃은 암수가 다르며 붉은 녹색으로 피며 원줄기 끝에 달리는 원추꽃차례로 돌려난다. 꽃받침조각과 수술은 6개씩이고 꽃잎은 없으며 암술대는 3개로서 암술머리가 잘게 갈라진다. 열매는 수과로 세모난 타원형으로 흑갈색이며 윤기가 있다. 신맛이 강해 산모, 산시금치, 괴승애, 괴싱아 등으로 불린다.

범꼬리

과명 마디풀과

학명 *Bistorta manshuriensis* Kom. 개화기 6~7월

산골짝 양지나 반그늘의 습기가 많은 곳에서 자라는 여러해살이풀로 뿌리줄기가 짧고 크며 많은 잔뿌리가 나오고 전체에 털이 없거나 잎 뒷면에 흰 털이 있다. 뿌리에서 돋은 잎은 잎자루가 길며 넓은 달걀모양이고 점차 좁아져서 끝이 뾰족해진다. 꽃줄기는 높이 30~80cm이고 밑부분의 줄기에 달린 잎은 뿌리에서 돋은 잎과 비슷하지만 위로 올라갈수록 작아진다. 꽃은 연한 붉은색이거나 흰색이고 길이 3mm로 5개로 갈라지며 꽃잎은 없고 원통모양이다. 열매는 9~11월경에 달걀모양의 원형으로 달리고 종자에는 광택이 난다. 어린 잎과 줄기는 식용으로 쓰이며 뿌리를 수렴, 지사 및 지혈제로 쓰인다.

과명 마디풀과 학명 *Fallopia dumetora* Holub. 개화기 6~9월

닭의덩굴

유럽과 서아시아 원산으로 우리나라에 귀화한 덩굴성 한해살이풀로 세로줄과 잔털 같은 돌기가 있으며 다른 물체를 감고 자란다. 잎은 달걀모양으로 어긋난다. 잎자루는 길며 가장자리에 털이 없다. 꽃은 붉은 빛이 돌며 잎겨드랑이에 몇 개씩 달리지만 가지 끝의 잎이 작고 마디 사이가 짧아 총상꽃차례를 이룬다. 3개의 바깥 꽃덮개 조각은 뒷면에 날개가 발달하고 밑 부분이 작은꽃자루로 흘러서 둥근 모양이 된다. 열매는 수과로 광택이 있으며 검게 익는다. 열매가 거꾸로 세운 달걀모양으로 길쭉한 것을 큰닭의덩굴이라 한다.

이삭여뀌

과명 마디풀과 학명 *Persicaria filiforme* Nakai 개화기 7~8월

산골짜기 냇가와 숲 가장자리의 그늘에서 자라는 여러해살이풀이다. 줄기는 높이 50~80cm로 마디가 굵으며 전체에 부드러운 갈색 털이 있다. 잎은 타원형이거나 달걀을 거꾸로 세운 모양으로 어긋나게 난다. 가장자리는 밋밋하고 양끝이 좁으며 때로 검은 갈색 반점이 있고 잎자루가 짧다. 꽃은 붉은색으로 줄기 끝이나 잎겨드랑이에 가늘고 긴 이삭모양의 꽃차례를 이루어 핀다. 꽃잎은 없다. 수술은 5개이고 씨방은 둥그런 달걀모양이고 암술대는 2개이다. 금선초라고도 불리며 관절통, 위통 등에 약재로 쓰이며 밀원식물이다.

과명 마디풀과

학명 *Persicaria perfoliata* H. Gross 개화기 7~9월

며느리배꼽

들이나 하천가, 길가에서 자라는 덩굴성 한해살이풀이다. 갈고리와 같은 가시를 지니고 다른 풀이나 키 작은 나무로 기어오른다. 줄기가 길게 벋어가며 길이 2m 내외다. 잎은 뒷면이 흰 가루로 덮여 있으며 바소꼴에 가까운 세모꼴이고 가장자리는 밋밋하며 마디마다 서로 어긋나게 자리한다. 턱잎이 며느리밑씻개보다 크고 배꼽 모양이다. 연한 녹색을 띤 흰색 꽃이 가지 끝에 이삭꽃차례를 이루며 달린다. 길이 3cm쯤 되게 뭉쳐 피며 꽃잎은 없고 둥글다. 어린 잎은 식용하며 민간에서는 피부병, 옴, 약으로 쓰인다. 하백초, 사도회, 려두자, 사랑이풀이라고도 한다.

며느리밑씻개

과명 마디풀과 학명 *Persicaria senticosa* H. 개화기 7~8월

산과 들에서 자라는 덩굴성 한해살이풀이다. 가지가 많이 갈라지면서 1~2m 벋어 가고 붉은 빛이 돌며 네모진 줄기와 더불어 붉은색을 띤 갈고리 같은 가시가 있어 다른 물체에 잘 붙는다. 잎은 어긋나고 삼각형으로 가장자리가 밋밋하며 잎 같은 떡잎이 있다. 꽃은 가지 끝에 모여 달리고 꽃대에 잔털과 선모가 있다. 꽃잎이 없고 꽃받침은 깊게 5개로 갈라지며 연한 붉은색이지만 끝부분은 붉은색이다. 열매는 수과로 둥글지만 약간 세모지고 검고 광택이 많이나며 대부분 꽃받침으로 싸여 있다. 어린 순은 나물로 먹는다.

과명 마디풀과

학명 *Persicaria thunbergii* H. Gross 개화기 8~10월

고마리

양지바른 들이나 냇가에서 자라는 한해살이풀로 길이 1m 내외다. 인가 부근 및 하천가 수로를 따라 물이 흐르는 습한 곳에서 잘 자란다. 줄기의 능선을 따라 가시가 나며 털이 없다. 잎은 마주나며 바소꼴이다. 잎자루가 있으나 윗부분의 잎은 잎자루가 없다. 연분홍색이나 흰색 꽃이 가지 끝에 10여 송이가 둥글게 뭉쳐 핀다. 수술은 8개이고 암술대는 3개이다. 씨방은 거꾸로 세운 달걀모양이거나 타원형이다. 열매는 수과로 세모난 달걀모양이고 황갈색이다. 고만이, 고만잇대, 조선고마리, 줄고마리, 근고마리, 조선극엽료, 고맹이풀 등의 속명으로도 불린다.

미꾸리낚시

과명 마디풀과 학명 *Persicaria sieboldi* Ohki 개화기 5~8월

냇가나 도랑 근처에서 자라는 한해살이풀로 길이 20~100㎝이고 줄기는 밑 부분이 옆으로 벋으며 뿌리를 내리고 밑으로 향한 잔가시가 빽빽이 있어 다른 물체에 잘 붙는다. 잎은 잎자루가 있으며 어긋나고 끝 부분이 뾰족하고 밑 부분은 심장모양이며 뒷면의 맥에는 잎자루와 함께 밑을 향한 가시가 있다. 꽃은 5~8월에 피고 흰색 바탕에 분홍색이 돌며 줄기 끝에 두상꽃차례를 이루며 모여 달린다. 열매는 수과이고 꽃덮개에 싸여 있으며 검은색이고 세모진다. 역귓대, 며누리낚시, 전엽료라는 속명으로도 불린다. 가시가 적은 민며느리낚시와 털이 있는 털미꾸리낚시가 있다.

전라도 야생화

과명 마디풀과

학명 *Persicaria orientalis* (L.) Assanov 개화기 7~8월

털여뀌

한해살이풀로 높이 1~2m이고 전체에 털이 빽빽이 난다. 습기가 많은 토양을 좋아하지만 척박한 토양에서도 생명력이 강하다. 잎은 어긋나며 잎자루가 길고 넓은 달걀모양이거나 달걀모양의 심장형이며 길이 10~20cm, 폭 7~15cm로 끝이 뾰족하다. 꽃은 가지 끝과 위쪽 잎겨드랑이에서 난 길이 3-6cm의 이삭꽃차례에 빽빽하게 피며 분홍색이다. 열매는 수과이다. 씨방은 타원형이고 암술대는 2개이며 수과는 원반 같고 흑갈색이며 길이 3mm로서 꽃받침으로 싸여 있다. 약명은 홍초이며 밀모홍초, 노인장대, 털여귀로도 불린다.

기생여뀌

과명 마디풀과 학명 *Persicaria viscosa* H. Gross 개화기 6~9월

연못이나 습지 주변에서 자라는 한해살이풀로 줄기는 40~120cm 정도로 곧게 자라며 갈색의 긴 털과 선모가 많이 덮여있다. 잎은 어긋나고 잎자루가 있으며 넓은 달걀모양의 바소꼴이고 양면에 점액을 분비하는 선점이 있다. 꽃은 가지 끝과 잎겨드랑이에서 홍자색으로 수상꽃차례로 다닥다닥 달린다. 열매는 수과로 세모진 달걀모양의 원형이고 윤기가 나며 향기가 있고 흑갈색이다. 꽃과 털에서 향기가 나기 때문에 기생여뀌라 불린다. 향료도 쓰이며 여뀌풀, 역귀대라고도 불린다.

과명 마디풀과 학명 *Persicaria nodosa* Opiz 개화기 7~9월

큰개여뀌

밭 근처나 길가 빈터에서 흔히 자라는 한해살이풀이다. 높이가 1m에 달하고 굵은 가지가 갈라지며 흔히 붉은 빛이 돌고 마디가 굵으며 원줄기에 검붉은색 점이 있다. 줄기에는 털이 없다. 잎은 어긋나며 양끝이 좁은 바소꼴이거나 바소꼴이며 가장자리와 양면에 털이 밀생한다. 꽃은 붉은 보라색이지만 흰색으로도 피며 이삭꽃차례는 가지 끝에 달리고 끝이 밑으로 처진다. 씨방은 둥글며 암술대는 2개다. 수과인 열매는 광택이 있고 암갈색으로 익는다. 마디여뀌, 명아주여뀌, 명아자여뀌 등으로도 불린다.

쪽

과명 마디풀과

학명 *Persicaria tinctoria* H. Gross 개화기 8~9월

한해살이풀로 줄기는 곧게 서고 높이 50~60cm이고 붉은 빛이 강한 자주색이 돈다. 잎은 어긋나며 긴 타원형 바소꼴, 긴 타원모양 또는 달걀모양으로 잎자루가 짧고 끝이 좁고 털이 없으며 가장자리가 밋밋하다. 꽃은 붉은색의 수상꽃차례로 피고 윗부분의 잎겨드랑이와 원줄기 끝에 달리며 꽃이 밀생하고 꽃덮개는 5개로 깊게 갈라지며 갈래조각은 거꾸로 세운 달걀모양이다. 수술은 6~8개이고 꽃덮개보다 짧으며 수술대 밑에 작은 선이 있고 꽃밥은 연한 붉은색이며 열매는 수과로 세모진 달걀모양이며 검은 빛을 띤 갈색으로 익는다. 잎을 남색 염료로 쓰인다. 중국 원산으로 예로부터 염료자원으로 재배했다.

전라도 야생화

과명 마디풀과

학명 *persicaria japonica* (MEISN.) H. Gross 개화기 7~8월

흰꽃여뀌

논이나 물가의 습지에서 자라는 여러해살이풀로 땅속줄기는 옆으로 길게 벋으며 줄기는 곧게 자라고 밑에서 가지가 갈라지며 높이 50~100cm다. 양끝이 좁은 바소꼴의 잎은 줄기에 어긋나게 달리고 비교적 두꺼운 편이다. 가장자리와 뒷면에 억센 털이 있고 짧은 잎자루가 있다. 꽃은 줄기 끝의 이삭꽃차례에 달리며 꽃차례는 밑으로 처진다. 꽃덮개조각은 흰색 또는 분홍색으로 5갈래로 갈라진다. 수과는 달걀모양이며 검은색으로 윤기가 돈다.

바보여뀌

과명 마디풀과 학명 *Persicaria pubescens* Hara 개화기 8~9월

주로 들판의 물가 등 습한 땅에 자라며 줄기는 곧게 서거나 비스듬히 자라서 높이 40~80cm 정도에 이르며 여뀌와 비슷하지만 온몸에 약간의 털이 있다. 흑색 점이 있으며 매운 맛이 없고 열매가 세모진 것이 다르다. 잎의 양끝은 뾰족하고 가장자리는 밋밋하다. 뒷면에 선점이 있고 마르면 원줄기와 더불어 적갈색이 돈다. 꽃은 흰 바탕에 연한 붉은 빛이 돌고 꽃차례는 길이 5~10cm로 가늘며 밑으로 처져서 꽃이 드문드문 달린다. 수과는 세모진 달걀모양이고 흑색이며 잔점이 있고 윤기가 없다. 어린 순은 나물로 먹으며 밀원식물이다. 민간요법으로 풀 전체를 해독 등의 약으로 쓰인다. 신체, 어독초, 장수료, 개여뀌, 버들여뀌, 해박이라고 부르기도 한다.

과명 마디풀과

학명 ***Persicaria longiseta*** **(De Bruyn) Kitag.** 개화기 6~9월

개여뀌

빈터, 논, 밭 등에서 흔히 자라는 한해살이풀이다. 높이 20~50cm이며 밑 부분은 비스듬히 땅을 기며 많은 가지가 갈라진다. 어긋나게 달리는 잎은 양끝이 좁은 바소꼴로 가장자리에 톱니가 없고 뒷면 맥 위에 털이 있다. 가지 끝에 붉은 자주색 또는 흰색 꽃이 피며 이삭모양의 꽃차례를 이룬다. 꽃받침은 5개로 갈라지고 8개의 수술과 끝이 3갈래로 갈라진 암술대가 있다. 약명으로는 신채이며 가장미료, 역뀌, 어독초라로 불리기도 한다. 줄기와 잎을 찧어 냇물에 뿌리면 물고기가 죽을 정도로 독성을 갖고 있다.

칠면초

과명 명아주과 학명 *Suaeda japonica* Makino 개화기 8~9월

주로 서해안 바닷가 갯벌에서 흔히 군생하고 털이 없는 한해살이풀이다. 높이 15~50cm이고 윗부분에서 많은 가지가 나온다. 잎은 어긋나고 육질이며 거꾸로 세운 바소꼴이거나 방망이 같다. 잎은 어긋나며 다육질이다. 처음에는 녹색이지만 점차 붉은색으로 변한다. 잎자루는 없다. 잎몸은 곤봉 모양 또는 둥근 기둥 모양으로 끝이 둔하다. 열매는 포과로 원반모양이며 육질의 꽃받침으로 싸여 있고 렌즈 같은 종자가 1개씩 들어 있으며 배는 나선형이다. 어린 순을 나물로 먹는다.

과명 명아주과 학명 *Suaeda glauca* (Bge.) Bge. 개화기 7~8월

나문재

서해안 바닷가 모래땅에서 잘 자라는 한해살이풀이다. 원기둥 모양의 줄기는 50~100cm 정도로 비교적 크게 자라며 가늘고 긴 가지를 친다. 전체에 털이 없고 가지가 많다. 어긋나게 달리는 잎은 녹색으로 다닥다닥 붙고 가을에 잎과 줄기의 일부분이 밑 부분부터 붉게 물든다. 씨방은 달걀모양 원형이고 끝에 2개의 암술대가 있으며 포과는 꽃받침으로 둘러싸이고 공모양이거나 편평하며 검정색 바둑 돌 같은 종자가 1개씩 들어 있고 배는 나선형이다. 어린 순은 나물로 먹는다. 퉁퉁마디처럼 짠맛이 난다.

해홍나물

과명 명아주과 학명 *Suaeda maritima* Dum. 개화기 7~8월

서해안 바닷가 모래땅과 갯벌에 사는 한해살이풀이다. 줄기는 곧추 서며 가지가 많이 갈라지고 높이 30~60cm다. 잎은 선형으로 빽빽하게 어긋나며 다육질이고 흰 가루로 덮인다. 나문재와 비슷하지만 포과가 작고 3~5개의 꽃이 잎겨드랑이에 달리는 것이 다르다. 잎은 선형으로 빽빽하게 어긋나며 다육질이고 흰 가루로 덮인다. 잎은 가을에 매우 통통해지며 붉은색으로 변한다. 꽃은 7~8월에 피고, 잎겨드랑이에서 3-5개씩 모여 달리며 노란 빛이 도는 녹색이다. 꽃덮개는 5장이다. 열매는 포과이며 원반 모양이다. 어린 순을 나물로 먹는다.

과명 비름과

학명 ***Achyranthes japonica*** **(Miq.) Nakai** 개화기 8~9월

쇠무릎

길가 풀밭이나 빈터에서 자라는 여러해살이풀로 높이 50~100cm 내외다. 원줄기는 네모지고 가지가 많고 마디가 두드러져서 소의 무릎 같아 보여 쇠무릎이라는 이름으로 불린다. 잎은 마주나고 타원형으로 양끝이 좁으며 가장자리가 밋밋하다. 꽃은 양성화로 원줄기 끝이나 잎겨드랑이에서 연녹색의 꽃이 수상꽃차례로 달린다. 흔히 밑에서부터 피며 양성화이다. 어린 순은 나물로 먹으며 한방과 민간에서 풀 전체가 관절염, 신경통, 통풍, 이뇨, 각기병, 정혈, 보익 등의 약재로 쓰인다. 마청초, 일본우슬, 우슬, 도둑놈풀 등의 속명으로도 불린다. 다도해해상국립공원내 칠발도에서는 이 열매의 가시가 바다오리, 슴새의 깃털에 붙어 번식을 방해해 밀사초로 교체하는 작업이 진행 중이다.

자리공

과명 자리공과

학명 *Phytolacca esculenta* V. Houtte 개화기 6~7월

인가 주변이나 뜰에 심어 기르거나 길가나 밭 주변에서 자라는 여러해살이풀이다. 줄기는 곧게 서서 높이 1m 에 달하며 곧게 자라며 전체에 털이 없고 육질이다. 뿌리는 비대한 덩이뿌리를 형성한다. 잎은 달걀모양이거나 타원형으로 매우 크며 양쪽 끝이 뾰족하고 가장자리는 밋밋하다. 질이 연하며 마디마다 서로 어긋나게 한 잎씩 자리한다. 회색이나 흰색의 꽃이 잎과 마주나게 달리는 꽃대에 많이 뭉쳐 피며 이삭 모양을 이뤄 곧거나 비스듬히 선다. 열매는 장과로 8개의 분과가 돌아가며 달리고 자줏빛이 도는 검은색으로 익는다. 안에 검은색의 종자가 1개씩 들어 있다. 미국자리공에 밀려 섬지역에서나 볼 수 있다.

과명 자리공과 학명 *Phytolacca americana* L. 개화기 6~9월

미국자리공

북아메리카가 원산인 여러해살이풀로 전국 각지의 길가나 빈터에서 자란다. 줄기는 높이 1~1.5m 정도로 자라며 붉은 빛을 띤다. 뿌리는 비대해져 무처럼 굵은 덩이뿌리가 있어 척박한 땅에서도 잘 자란다. 잎은 어긋나며 달걀모양의 타원형으로 가장자리가 밋밋하고 양끝이 좁다. 꽃은 잎과 어긋나게 붉은 빛이 도는 흰색으로 꽃이 총상꽃차례에 달린다. 꽃잎은 없으며 꽃덮개가 5개이고 수술이 10개, 암술대가 10개로 서로 붙어 있다. 열매는 장과로 자줏빛이 도는 검은색이며 포도송이처럼 익으며 과수가 밑으로 처져 곧추 서는 자리공과 비교된다. 열매에 독성이 있다. 환경부는 특정 도서에서 이 풀을 인위적으로 제거해 식물다양성 확보를 위한 노력을 하고 있다.

전라도 야생화

번행초

과명 석류풀과

학명 *Tetragonia tetragonoides* O. Kuntze 개화기 4~10월

남부지방의 바닷가의 모래땅에서 자라는 육질의 여려해살이풀로 털이 없으나 사마귀 같은 돌기가 있고 높이 40~60cm이며 밑에서부터 굵은 가지가 갈라져서 비스듬히 또는 지면을 따라 벋는다. 잎은 어긋나며 두꺼운 달걀모양 3각형이며 세모진 달걀모양으로 표면이 우둘투둘하다. 꽃은 노란색이고 잎겨드랑이에 1~2개씩 달리며 꽃자루는 짧고 굵다. 꽃받침잎은 넓은 달걀모양으로서 겉은 녹색이고 안쪽은 노란색이며 꽃잎은 없고 수술은 9~16개로서 노란색이다. 열매는 딱딱하며 여러 개의 종자가 들어 있고 겉에 4~5개의 돌기와 더불어 꽃받침이 붙어 있으며 벌어지지 않는다. 연한 순은 나물로 먹으며 민간에서는 위장약으로 쓰인다.

과명 쇠비름과 학명 *Portulaca oleracea* L. 개화기 6~10월

쇠비름

전국 각지에 널리 분포하고 뜰이나 밭, 길가 등에 자라는 다육질의 한해살이풀이다. 털이없고 물기가 많은 줄기는 붉은색을 띠며 밑동에서 가지가 많이 갈라져 땅에 엎드려서 30cm 정도의 길이로 자란다. 잎은 긴 타원형의 주걱꼴로 마주나거나 어긋나며 두텁다. 잎자루는 없고 끝이 둥글며 가장자리는 밋밋하다. 꽃은 노란색으로 줄기나 가지 끝에 3~5개씩 모여서 줄기의 끝이나 가지의 끝 혹은 잎에서 6월부터 가을까지 계속 핀다. 열매는 타원형이다. 약명은 마치현이고 마현, 마치초, 산현, 장명채, 오행초, 산산채, 과자채, 돼지풀, 도둑풀, 말비름 등 여러 속명을 갖고 있다. 해열, 이뇨, 소종, 산혈 등의 효능이 있다.

개미자리

과명 석죽과 학명 *Sagina japonica* Ohwi 개화기 3~6월

밭이나 길가, 개울가에 자라는 한해 또는 두해살이풀이다. 줄기는 높이 10~20cm로 가늘고 밑에서 가지가 많이 갈라져서 여러대가 한포기로 되며 윗부분에만 짧은 털이 있다. 잎은 마주나며 선형 또는 바늘 모양이고 밑부분은 줄기를 둘러싼다. 꽃은 잎겨드랑이에서 긴 줄기가 나와 한 송이씩 달리거나 가지 끝에 펼쳐지듯 달린다. 꽃자루는 연하고 잔털이 있다. 꽃잎은 흰색이고 넓은 타원형이며 꽃받침보다 짧다. 수술은 5~10개, 암술은 5개이다. 약용으로 쓰인다.

과명 석죽과 학명 *Silene seoulensis* Nakai 개화기 7~8월

가는장구채

중부 이남의 산지 그늘에서 자라는 한해살이풀로 높이는 약 50㎝로 비옥한 토양에서 잘 자란다. 전체에 가는 털이 나 있고 밑부분이 옆으로 기는데 땅에 닿은 마디에서 뿌리가 나온다. 위쪽 줄기는 곧게 서서 많은 가지를 낸다. 잎은 어긋나고 잎자루가 있으며 달걀모양으로 윗부분이 뾰족하다. 꽃은 7~8월에 원뿔형 취산꽃차례로 줄기와 가지 끝에 피는데 흰색이다. 꽃받침은 녹색이다. 열매는 9~10월경에 작은 씨방이 여러 개 나누어져 달걀모양으로 달리고 종자는 황갈색이며 작은 돌기가 있다. 관상용으로 심기도 한다.

큰개별꽃

과명 석죽과

학명 ***Pseudostellaria palibiniana*** (Takeda) Ohwi 개화기 **4~6월**

전국에 분포하며 산지의 숲 가장자리에서 자라는 여러해살이풀이다. 흔히 한 자리에 여러 개체가 모여 자라며 줄기는 곧게 20cm 정도의 높이로 자라고 가지를 치지 않는다. 잎은 마주나고 밑부분의 것은 주걱모양이거나 거꾸로 세운 바소꼴이다. 잎 끝은 뾰족하고 가장자리는 밋밋하다. 꽃은 두 종류의 꽃이 피며 원줄기 끝에 한 개의 흰꽃이 위를 향해 달린다. 태자삼이라는 약명을 갖고 있으며 동삼, 수염뿌리미치광이, 민개별꽃, 좁은잎개별꽃, 선미치광이풀, 큰들별꽃 등의 속명으로 불린다.

과명 석죽과
학명 *Pseudostellaria heterophylla* (Miquel) Pax 개화기 4~5월

개별꽃

숲속에서 자라는 여러해살이풀로 줄기의 높이는 10~20cm다. 덩이뿌리가 1~2개 있으며 방추형이며 흰색이거나 회색을 띤 노란색이다. 잎은 마주나고 자루가 없다. 꽃은 흰색으로 2~3개 줄기 끝 잎겨드랑이에서 1~5개가 취산꽃차례를 이룬다. 꽃잎과 꽃받침조각은 각각 5개이다. 꽃잎 끝이 갈라진다. 수술은 10개이며 꽃잎보다 짧다. 암술은 3개이며 수술보다 조금 길다. 열매는 삭과이고 3갈래로 갈라진다. 들별꽃이라는 속명으로도 불린다. 어린 순은 나물로 먹으며 모두 자란 것은 위장약으로 쓰인다.

유럽점나도나물

과명 석죽과

학명 *Cerastium glomeratum* Thuill. 개화기 4~6월

유럽원산으로 전국의 길가와 들판에서 자라는 두해살이풀이다. 높이 10~30cm로 밑부분이 비스듬히 자라다 곧추 서며 윗부분에 점질의 털이 빽빽하게 난다. 전체에 긴 털이 많이 있다. 뿌리잎은 주걱형이며 줄기잎은 타원형으로 잎자루는 없고 녹색으로 앞뒤면에 털이 밀생한다. 꽃은 취산꽃차례로 꽃이 필 때는 둥글게 뭉쳐지며 열매일 때는 성기게 배열된다. 꽃잎은 5개이고 흰색이다. 수술은 10개, 암술은 1개로 암술머리가 5열이 된다. 이 풀은 꽃이 취산꽃차례로 밀집되어 있으며 털이 밀생하고 꽃자루는 꽃받침 길이보다 짧거나 같지만 점나도나물은 꽃이 엉성하게 달리며 털이 적으며 꽃잎은 5개이고 꽃받침과 길이가 거의 같거나 짧으며 잎이 2개로 갈라진다.

과명 석죽과

학명 *Cerastium holosteoides* var. hallaisanense Mizushima 개화기 5~7월

점나도나물

전국의 밭이나 들에서 자라는 두해살이풀이다. 높이 15~25cm 정도로 가지가 많이 갈라져 비스듬히 자라고 검은 자주색이 돌며 전체에 잔털이 덮인다. 잎은 마주나고 달걀모양이거나 달걀형 바소꼴로 가장자리가 밋밋하다. 꽃은 흰색으로 원줄기 끝에 취산꽃차례로 달린다. 꽃잎은 5개로 끝이 2개로 깊게 갈라지고 꽃받침은 5갈래로 갈라진다. 유사종으로 북점나도나물과 유럽점나도나물이 있다. 섬점나도나물로도 불리며 어린 순은 나물로 먹는다.

쇠별꽃

과명 석죽과 학명 *Stellaria aquatica* Scop. 개화기 5~6월

약간 습기가 있는 곳에서 자라는 두해살이 또는 여러해살이풀로 높이 20~50cm다. 밑부분은 옆으로 기면서 자라고 윗부분은 어느 정도 곧추 서며 줄기에 1개의 실 같은 관속이 있고 윗부분에 선모가 약간 있다. 잎은 마주나고 달걀모양이다. 꽃은 흰색으로 취산꽃차례로 달린다. 꽃받침조각과 꽃잎은 각각 5개씩이고 꽃잎은 깊게 2개씩으로 갈라지며 암술대는 5개다. 곰밤부리, 콩버무리, 계아장, 번루라는 속명을 갖고 있다. 어린 순을 나물로 먹고 생초는 위장약으로도 쓰인다.

과명 석죽과 학명 *Stellaria media* Villars 개화기 3~5월

별꽃

전국의 밭이나 길가에 흔하게 자라는 두해살이풀이다. 줄기는 밑에서 가지가 많이 갈라지며 길이 10~20cm로 밑부분이 눕는다. 잎은 마주나고 달걀모양이다. 꽃은 흰색으로 가지 끝에 취산꽃차례로 핀다. 꽃잎과 꽃받침잎은 각각 5장이며 깊게 2갈래로 갈라지며, 꽃잎이 꽃받침잎보다 조금 짧다. 암술대는 3개로, 5개인 쇠별꽃과 구별된다. 열매는 삭과이며 6갈래로 갈라진다. 곰밤부리라는 속명으로 불리며 어린 순은 나물로 먹는다. 민간에서 풀 전체를 모유의 분비를 촉진하는 약제로 사용하기도 한다.

패랭이꽃

과명 석죽과 학명 *Dianthus sinensis* L. 개화기 6~8월

길가 풀밭이나 건조한 강가의 모래땅에서 자라는 여러해살이풀이다. 줄기는 여러 대가 같이 나와 곧게 서고 높이 30~40cm다. 줄기뿌리가 있고 거기에서 잔뿌리가 성글게 난다. 잎은 마주나고 선형 또는 바소꼴이다. 꽃은 붉은 보라색이며 줄기나 가지 끝에 1개씩 달린다. 꽃잎은 5장, 끝이 여러 갈래로 얕게 갈라지며 아래쪽에 점이 있다. 패랭이, 석죽화, 산죽, 석죽다, 흑수, 구맥 등의 속명으로 불린다. 관상용으로 심기도 하며 한방과 민간에서 약재로 쓰인다.

과명 석죽과

학명 *Dianthus superbus Linne var. longicalycinus* (Maxim.) Williams 개화기 7~10월

술패랭이꽃

풀밭이나 산기슭에서 자라는 여러해살이풀이다. 줄기의 높이는 30~80cm로 밑부분이 비스듬히 자라면서 가지를 치며 윗부분은 곧추 자라고 여러 대가 한 포기에서 나온다. 잎은 마주나고 선상 바소꼴이다. 꽃은 분홍색으로 가지 끝과 원줄기 끝에 취산꽃차례를 이룬다. 꽃받침은 긴 원통형으로 길이 3cm 이상으로 끝이 5갈래다. 꽃잎은 5갈래, 끝은 깊이 잘게 갈라진다. 수술은 10개, 길게 나오고, 암술대는 2개이다. 술패랭이, 장통구맥 등의 속명으로 불린다. 관상용으로 심기도 하며 풀 전체가 약으로 쓰인다.

동자꽃

과명 석죽과 학명 *Lychnis cognata* Maxim. 개화기 7~8월

제주도를 제외한 전국의 깊은 산 숲속이나 높은 산 풀밭에서 자라는 여러해살이풀이다. 높이 40~120cm로 줄기는 곧추 서며 마디가 뚜렷하다. 잎은 마주나며 긴 달걀모양이며 끝이 뾰족하고 가장자리는 밋밋하다. 꽃은 주황색으로 줄기 끝과 잎겨드랑이에서 난 짧은 꽃자루에 한 개씩 피어 전체가 취산꽃차례다. 꽃잎은 5장이며 수술은 10개고 암술대는 5개다. 열매는 삭과다. 참동자꽃으로도 불린다. 유사종으로 가는동자꽃, 제비동자꽃, 털동자꽃 등이 있다.

과명 석죽과

학명 *Melandryum oldhamianum* (Miq.) Rohrbach 개화기 5~6월

갯장구채

중부이남의 바닷가에서 자라는 두해살이풀이다. 전체에 잔털이 있고 높이는 약 50cm다. 줄기는 뭉쳐나며 곧게 서고 가지가 갈라진다. 잎은 마주나고 바소꼴이며 끝이 날카롭고 가장자리가 밋밋하다. 잎자루는 없거나 극히 짧다. 꽃은 분홍색으로 줄기 끝이나 가지 끝에 약간 돌려나며 가늘고 긴 자루를 가진 꽃이 많이 달린다. 수술은 10개이고 암술대는 3개이다. 한국 특산종으로 자주빛장구채, 여루채, 해안장구채 등으로도 불린다. 흰색 꽃이 피는 것을 흰갯장구채라 한다.

순채

과명 수련과 학명 *Brasenia schreberi* J.F. Gmel. 개화기 5~8월

일부 연못에서 자라는 여러해살이풀로 수생식물이며 관엽식물이다. 뿌리줄기가 옆으로 가지를 치면서 자라고 원줄기는 수면을 따라 길게 자라서 50~100cm나 되고 잎이 수면에 뜬다. 잎은 어긋나고 타원형이며 뒷면은 자줏빛이 돌고 중앙에 잎자루가 달린다. 어린 줄기와 잎은 우무 같은 점질의 투명체로 덮인다. 꽃은 검은 홍자색으로 잎겨드랑이에서 자란 긴 꽃자루 끝이 위를 보고 물에 약간 잠긴 채로 핀다. 부규, 순나물이라고도 한다. 어린 순을 식용하거나 어린 잎은 지혈·건위·이뇨에 약용으로 쓰인다.

과명 수련과

학명 *Nuphar pumila* (Timm) DC. var. ozeense (Miki) H. Hara 개화기 6~8월

왜개연꽃

강이나 연못에서 자라는 부엽성 여러해살이풀이다. 뿌리줄기는 굵고 땅속으로 벋으며 줄기는 약1m다. 잎은 뿌리줄기 끝에서 나며 넓은 달걀모양으로 물 위에 뜬다. 꽃은 물 위로 올라온 꽃대 끝에 1개씩 핀다. 꽃의 지름은 1~3cm다. 꽃잎처럼 보이는 5장의 꽃받침은 노란색이며 거꾸로 세운 달걀모양이다. 꽃잎은 숫자가 많고 노란색이며 주걱 모양이다. 수술은 많고 노란색이다. 암술머리는 넓으며 돌기가 여러 개 있고 붉은색이다. 관상용으로 심는다.

가시연꽃

과명 수련과 학명 *Euryale ferox* Salisb. 개화기 7~8월

못이나 늪에서 자라는 한해살이풀이다. 풀 전체에 가시가 있고 뿌리줄기에는 수염뿌리가 많이 난다. 씨에서 싹터 나오는 잎은 작고 화살 모양이지만 큰잎이 나오기 시작하여 자라면 지름이 20~200cm에 이른다. 잎 표면은 주름이 지고 광택이 나며 뒷면은 짙은 자주색이다. 가시 돋친 꽃자루 끝에 1개의 자줏빛 꽃이 피는데 꽃잎이 많고 꽃받침조각보다 작다. 씨는 둥글고 열매 껍질은 검은색이다. 개연이라고도 불리며 한방에서는 씨를 감실이라 하여 가을에 채취, 강장제로 사용한다. 뿌리줄기는 식용으로 쓰인다.

과명 수련과 학명 *Nymphaea tetragona* Georgi 개화기 **6~8월**

수련

여러해살이 수중식물로 높이는 1m이고 굵고 짧은 땅속줄기에서 많은 잎이 나와 수면까지 자란다. 잎은 달걀모양 원형이거나 달걀모양 타원형으로 밑부분이 화살모양으로 깊게 갈라지고 가장자리가 밋밋하다. 잎의 앞면은 녹색이고 윤기가 있으며 뒷면은 자줏빛이고 질이 두껍다. 꽃은 흰색으로 수면 위에서 피고 긴 꽃자루의 끝부분에 달린다. 꽃받침잎은 4개이고 꽃잎은 8~15개, 수술은 40개이고 암술대는 거의 없고 암술머리는 편평하게 된 공모양이다. 관상용으로 심는다. 꽃잎의 길이가 1.5cm인 애기수련이 있다.

연꽃

과명 수련과 학명 *Nelumbo nucifera* Gaertner 개화기 7~8월

습지나 마을근처의 연못 등지에서 자라는 여러해살이 수초다. 높이는 약 1m 정도 자라고 잎은 뿌리줄기에서 나오는데 지름이 약 40㎝로 방패 모양으로 물에 젖지 않는다. 잎자루는 겉에 가시가 있고 안에 있는 구멍은 땅속줄기의 구멍과 통한다. 뿌리줄기는 굵고 옆으로 벋어가며 마디가 많다. 꽃은 붉은색이나 흰색으로 꽃줄기 끝에 1개씩 달린다. 꽃잎은 거꾸로 세운 달걀모양이며 수술은 여러 개이다. 열매는 견과이다. 관상용으로 심으며 잎과 땅속줄기, 열매는 식용 및 약용으로 쓰인다.

과명 미나리아재비과

학명 *Eranthis byunsanensis* **B.Y. Sun** 개화기 2~3월

변산바람꽃

낙엽 수림 가장자리에서 자라는 여러해살이풀이며 높이는 10㎝다. 땅속 덩이뿌리 맨 위에서 줄기와 꽃받침이 나오고 꽃은 흰색으로 암술과 연녹색을 띤 노란색 꿀이 있다. 꽃받침이 꽃잎처럼 보이는데 보통 우산처럼 생긴 꽃받침 5장이 꽃잎과 수술을 떠받들 듯 받치고 있다. 한국 특산종으로 1993년 전북대 선병윤 교수가 변산반도에서 발견해 발견지인 전북 변산의 지명과 그의 이름이 학명에 채택됐다. 무등산국립공원, 내장산국립공원 백암지구, 영광불갑산 등 여러곳에 자생한다. 관상용으로도 심는다. 너도바람꽃과 유사종이다.

나도바람꽃

과명 미나리아재비과

학명 ***Enemion raddeanum*** **(Regel) Maxim.** 개화기 **4~6월**

높은 산 습기가 많고 그늘진 숲 속에 자라는 여러해살이풀로 높이는 20~30cm다. 줄기는 곧게 선다. 줄기 밑 부분에 비늘조각 같은 잎이 몇 개가 있고 줄기 중앙 윗부분에 잎이 달린다. 뿌리잎은 2~3장이며 잎자루가 길다. 잎은 3갈래로 갈라진 겹잎이며 작은 잎은 다시 3갈래로 갈라진다. 꽃은 흰색이거나 분홍색을 조금 띠는 흰색으로 줄기 끝의 잎처럼 생긴 포엽 위에 산형꽃차례로 달린다. 열매는 골돌과이고 3~5개가 비스듬히 위를 향하며 타원모양이다.

과명 미나리아재비과

학명 *Clematis fusca* var. *violacea* Maxim. 개화기 5~6월

종덩굴

산지 그늘진 곳에서 자라는 덩굴성 낙엽활엽수다. 줄기는 길이 2~3m로 다른 물체를 타고 올라간다. 잎은 마주나며 끝의 갈래잎은 덩굴손으로 변하기도 한다. 꽃은 검은 빛이 도는 자주색 종모양으로 잎겨드랑이에서 밑을 향해 달린다. 꽃잎은 없으며 꽃부리의 끝이 4개로 갈라져 뒤로 젖혀지고 표면이 매끄럽다. 검종덩굴과 비슷하지만 겉에 털이 없다. 꽃자루는 꽃의 겉표면과 더불어 잔털이 있으며 윗부분에 2개의 포엽이 있다. 열매는 수과로 넓은 달걀모양, 깃털 모양의 긴 암술대가 남아 있다.

병조희풀

과명 미나리아재비과

학명 *Clematis heracleifolia* DC. 개화기 8~9월

높은 산 숲속이나 숲의 가장자리에서 자라는 낙엽반관목으로 높이가 1m 내외로 밑부분은 목질이 발달하지만 윗부분은 죽는다. 가지가 엉성하게 형성된다. 잎은 마주나고 넓은 달걀모양으로 끝이 뾰족하고 거칠며 가장자리에 거친 톱니가 드문드문 있다. 꽃은 잡성으로 하늘색 또는 연한 보라색으로 핀다. 암꽃과 수꽃이 한 나무에 피며 한 꽃에 암술과 수술이 함께 나오기도 한다. 꽃부리는 4갈래로 갈라지고 아래쪽이 병처럼 볼록하며 겉에 잔털이 많다. 줄기와 뿌리는 약재로 쓰인다.

과명 미나리아재비과

학명 *Clematis heracleifolia* var. *davidiana* Hemsl. 개화기 8~9월

자주조희풀

산지 숲 속에 자라는 낙엽반관목으로 줄기는 높이 1m에 달한다. 밑부분이 나무질로 된다. 잎은 마주나며 작은잎 3장으로 된 겹잎이다. 작은 잎은 넓은 달걀모양이며 아래쪽은 좁아지며 가장자리에는 불규칙한 톱니가 있다. 꽃은 암수딴그루이며 가지 끝이나 잎겨드랑이에 달린다. 보라색 또는 하늘색이다. 열매는 수과이며 여러 개가 모여 달린다. 병조희풀과 비슷하지만 가늘고 길며 꽃모양이 병조희풀은 젖혀지지 않아 병모양을 유지하지만 이 꽃은 활짝 젖혀진다.

세잎종덩굴

과명 미나리아재비과

학명 *Clematis koreana* Kom. 개화기 5~6월

높은 산 숲속에서 자라는 낙엽덩굴나무로 높이가 1m에 달한다. 잎은 마주나며 세 장의 작은잎이 겹잎으로 나온다. 작은잎은 달걀모양이고 끝이 뾰족하며 가장자리에는 톱니가 있고 표면과 뒷면에는 잔털이 있다. 꽃은 1개씩 잎겨드랑이와 끝에 아래로 처져 달리고 노란색 또는 검은 자줏빛이며 종처럼 생긴다. 관상용으로 쓰이며 어린 잎과 줄기는 식용으로 쓰인다. 잎이 2회 세장의 작은 겹잎으로 나온 것을 왕세잎종덩굴이라고 하며 설악산 대청봉에서 자란다.

과명 미나리아재비과

학명 *Clematis patens* Morr. et Decne. 개화기 5월

큰꽃으아리

산기슭의 숲 가장자리에서 주로 잘 자라는 덩굴성 낙엽관목이다. 줄기는 갈색으로 원기둥 모양이며 세로 골이 길게 있고 흰털이 많으며 길이 2~4m다. 잎은 마주나며 작은 잎 3~5장으로 된 겹잎이다. 작은 잎은 달걀모양이며 보통 3갈래로 갈라지고 가장자리가 밋밋하다. 꽃은 흰색 또는 연한 노란색 꽃자루 7cm, 지름 10cm의 큰 꽃이 가지 끝에 한 송이씩 핀다. 암술과 수술이 많다. 꽃받침잎은 보통 8장이며 꽃잎처럼 보이지만 꽃잎은 없다. 관상용으로 심기도 하며 뿌리는 약으로 쓰이지만 유독성 식물이다.

외대으아리

과명 미나리아재비과

학명 *Clematis brachyura* Maxim. 개화기 6~9월

산기슭 양지에서 자라는 낙엽반관목으로 높이 1m 내외로 자라고 곧추 서거나 비스듬히 자란다. 잎은 마주나고 작은 잎은 3~5개이고 달걀모양 타원형 또는 긴 타원형이며 가장자리가 밋밋하고 잎자루가 있다. 잎자루가 길어 덩굴처럼 물체에 감긴다. 꽃은 양성화로 흰색이며 1~3개씩 가지 끝에 달린다. 꽃받침 조각은 4~5개이며 거꾸로 세운 바소꼴 또는 거꾸로 세운 달걀모양이다. 수술은 많고 암술은 비교적 적다. 어린 순은 나물로 먹고 뿌리는 약용으로 쓰인다. 한국 특산종이다.

전라도 야생화

과명 미나리아재비과

학명 *Clematis mandshurica* Rupr. 개화기 6~8월

으아리

산기슭의 숲속의 양지 풀밭에서 자라는 낙엽 덩굴식물로 키는 2m에 달한다. 잎은 마주나며 작은잎 5~7장으로 이루어진 깃꼴겹잎이다. 잎자루는 구부러져 덩굴손 역할을 하며 양면에 털이 없고 끝은 밋밋하다. 꽃은 흰색으로 가지 끝과 잎겨드랑이에 취산꽃차례로 달린다. 꽃받침은 4~6장으로 꽃잎처럼 보이며 거꾸로 세운 달걀모양의 타원형 또는 긴 타원형이다. 열매는 수과로 달걀모양이며 깃털 모양의 긴 암술대가 남아 있다. 관상용으로도 쓰이며 어린 잎은 식용으로 쓰인다. 뿌리는 약용으로 쓰이며 생약명으로 위령선이다.

할미밀망

과명 미나리아재비과

학명 *Clematis trichotoma* Nakai 개화기 6~8월

숲 가장자리에서 자라는 낙엽 덩굴식물로 길이 5m이상 자란다. 잎은 마주나고 양면에 털이 있지만 표면에는 털이 거의 없다. 작은잎은 달걀모양이고 끝이 뾰족하며 2~3개의 깊게 패어진 톱니가 있다. 꽃은 흰색으로 꽃자루 1개에 3개씩 취산꽃차례로 달린다. 열매는 9~10월경에 달걀모양으로 약 15개 정도가 모여 달리고 연한 노란색 털이 있는 긴 암술대가 남아 있다. 어린 잎은 나물로 먹는다. 한국 특산종이다. 유사종으로 사위질빵이 있다. 할미질빵, 셋꽃으아리, 삼지철선연 등의 속명을 갖고 있다.

전라도 야생화

과명 미나리아재비과

학명 *Clematis apiifolia* A.P. DC. 개화기 7~9월

사위질빵

산과 들에서 자라는 덩굴성 낙엽관목으로 길이 3m에 달하고 어린 가지에 잔털이 있다. 잎겨드랑이에 흰색 꽃이 여러 개 모여 집산꽃차례를 이루어 핀다. 잎은 마주나고 3장의 작은잎이 나온 잎이거나 2회 3장의 작은잎이 나온 겹잎이며 잎자루가 길다. 꽃은 흰색으로 잎 달린 자리 끝마다 마주 갈라지는 꽃대가 나와 각 마디와 끝에 꽃이 달리거나 어긋나게 갈라진다. 열매는 수과로 털이 있다. 질빵풀, 사위질방, 여위라는 속명으로도 불린다. 한방과 민간에서 약재로 쓰이지만 유독성 식물이다.

할미꽃

과명 미나리아재비과
학명 *Pulsatilla koreana* Nakai 개화기 4~5월

산지의 건조한 양지에서 자라는 여러해살이풀로 높이는 30~40cm다. 뿌리에서 잎이 무더기로 나와서 비스듬히 퍼지며 전체에 흰색 털이 많이 난다. 잎은 잎자루가 길고 5개의 작은 잎으로 구성돼 있다. 꽃은 붉은색으로 길이는 약 3㎝ 정도 되고 잎 끝에서 줄기가 올라오며 줄기 끝에 1개의 꽃이 긴 종모양으로 달린다. 열매가 익으면 흰털로 덮여 있기 때문에 백발노인의 머리를 연상시켜 노고초, 백두옹이라는 속명을 가지고 있다. 한방에서는 진통, 지혈, 소염, 신경통 등의 약재로 쓰이지만 유독성 식물이다.

과명 미나리아재비과
학명 *Hepatica asiatica* Nakai 개화기 4월

노루귀

숲속에서 자라는 여러해살이풀이다. 나무 밑의 비옥한 부엽토에서 잘 자라는 양지식물로 높이는 9~14㎝이고 잎은 뿌리에서 나며 3~6장이다. 3갈래로 난 잎은 달걀모양이며 끝이 둔하고 솜털이 많이 나 있다. 꽃은 잎보다 먼저 피며 뿌리에서 난 1~6개의 꽃줄기에 흰색, 분홍색, 청색으로 꽃줄기 위로 한 송이가 달린다. 꽃줄기나 잎이 올라올 때 마치 노루의 귀를 닮았다고 해서 붙여진 이름이다. 관상용으로 심으며 풀 전체는 약용으로 쓰인다. 유사종으로 새끼노루귀, 섬노루귀 등이 있다.

새끼노루귀

과명 미나리아재비과

학명 *Hepatica insularis* Nakai 개화기 4월

제주도와 남쪽 섬에서 자라는 여러해살이풀로 높이는 7~15cm다. 뿌리줄기는 비스듬하게 자라고 마디가 많으며 검은 빛의 수염뿌리가 달린다. 잎은 길이가 심장형이고 모두 뿌리부분에서 뭉쳐 나오고 표면은 짙은 녹색에 흰색 무늬가 있으며 양면에 털이 있다. 잎자루가 길며 겉면은 짙은 녹색 바탕에 흰색 무늬가 있고 양면에 털이 난다. 꽃은 4월 무렵에 잎과 같이 흰색으로 피는데 길이 약 7cm정도의 꽃대 끝에 1송이씩 달린다. 수술과 암술은 여러 개이다. 한국 특산종으로 관상용으로 심는다.

과명 미나리아재비과

학명 *Anemone raddeana* Regel 개화기 4~5월

꿩의바람꽃

전국의 높은 산 습기가 많은 숲 속에 자라는 여러해살이풀이다. 줄기는 가지가 갈라지지 않고 높이 15~20cm다. 뿌리잎은 잎자루가 길고 한 줄기에서 3갈래로 갈라진다. 보통 연한 녹색이지만 포엽과 함께 붉은빛을 띠는 경우도 많다. 꽃은 흰색으로 줄기 끝에 1개씩 핀다. 꽃을 받치고 있는 포엽은 3장이며, 각각 3갈래로 끝까지 갈라진다. 꽃받침잎은 꽃잎처럼 보이고 긴 타원형이다. 꽃잎은 없으며 수술과 암술은 많고 씨방에는 털이 있다. 주로 관상용으로 쓰이며 뿌리는 약용으로 쓰인다.

개구리자리

과명 미나리아재비과

학명 *Ranunculus sceleratus* L. 개화기 4~5월

개울가와 논, 습지에서 자라는 두해살이풀로 높이 10~50cm다. 전체에 털이 없고 광택이 난다. 줄기는 가지가 갈라지기도 하며 뿌리잎은 잎자루가 길고 3갈래로 깊게 갈라진다. 줄기잎은 위로 갈수록 잎자루가 짧아지고 위쪽의 것은 3개로 깊게 갈라진다. 꽃은 노란색으로 가지 끝에 1개씩 피며 꽃받침잎과 꽃잎은 5개다. 열매는 수과이며 작은 종자가 많이 들어 있다. 놋동이풀로도 불리며 어린 잎은 식용으로 쓰이며 풀 전체가 창종, 충독, 진통 등의 약재로 쓰이지만 독성식물이다.

과명 미나리아재비과

학명 *Ranunculus japonicus* Thunb. 개화기 5~6월

미나리아재비

전국의 숲 가장자리나 습기가 있는 양지에서 자라는 여러해살이풀로 높이 50cm다. 잔뿌리가 많이 나오고 줄기는 곧추 선다. 뿌리에서 돋은 잎은 잎자루가 길고 깊게 3개로 갈라지며 갈라진 조각은 다시 2~3개로 갈라지고 가장자리에 톱니가 있다. 꽃은 노란색으로 줄기 끝에 취산꽃차례를 이루어 달린다. 꽃받침과 꽃잎이 5장이다. 암술과 수술은 많다. 열매는 수과이며 거꾸로 세운 달걀모양의 원형이며 약간 편평하고 털이 없다. 유독 식물이다. 놋동이, 자래초라는 속명으로도 불린다.

개구리미나리

과명 미나리아재비과

학명 *Ranunculus tachiroei* Fr. et Sav. 개화기 6~7월

전국의 산이나 들의 습지에서 자라는 두해살이풀로 높이는 50~100cm다. 뿌리에서 돋은 잎과 줄기 밑에서 나오는 잎은 잎자루가 길지만 위로 올라가면서 짧아지고 없어진다. 잎몸은 3갈래로 2번 갈라지며 가장자리에 불규칙한 톱니가 있다. 꽃은 노란색으로 지름 1cm 내외로 줄기와 가지 끝에서 취산꽃차례로 달린다. 꽃잎은 5장으로 꽃자루에 거친 털이 있다. 열매는 수과로 둥글게 모여 달린다. 미나리바구지, 모랑이라고도 한다. 줄기와 잎을 약용으로 쓰이지만 독성이 있다.

과명 미나리아재비과

학명 *Adonis amurensis* Regel et Radde 개화기 3~5월

복수초

산지의 볕이 잘 드는 숲 속에서 자라는 여러해살이풀이다. 제주도에서는 잔설을 뚫고 꽃을 피우는 걸로 유명하다. 제주도와 경기도, 강원도 이북에 분포한다고 알려져 왔지만 최근 무등산국립공원 등 남부지역에도 두루 분포한다. 줄기는 높이 15~30cm다. 꽃은 짙은 노란색이며 줄기나 가지 끝에 1개씩 하늘을 향해 달린다. 원일초, 설련화, 얼음새꽃, 눈색이꽃, 측금잔화 등의 속명으로 불린다. 관상용으로 심기도 하며 한방과 민간에서 강심제나 이뇨제 등 약재로 쓰이지만 유독성식물이다.

자주꿩의다리

과명 미나리아재비과
학명 *Thalictrum uchiyamai* Nakai 개화기 6~7월

물기가 많고 양지바른 산지에서 자라지만 흔하지 않다. 높이 60cm 내외다. 전체에 털이 없으며 뿌리가 산꿩의다리와 같은 모양으로 가늘고 양끝이 길고 뾰족한 모양의 뿌리가 여러 줄 있다. 잎은 어긋나고 세 갈래로 갈라지며 최종 작은잎은 달걀모양 또는 둥근 달걀모양으로 가장자리에 큰 톱니가 있거나 3개로 얕게 갈라진다. 꽃은 6~7월에 흰빛이 도는 자주색으로 엉성한 원추꽃차례로 촘촘히 달린다. 열매는 수과로 반 타원형이고 6개의 맥이 있으며 짧은 대가 있다. 어린 순은 식용으로 쓰이며 약용으로도 쓰인다.

과명 미나리아재비과

학명 *Thalictrum tuberiferum* Maxim. 개화기 7~8월

산꿩의다리

산기슭 반음지로 약간 습하고 비옥한 숲 속에 자라는 여러해살이풀이다. 줄기는 곧추 서며 높이 50cm에 달하며 털이 없다. 뿌리줄기가 짧고 양 끝이 뾰족한 원기둥 모양으로 굵어진 뿌리가 사방으로 퍼진다. 뿌리잎은 1개이고 3개씩 2~3회 갈라지며 줄기잎은 2장이 마주난다. 꽃은 흰색으로 피고 줄기 윗부분에 원추꽃차례로 달린다. 꽃잎은 없고 꽃받침은 4~5개로서 작으며 일찍 떨어진다. 수술은 많고 고리 모양으로 늘어선다. 열매는 수과다. 이 풀이 꿩의다리보다 작고 잎은 더 넓고 크다.

꿩의다리

과명 미나리아재비과

학명 *Thalictrum aquilegifolium* L. 개화기 7~8월

산기슭 반음지로 약간 습하고 비옥한 숲 속에 자라는 여러해살이풀로 높이 50~100cm다. 원줄기는 능선이 있으며 속이 비어 있고 녹색이거나 자주색 바탕에 분백색이다. 원기둥모양이며 표면에 털이 없고 매끄럽다. 잎은 어긋나며 뿌리잎은 1개이고 3개씩 2~3회 갈라지며 줄기잎은 2장이 마주난다. 꽃은 흰색으로 원줄기 끝에 원추꽃차례를 이루어 핀다. 피기 전에 붉은 빛이 감돌기도 하며 꽃잎이 없다. 우정금, 아세아꿩의다리 등의 속명을 갖고 있다. 어린 잎과 줄기는 식용으로 쓰이며 뿌리와 함께 약용으로도 쓰인다.

과명 미나리아재비과

학명 *Thalictrum actaefolium* Sieb. et Zucc. 개화기 7~8월

참꿩의다리

덕유산국립공원 등 산지에서 자라는 여러해살이풀이다. 줄기는 곧추 서고 높이가 30~60cm이며 전체에 털이 없으며 많은 가지가 갈라진다. 잎은 어긋나고 삼각형이고 밑부분의 것은 잎자루가 길지만 위로 올라갈수록 점차 짧아지며 2~3회 세 장의 작은잎이 나온 잎이다. 작은잎은 넓은 달걀모양 또는 네모난 타원 모양이고 가장자리에 깊이 패어 들어간 모양의 거친 톱니가 있고 뒷면은 분백색이다. 꽃은 붉은빛이 도는 흰색으로 피고 줄기 끝에 원추꽃차례를 이루며 달린다. 어린 잎과 줄기는 식용으로 쓰인다.

개구리발톱

과명 미나리아재비과

학명 *Semiaquilegia adoxoides* (DC.) Makino 개화기 4~5월

한국 원산으로 주로 남부지방과 제주도의 조금 습한 산기슭에서 자라는 여러해살이풀이다. 높이 20~30cm로 자라며 털이 있다. 위쪽에서 가지가 갈라진다. 잎은 줄기 아래쪽에서 몇 장이 나며 잎자루가 길다. 잎 뒷면은 보랏빛이 조금 돈다. 얼룩무늬 개체도 있다. 꽃은 꽃자루가 아래로 구부러져 고개 숙인 모습으로 가지 끝에 한 송이씩 붙고 밑을 향해 피며, 종모양, 분홍 빛이 조금 도는 흰색이다. 뿌리잎이 개구리의 발을 닮았다하여 붙여진 이름이다. 개구리망, 천규자라는 이름으로도 불린다.

과명 미나리아재비과
학명 *Delphinium maackianum* Regel 개화기 7~9월

큰제비고깔

햇볕이 잘드는 양지에 부엽토가 쌓인 산기슭에서 잘 자라는 여러해살이풀로 높이는 약 1m다. 줄기는 곧게 서고 밑부분과 꽃이삭에 털이 나지만 대부분 털이 없다. 잎은 어긋나고 잎자루가 길며 단풍잎 같이 3~7개로 갈라진다. 가장자리에 불규칙한 톱니가 있다. 꽃은 짙은 자주색이며 원줄기 끝의 총상꽃차례에 달린다. 원줄기의 아래에서부터 위로 올라가며 핀다. 포는 잎 같고 꽃자루에 갈색 가는 털이 난다. 열매는 골돌과로 3개이고 긴 타원형이다. 유사종으로 털제비고깔과 부전제비고깔이 있다.

흰진범

과명 미나리아재비과
학명 *Aconitum logecassidatum* Nakai 개화기 7~8월

숲속의 그늘지고 조금 습한 곳에서 자라는 여러해살이풀로 높이 50~120cm다. 윗부분이 늘어지거나 덩굴지며 꼬부라진 털이 있다. 잎은 잎자루가 길지만 위로 올라갈수록 짧아진다. 손바닥 모양으로 3~5갈래로 갈라지고 갈래조각은 이빨 모양의 톱니가 있다. 꽃은 연한 노란 빛이 도는 흰색으로 줄기 끝과 줄기 윗부분의 잎겨드랑이에서 총상꽃차례로 달린다. 꽃받침잎은 5장이고 꽃모양이 오리모양이어서 오리궁둥이라는 속명으로도 불린다. 열매는 골돌과이다. 뿌리가 진통제, 진경약으로 쓰인다.

과명 미나리아재비과
학명 *Aconitum ciliare* DC. 개화기 8~9월

놋젓가락나물

산기슭에서 자라는 여러해살이풀로 길이는 약 2m다. 덩굴로 다른 물체를 감아 올라가면서 벋는다. 잎은 어긋나고 잎자루가 길며 3~5개로 완전히 갈라지며 갈라진 조각은 마름모 비슷하고 다시 갈라진 맨 나중 조각은 바소꼴로 끝이 뾰족하다. 꽃은 자주색으로 피며 가지 끝과 원줄기 끝에 총상꽃차례로 달린다. 꽃받침잎은 꽃잎 같고 5개로 고깔 모양이다. 다섯 개로 나누어진 씨방에는 많은 종자가 들어 있다. 선덩굴바꽃이라고도 한다. 뿌리를 말린 것이 생약명으로 초오이며 치한, 중풍, 열병 등의 약재로 쓰인다.

노루삼

과명 미나리아재비과

학명 *Actaea asiatica* Hara 개화기 6월

산지의 숲 속 그늘지고 습기 있는 곳에서 자라는 여러해살이풀이다. 높이 60cm 이며 작은잎은 달걀모양으로 끝이 뾰족하고 3갈래로 갈라지기도 하다. 꽃은 흰색으로 줄기 끝에 총상꽃차례로 빽빽이 달린다. 수술은 많으며 암술은 1개다. 꽃자루는 꽃줄기에 거의 수직으로 매달리며 꽃받침잎은 꽃이 피자마자 떨어지진다. 씨방은 둥글고 검은색으로 익는다. 유사종으로 열매가 붉은색이거나 흰색인 붉은노루삼이 있다. 관상용으로 심으며 뿌리는 약용으로 쓰이지만 유독성 식물이다.

과명 미나리아재비과
학명 *Isopyrum mandshuricum* Kom. 개화기 4~5월

만주바람꽃

산지에서 자라는 여러해살이풀로 높이 약 20cm다. 뿌리줄기가 옆으로 길게 자라고 끝에서 잎과 줄기가 나온다. 뿌리에서 돋은 잎은 밑부분이 흰색 막질이며 넓어진 후 원줄기 밑에서 비늘같은 조각과 흰 털이 조금 난다. 줄기에 달린 잎은 2~3개이고 짧은 잎자루 끝에서 3장의 작은잎이 난 후 작은잎은 다시 3장씩 1~2회 갈라진다. 꽃은 흰색이며 줄기 윗부분 잎겨드랑이에 1송이씩 달린다. 열매는 삭과로 2개씩 달린다. 이 지역에서는 영광 불갑산에 그리 많지 않은 개체가 자생한다.

너도바람꽃

과명 미나리아재비과

학명 *Eranthis stellata* Maxim. 개화기 3~4월

숲속 반그늘에서 자라는 여러해살이풀이다. 줄기는 곧게 서며 높이는 15cm 정도이다. 둥근 덩이줄기가 있다. 뿌리잎은 잎자루가 길고 3개로 깊게 갈라지며 갈라진 조각은 다시 2개로 갈라진다. 꽃은 흰색으로 꽃자루 끝에 한 송이가 달린다. 꽃의 지름은 2cm 정도이고 꽃받침조각은 5개다. 수술은 많고 꽃밥은 연한 자주색이다. 열매는 골돌과로 6월에 성숙하며 2~3개로 반달 모양이다. 종자는 갈색이고 둥글며 밋밋하다. 유사종으로 변산바람꽃이 있다. 주로 관상용으로 쓰인다.

과명 미나리아재비과

학명 *Megaleranthis saniculifolia* Ohwi 개화기 5월

모데미풀

이 지역에서는 지리산, 덕유산 등 깊은 산의 약간 습기가 있는 곳에서 자라는 흔하지 않는 여러해살이풀이다. 높이는 20~40cm이며 잎은 긴 잎자루에서 3개로 갈라지며 잎자루가 짧고 2~3개로 깊게 갈라진 다음 톱니가 생기거나 다시 2~3개로 갈라진다. 꽃은 흰색으로 피고 지름 2cm 정도이며 밑에 줄기잎처럼 보이는 커다란 포가 있다. 꽃받침조각과 꽃잎은 각각 5개씩이고 수술과 암술이 많다. 열매는 골돌이다. 한국 특산종이다. 전북 남원 운봉 모데미에서 처음으로 발견돼 그 지명을 따 이름지어졌다 한다. 관상용으로 심는다.

동의나물

과명 미나리아재비과

학명 *Caltha palustris* var. *membranacea* Turcz. 개화기 4~5월

제주도를 제외한 전국의 산 속 습기 많은 곳이나 계곡, 초원의 습지에 자라는 여러해살이풀이다. 높이는 30~60cm이며 옆으로 비스듬히 눕기도 한다. 땅에 닿은 마디에서 뿌리가 내리며 윗부분은 곧추 선다. 잎은 뿌리에 붙고 잎자루가 길며 둥근 심장형이다. 꽃은 노란색으로 줄기 끝에 보통 2개씩 달린다. 꽃받침잎은 5~7장이며, 꽃잎처럼 보인다. 꽃잎은 없으며 수술은 많다. 열매는 골돌이다. 입금화, 동이나물, 원숭이나물로도 불리며 어린 순은 나물로 먹으며 다 자란 잎은 독성이 강하다.

과명 미나리아재비과

학명 *Paeonia japonica* Miyabe et Takeda 개화기 6월

백작약

산지에서 자라는 여러해살이풀이로 높이는 40~50cm다. 뿌리는 육질이고 굵으며 밑부분이 비늘 같은 잎으로 싸여 있다. 잎은 3~4개가 어긋나고 3개씩 2회 갈라진다. 작은잎은 긴 타원형이거나 거꾸로 세운 달걀모양으로 양끝이 좁으며 가장자리가 밋밋하다. 꽃은 흰색으로 피고 지름 4~5cm로 원줄기 끝에 1개씩 달린다. 꽃받침잎은 달걀모양이며 3개, 꽃잎은 거꾸로 세운 달걀모양이고 5~7개이다. 열매는 골돌과다. 뿌리는 진통, 진경 등 약재로 쓰인다. 털백작약, 산작약, 민산작약 등 유사종이 있다.

으름

과명 으름덩굴과 학명 *Akebia quinata* Decne. 개화기 4~5월

낮은 산지에서 자라는 낙엽 덩굴식물이다. 길이 5m에 달하며 가지는 털이 없고 갈색이다. 잎은 묵은 가지에서는 무리지어 나고 새 가지에서는 어긋나며 손바닥 모양의 겹잎이다. 꽃은 자주색으로 잎겨드랑이에 총상꽃차례로 달리며 암수한 그루다. 암꽃은 크고 적게 달리고 수꽃은 작고 많이 달리며 꽃잎은 없다. 으름덩굴, 연복자, 으름나무넌출, 목통, 야목과, 마목통 등의 속명으로도 불린다. 과육은 먹을 수 있으며 인후, 금창, 소염, 해열, 이뇨 등의 약재로 쓰인다. 관상용으로 심기도 한다.

멀꿀

과명 으름덩굴과
학명 ***Stauntonia hexaphylla* (Thunb.) Decne.** 개화기 **5~6월**

남쪽 섬이나 야산에서 자라는 상록성 덩굴식물이다. 줄기는 녹색 또는 갈색으로 왼쪽으로 감아 오르며 길이가 15m 정도로 자란다. 어긋나게 달리는 잎은 손 모양의 겹잎으로 두껍다. 황백색의 꽃이 잎겨드랑이에서 2~4개가 총상꽃차례로 핀다. 암꽃은 안쪽에 초록색이 돌며 3개의 암술이 있고 수꽃은 안쪽에 붉은색이 돌며 6개의 수술이 있다. 열매는 으름덩굴과 달리 익어도 벌어지지 않는다. 남쪽 섬이나 바닷가 민가의 대문이나 담장에 많이 심으며 열매가 붉게 익기 때문에 멍나무라고도 불리며 열매는 식용으로 쓰인다.

삼지구엽초

과명 매자나무과

학명 *Epimedium koreanum* Nakai 개화기 5월

중북부 이북 산지의 나무 그늘에서 자라는 여러해살이풀이다. 지리산에서도 드물게 자생한다. 높이 30cm이며 한 포기에서 여러 대가 나와 곧추 선다. 뿌리줄기는 옆으로 벋고 잔뿌리가 많이 달리고 꾸불꾸불하다. 줄기에서 3개의 가지가 갈라지고 가지마다 3개의 잎이 달려 총 9개의 잎이 있어 삼지구엽초라는 이름을 얻게 됐다. 꽃은 노란색을 띤 흰색으로 줄기 끝에 총상꽃차례를 이루며 밑을 향해 달린다. 수술은 4개이고 암술은 1개이다. 음양곽이라는 이름으로 더 잘 알려졌으며 풀 전체가 강장제나 강정제로 쓰인다.

과명 매자나무과
학명 *Jeffersonia dubia* Benth. 개화기 4~5월

깽깽이풀

산 중턱 아래에 드물게 자라는 여러해살이풀로 높이는 20cm다. 원줄기가 없고 뿌리에서 잎이 여러 장이 나며 잎자루가 길다. 잎몸은 둥근 모양이며 밑은 심장 모양, 끝은 오목하고 가장자리는 물결 모양이다. 꽃은 보라색이나 흰색으로 잎이 나오기 전에 꽃대가 올라와 끝에 1개씩 달린다. 꽃잎은 6~8개이고 거꾸로 세운 달걀모양이며 수술은 8개, 암술은 1개이다. 열매는 삭과다. 이 풀은 깽깽이풀속 중에 한국을 비롯한 동아시아에 1종이 있다. 관상용으로 심으며 건위제 등 약용으로 쓰인다.

댕댕이덩굴

과명 방기과 학명 *Coculus trilobus* DC. 개화기 5~6월

들판이나 숲 가장자리에서 자라는 낙엽덩굴식물로 길이가 3m정도이다. 줄기와 잎에 털이 있다. 잎은 어긋나고 달걀모양이며 윗부분이 3개로 갈라지기도 한다. 잎 끝은 뾰족하고 밑은 둥글다. 꽃은 양성화로 노란색을 띤 흰색으로 잎겨드랑이에서 원추꽃차례를 이루어 핀다. 암꽃과 수꽃이 각기 다른 그루에 핀다. 열매는 둥글고 검게 익으면 흰 가루로 덮인다. 생약명으로 목방기이며 치열, 신경통, 이뇨 등에 쓰이지만 유독성이다. 댕강넝쿨이라고도 한다.

과명 목련과 학명 *Magnolia sieboldii* **K. Koch** 개화기 5~6월

함박꽃나무

전국의 산골짜기 숲 속에 토양이 비옥하고 습기가 비교적 많은 곳에서 자라는 낙엽소교목이다. 높이는 7m에 달하며 가지는 잿빛이 도는 노란갈색이다. 어린가지와 겨울눈에 누운 털이 많다. 잎은 어긋나며 넓은 타원형이거나 거꾸로 세운 달걀모양이다. 꽃은 흰색으로 잎이 난 후에 밑을 향해 피며 향기가 난다. 산에 자라는 목련이라는 뜻으로 '산목련'이라고도 부르기도 하며 북한에서는 목란이라 부르며 나라꽃으로 지정하고 있다. 함백이꽃·함박이·옥란·천녀목란·천녀화라고도 부른다. 약용으로 쓰인다.

생강나무

과명 녹나무과 학명 *Lindera obtusiloba* Bl. 개화기 2~3월

산기슭 양지쪽에서 자라는 낙엽관목으로 높이 3m에 달하고 잔가지와 겨울눈에 털이 없다. 가지를 꺾으면 생강냄새가 나기 때문에 생강나무라고 하고 잎은 마주보고 나며 달걀모양이거나 둥근 달걀모양이다. 잎보다 먼저 피는 꽃은 노란색으로 암수딴그루로 피며 꽃대가 없는 산형꽃차례에 달린다. 종자는 흑색으로 익는다. 북부지방에서는 열매로 머릿기름을 짜서 쓰기 때문에 산동백나무, 개동백나무라고 부른다. 민간에서는 해열, 강심, 건위, 학질 등의 약으로 쓰인다.

과명 녹나무과 학명 *Lindera sericea* (S. et Z.) Bl. 개화기 4월

털조장나무

무등산국립공원과 전남 조계산 산골짜기에서 자라는 낙엽활엽관목으로 높이 약 3m다. 잔가지와 겨울눈에 털이 있다. 나무껍질은 연한 녹색이며 직립성이다. 1년생 가지는 노란 녹색이며 털이 있다가 차차 없어진다. 잎은 어긋나고 긴 타원형 또는 달걀모양 타원형이며 끝이 뾰족하고 가장자리는 밋밋하고 양면에 털이 난다. 꽃은 암수딴그루로 노란색으로 피고 산수유나무와는 달리 잎과 같이 핀다. 잎겨드랑이에 산형꽃차례로 달린다. 열매는 장과로 둥글다. 무등산국립공원이 깃대종으로 지정했다.

애기똥풀

과명 양귀비과

학명 *Chelidonium majus* var. *asiaticum* 개화기 4~8월

인가 부근 논·밭둑이나 길가 둑에서 자라는 두해살이풀로 높이는 30~50cm다. 줄기는 가지가 많이 갈라지고 속이 비어 있으며 풀 전체에 흰털이 빽빽하다. 잎은 마주나고 가장자리에 둔한 톱니와 함께 깊이 패어 들어간 모양이 있다. 잎 뒷면은 흰색이다. 꽃은 노란색으로 피고 줄기 윗부분의 잎겨드랑이에서 나온 가지 끝에 산형꽃차례를 이루며 몇 개가 달린다. 줄기에서 나오는 유액 때문에 애기똥풀, 젖풀로 불린다. 씨아똥, 까치다리, 백굴채라는 속명을 갖고 있다. 피부질환 등 약재로 쓰이지만 유독성 식물이다.

과명 양귀비과
학명 *Hylomecon vernalis* Maxim. 개화기 4~5월

피나물

전라남도 백암산 이북의 숲 속에 자라는 여러해살이풀로 높이 20~30cm다. 작은 잎은 5~7장이며 가장자리에 불규칙한 톱니가 있다. 꽃은 노란색으로 원줄기 끝의 잎겨드랑이에서 1~3개씩 피며 꽃줄기가 길며 끝에 1개씩 달린다. 꽃잎은 보통 4장이다. 열매는 삭과로 기둥 모양이다. 줄기와 잎을 자르면 노란빛이 도는 붉은 즙이 나온다. 어린 순은 나물로 먹고 풀 전체를 약용하지만 독성이 있다. 매미꽃은 뿌리에서 꽃줄기와 잎이 따로 나오는 것이 피나물과 다르다. 한국 특산종이다.

매미꽃

과명 양귀비과

학명 *Hylomecon hylomeconoides* (Nak.) T. Lee 개화기 6~7월

산지 숲속에서 자라는 여러해살이풀로 높이는 20~40cm다. 굵고 짧은 뿌리줄기에서 잎이 뭉쳐난다. 잎자루가 길며 잔털이 있고 자르면 붉은색의 유액이 나온다. 꽃은 노란색으로 꽃자루의 끝부분에 1개 또는 여러 개가 달린다. 꽃봉오리에 털이 있는 피나물에 비해 이 꽃은 털이 없다. 꽃줄기는 잎자루보다 길지만 잎보다는 짧고 수술은 많으며 암술은 1개이다. 열매는 삭과로 좁은 원기둥 모양이고 염주처럼 잘록하며 끝부분에 긴 부리가 있다. 한국 특산종이다.

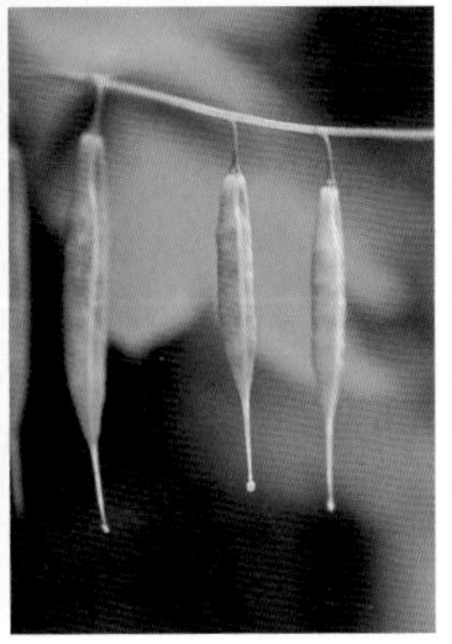

과명 현호색과

학명 *Dicentra spectabilis* (L.) Lem. 개화기 5~6월

금낭화

산지에서 자라는 여러해살이풀로 높이 40~50cm다. 전체가 흰빛이 도는 녹색이다. 잎은 어긋나고 잎자루가 길며 3개씩 2회 깃꼴로 갈라진다. 꽃은 연한 붉은색으로 총상꽃차례로 줄기를 따라 아래에서 위쪽으로 올라가며 심장형으로 주렁주렁 달린다. 꽃부리는 볼록한 복주머니 모양이다. 완전히 개화하기 전에는 좌우에 있는 하얀색이 붙어 있지만 완전히 개화되면 위쪽으로 말려 올라간다. 열매는 긴 타원형의 삭과이다. 관상용으로 심고 어린 잎은 나물로 먹는다. 타박상, 종기 등의 약재로도 쓰인다.

왜현호색

과명 현호색과

학명 *Corydalis ambigua* Cham. et Schlechtend 개화기 4~5월

산지 숲속 습기 있는 그늘에서 자라는 여러해살이풀이며 높이는 10~30cm다. 땅속에 있는 덩이줄기는 둥글고 지름은 1.5cm 정도이다. 덩이줄기 끝에서 1개의 줄기가 나와서 2개의 잎이 달린다. 잎은 어긋나고 잎자루가 있으며 3개씩 1~3회 갈라진다. 꽃은 자줏빛이 도는 하늘색이며 원줄기 끝에서 3~10여 개의 꽃이 뭉쳐서 달리고 한쪽 옆을 향하며 입술처럼 퍼진다. 또한 뒤쪽에 긴 꿀주머니가 있으며 총상꽃차례로 달린다. 수술은 6개이다. 열매는 삭과로 검은 종자가 들어 있다. 뿌리는 약용으로 쓰인다.

과명 현호색과

학명 *Corydalis turtschaninovii* Bess. 개화기 4~5월

현호색

산기슭 나무그늘에서 자라는 여러해살이풀이다. 줄기는 높이가 20cm 정도이고 땅속에 지름 1cm 정도의 덩이줄기가 있다. 잎은 표면이 녹색이고, 뒷면은 회백색이며 어긋난다. 꽃은 보라색 또는 분홍색이며 입술모양이며 뒤쪽은 꿀주머니이며 앞쪽은 넓게 퍼져 있다. 길이는 약 2.5㎝ 정도되고 줄기 끝에 5~10개가 총상꽃차례로 달린다. 종자는 광택이 나고 검은색이다. 남화채, 연황색, 남작화, 치판현호색, 연호삭 등의 속명으로 불린다. 한방에서는 덩이줄기가 정혈제, 진경제, 진통제로 쓰인다.

댓잎현호색

과명 현호색과

학명 *Corydalis turtschaninovii* var. *linearis* (Regal) Nakai 개화기 4~5월

숲속 그늘에서 자라는 여러해살이풀로 높이는 20cm 내외다. 잎 모양이 대나무 잎 같아서 댓잎현호색이라는 이름으로 불린다. 잎은 어긋나고 3개씩 1~2회 갈라진다. 작은잎은 선형 또는 바소꼴이며 가장자리가 밋밋하며 크기의 차이가 심하다. 꽃은 연한 자주색이거나 보라색으로 총상꽃차례를 이루며 통 모양이고 한쪽이 순형으로 퍼지며 꽃잎 뒤에 달린 거가 밑으로 약간 굽는다. 대잎현호색이라는 속명을 갖고 있다. 한방에서 진경, 진통, 조경, 타박상, 두통 등에 약재로 쓰이나 유독성 식물이다.

과명 현호색과

학명 *Corydalis turtschaninovii* *Besser* var. *pectinata* (Maxim.) Nakai 개화기 4~5월

빗살현호색

산지 숲 속 그늘에서 자라는 여러해살이풀로 높이는 20~30cm다. 덩이줄기는 지름 1~2cm이고 속이 노란색이며 가지가 갈라진다. 잎은 작은잎이 3장씩 나오며 작은잎은 빗살처럼 갈라진다. 꽃은 하늘색, 연자주색, 보라색으로 총상꽃차례를 이룬다. 포는 잎을 축소한 것 같으나 보다 깊게 갈라지는 경향이 있다. 꽃부리는 한쪽이 입술 모양으로 넓어지며 뒤쪽은 꿀주머니로 되어 있다. 비취엽자근, 비쌀현호색으로 불리기도 한다. 유독성식물이며 한방에서는 진경, 진통 등의 약재로 쓰인다.

들현호색

과명 현호색과
학명 *Corydalis ternata* Nakai 개화기 4월

산기슭이나 논과 밭에서 자라는 여러해살이풀로 높이는 15cm 정도이다. 땅속뿌리가 땅속으로 벋으면서 작은 덩이줄기를 형성하고 새싹이 나와 번식한다. 잎은 어긋나고 잎자루가 길며 세 장의 작은 잎이 나온다. 작은잎은 가장자리에 깊이 패어 들어간 모양의 톱니가 있다. 꽃은 붉은 자주색으로 총상꽃차례를 이루고 끝에 피며 꽃은 약간 많은 편이다. 꽃부리는 한쪽이 입술 모양으로 넓어지며 뒤쪽은 꿀주머니로 되어 있다. 열매는 삭과다. 덩이줄기는 약재로 쓰인다. 한국 특산종이다.

과명 현호색과

학명 *Corydalis incisa* Pers. 개화기 4~5월

자주괴불주머니

산기슭이나 들의 습기가 많은 양지나 반그늘진 곳에서 자라는 두해살이풀로 높이는 20~50cm다. 원줄기는 원기둥모양이며 광택이 있으며 여러 대가 한군데에서 나온다. 잎은 어긋나며 전체적으로 달걀모양이며 가장자리에는 톱니가 있다. 꽃은 4~5월에 자주색으로 피고 총상꽃차례로 달리며 밑에 꿀주머니가 있고 한쪽은 입술 모양으로 퍼진다. 수술은 6개가 3개씩 2개로 갈라진다. 열매는 삭과로 종자는 검고 광택이 난다. 풀 전체가 약재로 쓰인다. 유독식물이다. 자근, 자주뿔꽃이라고도 한다.

전라도
야생화

눈괴불주머니

과명 현호색과
학명 *Corydalis ochotensis* Turcz. 개화기 8~9월

숲 속의 그늘이나 습지에서 자라는 두해살이풀로 높이 60cm 내외다. 전체에 분백색이 돌고 가지가 많이 갈라져서 덩굴같이 엉킨다. 줄기는 모가 지고 줄기가 길게 땅을 기거나 곧게 서며 많은 가지가 갈라진다. 잎은 어긋나고 잎자루가 길며 삼각형이다. 꽃은 짙은 노란색으로 총상꽃차례를 이루고 꽃부리 끝부분이 붉은 빛이 돈다. 포는 달걀모양이며 가장자리가 밋밋하다. 눈뿔꽃, 개현호색, 누운괴불주머니, 덩굴괴불주머니, 황자근이라는 속명을 갖고 있다. 민간에서 약재로 쓰이지만 유독성 식물이다.

과명 현호색과
학명 *Corydalis heterocarpa* S. et Z. 개화기 4~5월

염주괴불주머니

바닷가 모래땅에 자라는 두해살이풀로 높이 40~60cm다. 줄기는 원기둥모양으로 곧게 자라며 붉은색으로 광택이 있으며 전체에 털이 없다. 잎은 어긋나며 표면은 녹색을 띠고 광택이 있다. 작은잎은 쐐기 모양으로 끝은 뾰족하고 가장자리는 깊게 갈라졌다. 꽃은 연한 노란색으로 줄기와 가지 끝에서 총상꽃차례에 달린다. 열매는 삭과이고 염주 모양이다. 씨는 검은색이다. 우리나라 중부 이남에 자생하며 일본에도 분포한다. 좀구슬뿔꽃으로도 불린다. 유사종으로 갯괴불주머니가 있다.

산괴불주머니

과명 현호색과
학명 *Corydalis speciosa* Maxim. 개화기 4~6월

산지의 계곡주변에서 자라는 두해살이풀로 높이가 50cm에 달한다. 원줄기는 속이 비고 곧게 자라며 가지가 갈라지고 전체에 분가루가 묻은 듯한 흰빛을 띤다. 잎은 어긋나고 2회 깃꼴로 갈라지고 마지막 갈래조각은 줄 모양의 긴 타원형이며 끝이 뾰족하다. 꽃은 노란색으로 총상꽃차례로 원줄기와 가지 끝에 달리고 포는 달걀모양 바소꼴이며 때로 갈라진다. 꽃부리는 한쪽이 입술 모양으로 넓어지며 뒤쪽은 꿀주머니로 되어 있다. 열매는 삭과다. 암괴불주머니라고도 불린다.

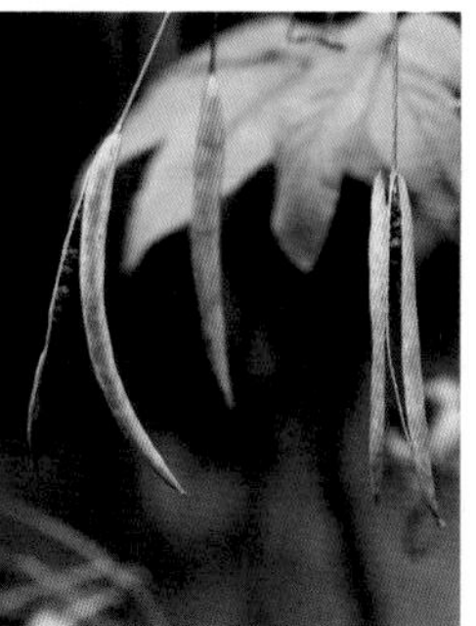

과명 풍접초과 학명 *Cleome spinosa* L. 개화기 7~9월

풍접초

관상용으로 재배하는 한해살이풀이지만 일부는 야생한다. 전체에 잔털이 밀생하며 줄기는 곧게 서고 높이는 1.5m 내외다. 잎은 어긋나며 장상복엽이고 작은잎은 긴 타원형 바소꼴모양으로 5~7개이며 끝이 뾰족하고 가장자리가 밋밋하다. 꽃은 분홍색 또는 흰색으로 원줄기 끝에 총상꽃차례를 이룬다. 꽃잎은 거꾸로 세운 달걀모양이다. 삭과는 선형이다. 백화채, 양각채 등의 속명으로 불리며 남부지방에서는 꽃 모양이 전통혼례 시 신부의 머리에 얹는 족두리를 닮았다 하여 족두리풀이라 부르기도 한다.

미나리냉이

과명 십자화과

학명 *Cardamine leucantha* O. E. Sculz 개화기 5~7월

산지의 계곡 근처 그늘지고 습한 곳에서 자라는 여러해살이풀로 높이 50cm에 달한다. 땅속줄기가 길게 옆으로 벋으며 마디에서 잎과 뿌리가 돋는다. 줄기 위쪽에서 가지가 갈라지며 부드러운 털이 있다. 잎은 어긋나며 작은 잎 3~7장으로 이루어진 겹잎이다. 가장자리에 불규칙한 톱니가 있다. 꽃은 흰색으로 원줄기 끝과 가지 끝에 총상꽃차례로 달린다. 열매는 장각과이다. 미나리황새냉이라는 속명이 있다. 어린 순은 나물로 먹으며 뿌리줄기는 약재로 쓰인다. 유사종으로 참고추냉이와 통영미나리냉이가 있다.

과명 십자화과 학명 *Cardamine scutata* Thunb. 개화기 5~6월

큰황새냉이

산과 들의 냇가나 습지에서 자라는 여러해살이풀로 높이는 20cm에 달한다. 털이 거의 없으며 원줄기는 연약하고 여러 대로 갈라져서 비스듬히 자란다. 잎은 어긋나며 깃꼴로 갈라진다. 작은잎은 3~11장으로 끝의 작은잎이 가장 크고 가장자리에 둔한 톱니가 있다. 잎의 양면과 가장자리에 털이 있다. 꽃은 흰색으로 가지 끝과 원줄기 끝에서 총상꽃차례로 달린다. 꽃잎은 4장이고 주걱 모양이다. 열매는 장각과이고 익으면 2갈래로 터진다. 어린 순은 나물로 먹는다.

논냉이

과명 십자화과 학명 *ardamine lyrata* Bunge 개화기 4~5월

냇가나 논밭 근처의 도랑과 습지에 자라는 여러해살이풀로 높이는 30~50cm이며 곧추 자란다. 보통 털이 없다. 처음에는 뿌리 윗부분에서 잎이 모아나는 근생엽의 형태로 생육한다. 잎은 어긋나며, 깃꼴로 갈라진다. 작은잎은 보통 5~9장이고 원형 또는 타원형이며 가장자리는 물결 모양이다. 꽃은 흰색으로 줄기와 가지 끝에 총상꽃차례로 많이 달린다. 꽃잎은 4장이고 넓은 거꾸로 세운 달걀모양으로 흰색이다. 열매는 각과이다. 어린 순을 식용한다. 물냉이, 논황새냉이라고도 한다.

과명 십자화과 학명 *Rorippa indica* (L.) Hiern 개화기 5~6월

개갓냉이

낮은 지대의 밭이나 들에서 자라는 여러해살이풀로 높이 20~50cm다. 줄기는 곧게 자라지만 가지가 많이 갈라지고 비스듬히 자라는 것도 있으며 전체에 털이 없다. 뿌리잎은 뭉쳐 나고 잎자루가 있다. 줄기는 어긋나고 바소꼴이며 갈라지지 않는다. 가장자리에 톱니가 있고 잎자루는 없다. 꽃은 5~6월에 노란색으로 총상꽃차례를 이루며 가지 끝과 원줄기 끝에 달린다. 열매는 장각과다. 조장풍화채, 졸속속이풀, 산부시풀이라고도 한다. 어린 순은 나물로 먹으며 해수, 소화, 폐렴, 기관지염, 건위 등의 약재로 쓰인다.

냉이

과명 십자화과

학명 *Capsella bursa-pastoris* (L.) Medicus. 개화기 4~6월

들이나 밭에서 자라는 두해살이풀로 높이는 10~50cm다. 뿌리는 곧고 흰색이다. 줄기 전체에 털이 없으며 곧게 서고 윗부분에는 많은 가지가 갈라진다. 뿌리잎은 땅에 퍼지며 잎자루가 있고 가장자리가 우상으로 깊게 갈라진다. 줄기잎은 어긋나며 바소꼴인데 밑이 귓불 모양으로 되어 줄기를 반쯤 감싼다. 꽃은 흰색으로 원줄기와 가지 끝에서 총상꽃차례로 달린다. 꽃받침잎은 4장이며 타원형이다. 나생이, 나숭게라고도 불린다. 어린 식물은 풀 전체를 나물로 먹는다. 제체라는 약명을 갖고 있으며 약용으로 쓰인다.

과명 십자화과

학명 *Draba nemorosa* var. *hebecarpa* Ledbl 개화기 3~6월

꽃다지

인가 부근 텃밭이나 논둑과 밭둑에서 자라는 두해살이풀로 높이는 20~25cm다. 줄기는 곧추 서며 전체에 털이 밀생한다. 뿌리잎은 넓은 주걱모양이며 가장자리에 톱니가 있다. 줄기잎은 좁은 달걀모양이거나 긴 타원형이다. 꽃은 노란색으로 줄기 윗부분에 총상꽃차례를 이룬다. 꽃받침잎은 4장이며 타원형이다. 꽃잎은 4장이다. 열매는 타원형 각과다. 꽃따지, 모과정력, 정력, 정력자 등의 속명으로 불린다. 한방 등 민간에서는 이뇨완화 등에 약으로 쓰인다. 어린 순은 나물로 먹는다.

장대나물

과명 십자화과 학명 *Arabis glabra* (L.) Bernh. 개화기 4~6월

산과 들의 양지쪽에서 자라는 두해살이풀로 높이가 70cm에 달한다. 첫 해에는 원줄기가 없이 잎이 한군데에서 많이 나오지만 다음 해엔 원줄기가 자라서 잎자루가 없는 잎이 어긋난다. 원뿌리가 굵고 뿌리와 밑부분에서 돋은 잎은 털이 많다. 윗부분에 달린 잎은 바소꼴 또는 타원형으로 가장자리가 밋밋하고 끝이 둔하며 원줄기를 감싼다. 꽃은 흰색이며 원줄기 끝에서 총상꽃차례로 달린다. 열매는 견과로서 줄 모양이고 곧게 선다. 남개채, 깃대나물이라고도 한다. 어린 순은 나물로 먹는다.

과명 끈끈이귀개과
학명 *Drosera rotundifolia* L. 개화기 7월

끈끈이주걱

들판의 양지쪽 산성 습지에서 자라는 여러해살이풀이다. 우리나라에서 몇 안 되는 벌레잡이식물로 높이가 6~30cm다. 잎은 뿌리에서 뭉쳐나고 둥근 모양으로 밑 부분이 갑자기 좁아져서 잎자루로 되어 주걱모양이다. 표면에 붉은 색의 긴 선모가 있다. 꽃은 흰색으로 총상꽃차례를 이루며 꽃줄기 끝에 달린다. 꽃잎은 5개로 달걀을 거꾸로 세운 모양과 비슷하다. 꽃받침과 꽃잎은 각각 5개다. 수술은 5개이고 암술대는 3개인데 각각 2개로 갈라진다. 열매는 삭과이다. 풀 전체가 약으로 쓰인다.

끈끈이귀개

과명 끈끈이귀개과

학명 *Drosera peltata* var. *nipponica* Ohwi 개화기 6월

산기슭이나 들판의 풀밭에서 자라는 여러해살이풀로 높이는 10~30cm다. 땅 밑에 둥근 덩이줄기가 있고 줄기는 윗부분에서 가지가 조금 갈라진다. 뿌리잎은 꽃이 필 때 없어지고 줄기잎은 어긋나게 난다. 잎몸은 초승달 모양으로 앞면에 긴 선모가 있어 점액을 분비, 벌레를 잡는다. 꽃은 흰색이며 총상꽃차례로 달리며 꽃차례는 잎과 마주난다. 꽃받침은 달걀모양이며 끝이 둔하고 잘게 갈라진다. 열매는 삭과로 둥글다. 해남, 완도, 진도 등 남쪽 해안가나 섬에서 자란다.

과명 돌나물과

학명 *Orostachys japonica* A. Berger 개화기 9~10월

바위솔

산지의 바위나 기와지붕 위에서 자라는 여러해살이풀이다. 다육질의 잎이 줄기에 아주 빽빽이 달려 있으며 줄기는 꽃이 필 때 높이는 10~40cm다. 뿌리잎은 로제트형으로 퍼지며 끝이 딱딱해져 가시처럼 된다. 원줄기에 잎이 다닥다닥 달리며 잎자루가 없다. 녹색이지만 붉은 빛을 띠기도 하고 바소꼴이다. 꽃은 흰색으로 줄기 끝에서 총상꽃차례로 빽빽하게 달리며 꽃이 피고 열매를 맺으면 죽는다. 꽃받침 조각, 꽃잎, 암술은 각각 5개이며 수술은 10개이다. 열매는 골돌이다. 와송이라고도 불리며 최근들어 재배를 많이 한다.

난장이바위솔

과명 돌나물과

학명 *Orostachys sikokianus* Ohwi **개화기** 8~9월

깊은 산의 바위 위에서 자라는 여러해살이풀로 높이는 10cm 정도이다. 뿌리줄기는 짧고 굵다. 잎은 줄기 끝에 모여 있으며 육질이다. 털은 없으며 끝이 가시처럼 뾰족하다. 꽃은 흰색 바탕에 붉은 빛이 돌며 취산꽃차례를 이루어 줄기 끝에 적게 핀다. 수분이 부족한 환경에서는 연분홍색꽃이 핀다. 꽃잎은 5개이고 달걀모양의 바소꼴이며 끝이 뾰족하고 꽃받침보다 배로 길다. 꽃받침은 5개로 깊게 갈라진다. 수술은 10개다. 씨방은 5실이고 골돌은 달걀모양이다. 난쟁이바위솔로도 불린다.

과명 돌나물과

학명 ***Sedum kamtschaticum*** **Fisch.** 개화기 6~7월

기린초

산지나 바닷가의 양지바른 풀밭이나 바위틈에서 자라는 여러해살이풀로 높이 10~30cm다. 원줄기가 한군데에서 많이 나오고 육질이다. 잎은 어긋나고 거꾸로 세운 달걀모양 또는 긴 타원 모양으로 끝이 둥글고 밑부분이 점차 좁아진다. 원줄기에 직접 달리고 양면에 털이 없고 톱니가 있으며 잎자루는 거의 없다. 꽃은 노란색으로 끝마다 마주 갈라져 쟁반처럼 퍼진 꽃대가 나와 끝에 꽃이 달린 모양이다. 열매는 골돌이며 씨는 갈색이다. 혈산초, 비초 등의 속명으로도 불린다. 어린 순은 식용한다. 관상용이며 약재로 쓰인다.

큰꿩의비름

과명 돌나물과
학명 *Hylotelephium spectabile* Boreau 개화기 8~9월

산지에서 자라는 여러해살이풀로 높이가 30~70cm이고 녹색을 띤 흰색이다. 굵은 뿌리에서 줄기가 몇 개 나온다. 줄기는 높이가 30~70cm이고 녹색을 띤 흰색이다. 잎은 육질이고 마주나거나 돌려나고 달걀모양이거나 거꾸로 세운 달걀모양 또는 주걱 모양이다. 가장자리는 밋밋하거나 물결 모양의 톱니가 있고 잎자루는 없다. 꽃은 붉은 빛이 도는 자주색으로 피고 줄기 끝에 산방꽃차례를 이루며 밀집해서 달린다. 열매는 골돌과이다. 관상용으로 심는다. 뿌리를 제외한 풀 전체가 약재로 쓰인다.

과명 돌나물과
학명 *Sedum sarmentosum* Bunge 개화기 5~6월

돌나물

숲 속의 바위나 습한 곳에서 자라는 여러해살이풀로 높이는 15cm다. 줄기에서 가지가 갈라져 땅 위를 기면서 벋는다. 마디에서 뿌리가 내린다. 잎은 육질로 보통 3개씩 돌려나고 잎자루가 없으며 긴 타원형 또는 바소꼴이다. 잎 양끝이 뾰족하고 가장자리는 밋밋하다. 꽃은 노란색으로 곧추 자란 꽃자루에 여러개 핀다. 열매는 골돌과다. 돈나물, 화건초, 야마치현, 구아치, 수분초, 석상채 등의 속명을 갖고 있다. 관상용으로 심기도 하며 어린 순은 나물로 먹는다.

땅채송화

과명 돌나물과

학명 *Sedum oryzifolium* Makino 개화기 5~7월

햇볕이 잘 들어오는 바닷가 바위 위에 자라는 여러해살이풀로 높이는 5~12cm다. 옆으로 벋고 가지가 갈라지며 원줄기 윗부분과 가지가 모여 난다. 기다란 다육질의 기는 줄기에서 곧추 서며 이곳에서 줄기와 실뿌리가 난다. 꽃이 피는 줄기는 높이 10cm쯤이다. 잎은 어긋나며 꽃이 피지 않는 줄기에 잎이 모여 달려 군락을 이룬다. 꽃은 노란색으로 취산꽃차례와 비슷한 모양으로 달린다. 꽃받침잎은 녹색으로 다육질이다. 꽃잎은 넓은 바소꼴이며 수술대는 연한 노란색이고 꽃밥은 노란색이다. 열매는 골돌과이다. 관상용으로 심기도 한다.

과명 돌나물과

학명 *Sedum polystichoides* Hemsl. 개화기 7~9월

바위채송화

산지의 바위 곁에서 자라는 여러해살이풀로 높이는 10cm다. 원줄기는 밑부분이 옆으로 벋으며 윗부분이 가지와 더불어 곧게 선다. 밑부분은 갈색을 띠며 꽃이 달리지 않는 가지에는 잎이 밀생한다. 잎은 어긋나며 뒷면의 잎줄이 뚜렷하다. 꽃은 노란색으로 취산꽃차례와 비슷한 모양으로 달린다. 꽃받침잎은 길게 갈라지며 바소꼴로 다육질이다. 포엽이 꽃보다 약간 길다. 열매는 골돌과로 5개이다. 유엽경천이라는 속명으로도 불린다. 식용과 약용으로 쓰이며 관상용으로 심기도 한다.

노루오줌

과명 범의귀과
학명 *Astilbe chinensis* var. *davidil* Fr. 개화기 7~8월

산지의 냇가나 습지 근처에서 흔하게 자라는 여러해살이풀로 높이는 30~70cm다. 줄기는 원기둥모양으로 곧추 서며 갈색 털이 많고 표면이 거칠다. 줄기잎은 어긋난다. 꽃은 분홍색이거나 흰색으로 꽃줄기 위쪽에 발달하는 원추꽃차례에 달려 줄기 끝에 한 송이로 붙는다. 꽃자루는 거의 없으며 꽃받침은 5장이며 달걀모양으로 꽃잎은 끝이 둥글다. 열매는 삭과이다. 노루오줌 냄새가 난다고 해 붙여진 이름으로 홍승마, 적승마라는 속명으로도 불린다. 어린 순은 식용하며 풀 전체가 약용으로 쓰인다.

과명 범의귀과 학명 *Astilbe koreana* Nakai 개화기 6~7월

숙은노루오줌

산지에서 자라는 여러해살이풀로 높이는 30~60cm다. 갈색 털이 있다. 잎은 어긋나며 뿌리잎은 잎자루가 길며 2~3회 3출겹잎이다. 작은잎은 달걀모양이거나 넓은 타원형으로 끝이 길게 뾰족해지고 가장자리에 결각상 톱니가 있다. 꽃은 흰색이거나 연한 붉은색으로 원추꽃차례가 옆으로 처지기 때문에 숙은노루오줌이라고 한다. 꼬불꼬불한 갈색 털이 밀생한다. 꽃받침은 중앙에서 5개로 갈라지며 털이 없다. 열매는 삭과이다. 조선홍승마라고도 한다. 어린 순은 나물로 먹으며 항염작용, 마취작용 등이 있는 것으로 알려져 있다.

돌단풍

과명 범의귀과 학명 *Aceriphyllum rosii* Engl. 개화기 5월

계곡 바위틈에서 자라는 여러해살이풀로 높이는 30~50cm다. 뿌리줄기는 굵고 잎은 뿌리 끝이나 그 가까이에서 모여난다, 잎이 5~7갈래로 갈라진 단풍잎 모양이기 때문에 이 같은 이름으로 불린다. 가장자리에 잔 톱니가 있으며 잎자루는 길다. 꽃은 연한 붉은색을 띤 흰색으로 원추꽃차례로 핀다. 꽃받침잎과 꽃잎은 5~6장이다. 수술은 5~6개이며 꽃잎보다 짧다. 열매는 삭과이며 달걀모양이다. 돌나리라고도 불린다. 어린 잎은 식용하며 관상용으로 심는다. 항암 물질을 함유하고 있는 것으로 알려졌다.

과명 범의귀과

학명 *Saxifraga fortunei* var. *incisolobata* Nakai 개화기 8~9월

바위떡풀

산지의 습한 바위 틈에서 자라는 여러해살이풀로 높이는 30cm 정도이다. 줄기가 없으며 뿌리잎은 콩팥모양이며 털이 거의 없거나 긴 털이 드문드문 나 있다. 가장자리가 여러 갈래로 얕게 갈라져 이빨모양이다. 꽃줄기는 원기둥 모양이며 표면이 연한 갈색이다. 꽃은 흰색으로 꽃줄기 끝 위에 원추상 취산꽃차례로 달린다. 5장의 꽃잎 중에 위쪽 3장은 짧고 아래쪽 2장은 길어 한자로 큰 대(大)자 모양이다. 열매는 삭과이며 달걀모양이다. 광엽복특호이초라고도 한다. 중이염의 약재로 쓰인다.

바위취

과명 범위귀과 학명 *Saxifraga stolonifera* Meerb. 개화기 5월

그늘지고 축축한 물가에서 자라는 여러해살이풀로 높이는 60cm다. 전체에 긴 털이 많으며 땅을 기는 줄기 끝에서 새싹이 나 번식한다. 잎의 표면은 녹색 바탕에 연한 색의 무늬가 있고 뒷면은 자줏빛을 띤 붉은색이다. 꽃은 흰색으로 원추꽃차례로 달리며 자주색의 선모가 있다. 5장의 꽃잎 중에 위쪽 3장은 짧고 아래쪽 2장은 길어 한자로 큰 대(大)자 모양이다. 종자는 달걀모양이다. 호이초, 왜호이초, 등이초, 석하엽 등 이라고도 한다. 관상용으로 심기도 하며 풀 전체가 화상, 동상, 등 약용으로 쓰인다.

과명 범의귀과

학명 *hrysosplenium japonicum* Makino 개화기 3~5월

산괭이눈

중북부 이북에서 자라는 것으로 알려졌으나 최근 한반도 땅끝 해남 두륜산 정상에서 군락하는 모습이 확인됐다. 응달이나 습지에서 잘 자라는 여러해살이풀로 높이는 10~15cm다. 줄기잎은 어긋난다. 꽃은 연한 녹색이며 가운데는 노란색이다. 꽃이 필 때 주변의 녹색잎들은 매개충을 모으기 위해 꽃처럼 노란색으로 변하는 특성이 있다. 꽃받침은 납작하고 둥근 모양으로서 4개이다. 꽃잎은 없으며 8개의 짧은 수술과 2개의 암술대가 있다. 열매는 삭과로 종자는 넓은 달걀모양이다. 주로 관상용으로 쓰인다.

물매화

과명 범의귀과 학명 *Parnassia palustris* L. 개화기 7~9월

산기슭의 습기가 많은 풀밭에서 자라는 여러해살이풀로 높이는 30cm다. 꽃줄기는 뿌리에서 여러 대가 나며 뿌리잎은 잎자루가 길고 잎몸은 둥근 심장 모양이다. 줄기잎은 보통 1장이며 밑이 줄기를 반쯤 감싼다. 가장자리가 밋밋하다. 꽃은 흰색으로 1개씩 달리며 꽃받침잎은 5개이다. 습도가 높거나 물이 가까운 주변에서 잘자라며 꽃이 매화꽃을 닮았기에 이와 같은 이름으로 불리게 됐다. 물매화풀, 다자매화초, 매화초라는 속명을 갖고 있다. 관상용으로 심는다.

과명 범의귀과
학명 *Kirengeshoma koreana* Nakai 개화기 8~9월

나도승마

일부 산지에서 자라는 여러해살이풀로 높이는 30~100cm다. 굵은 뿌리줄기가 옆으로 벋으며 끝에서 새싹이 무리지어 난다. 줄기는 원기둥 모양이며 잔털이 많다. 잎은 마주나며 잎몸은 원형인데 가장자리는 얕게 갈라지고 가장자리가 손바닥 모양으로 갈라지고 뾰족한 톱니가 불규칙하게 있다. 꽃은 옅은 노란색으로 총상꽃차례를 이루며 줄기 끝에 1~5개가 달린다. 꽃잎은 5개이고 긴 타원 모양이다. 한국 특산종으로서 백운산에서 처음 발견돼 백운승마라 했지만 최근 지리산 등 일부 산에서 발견됐다.

물참대

과명 범의귀과 학명 *Deutzia glabrata* Kom. 개화기 5월

산골짜기 바위틈이나 숲가장자리 응달에서 자라는 낙엽관목으로 높이가 2m에 달한다. 어린가지는 붉은 빛이 돌며 털이 없고 묵은 가지는 회색이거나 어두운 회색으로 불규칙하게 벗겨진다. 잎은 마주나고 바소꼴이거나 긴 타원모양이며 가장자리에 잔 톱니가 있다. 꽃은 흰색으로 산방꽃차례를 이룬다. 꽃받침조각과 꽃잎은 각각 5개이며 수술은 10개이고 암술대는 3개이다. 열매는 삭과이고 종 모양이다. 댕강말발도리라고도 한다. 주로 관상용으로 심는다.

과명 범의귀과 학명 *Deutzia hamata* Koehne 개화기 4~5월

바위말발도리

산지의 바위틈에서 자라는 낙엽관목으로 높이는 1m다. 작은 가지에는 털이 있으며 묵은 가지는 회색 빛을 띠는 갈색 또는 검은 빛을 띠는 회갈색이다. 잎은 마주나고 달걀모양 원형이고 잎의 뒷면에 털이 촘촘히 나있고 가장자리에 잔톱니가 있다. 뒷면의 털은 차차 없어진다. 꽃은 흰색으로 새 가지 끝에 1~3개씩 달린다. 꽃잎은 5개로 겉에 털이 있고 암술대는 3개로 갈라지며 꽃잎의 길이와 비슷하다. 열매는 삭과다. 유사종으로 넓은잎바위말발도리가 있다.

고광나무

과명 범의귀과 학명 *Philadelphus schrenkii* Rupr. 개화기 4~5월

산골짜기에서 자라는 낙엽관목으로 높이는 2~4m다. 잔가지에 털이 조금 있으며 2년된 가지는 회색이고 껍질이 벗겨진다. 잎은 어긋나며 표면은 녹색이고 털이 거의 없으며 뒷면은 연녹색으로 잔털이 있고 달걀모양이거나 달걀모양을 한 타원형이다. 꽃은 흰색으로 정상부 혹은 잎이 붙은 곳에서 긴 꽃대에 여러 개의 꽃들이 달리고 향이 있다. 어린 잎은 식용이며 목재는 관상용, 땔감용으로 쓰인다.

과명 범의귀과
학명 *Hydrangea serrata for. acuminata* (S. et Z.) Wils. 개화기 7~8월

산수국

계곡이나 자갈밭에서 자라는 낙엽관목으로 높이는 1m 내외이다. 잔가지에 잔털이 있다. 잎은 마주나고 달걀모양으로 끝은 꼬리처럼 길고 날카로우며 가장자리에 날카로운 톱니가 나 있다. 꽃은 흰색이나 하늘색으로 피며 가지 끝에서 산방꽃차례를 이루며 핀다. 꽃차례에 털이 나 있고 둘레에 무성화는 지름 2~3cm다. 꽃잎은 없고 3~5개의 꽃받침잎이 꽃잎 같다. 수술은 5개이고 수술대와 암술대는 털이 있다. 열매는 삭과로 달걀모양이다. 톱니엽수구라는 속명이 있으며 민간에서는 약으로 쓰이며 관상용, 밀원식물이다.

까마귀밥여름나무

과명 범의귀과

학명 *Ribes fasciculatum* var. *chinense* Maxim. 개화기 4~5월

산기슭이나 골짜기에 자라는 낙엽관목으로 높이는 1~1.5m다. 줄기는 가시가 없으며 가지가 갈라진다. 잎은 어긋나고 둥글며 3~5갈래로 갈라지고 가장자리에 둔한 톱니가 있다. 잎 뒷면과 잎자루에는 부드러운 털이 많다. 꽃은 연한 노란색으로 잎겨드랑이에 2~5개씩 양성화로 달린다. 수꽃은 꽃자루가 길고 꽃받침통이 술잔 모양이며, 꽃받침잎은 노란색이고 달걀모양 타원형이다. 꽃잎은 삼각형으로 젖혀지며 거꾸로 세운 달걀모양이다. 열매는 둥근 장과다. 가마귀밥여름나무·가마귀밥나무라고도 한다.

과명 돈나무과 학명 *Pittosporum tobira* Ait. 개화기 5~6월

돈나무

남부지방 섬이나 바닷가의 산기슭에 자라는 상록 관목으로 높이는 2~3m다. 가지에 털이 없으며 뿌리껍질에서 냄새가 난다. 줄기 밑동에서 여러 갈래로 갈라져 모여나고 수관은 반원형이다. 잎은 어긋나고 가지 끝에 모여 달리고 두꺼우며 짙은 녹색이고 광택이 있다. 꽃은 흰색으로 총상꽃차례로 새 가지 끝에 달린다. 꽃이 핀 후 시간이 지남에 따라 노란색으로 변한다. 섬음나무, 갯똥나무, 해동으로도 불린다. 관상용, 돛대용 목재로 쓰이며 잎은 소의 사료로 쓰인다.

히어리

과명 조록나무과
학명 *Corylopsis coreana* Uyeki 개화기 3~4월

구례, 곡성 등 지리산 인근 지역 산기슭에서 자라는 낙엽관목으로 높이는 1~2m다. 잎은 어긋나고 달걀모양의 원형이며 밑은 심장형이다. 가장자리에 물결 모양의 뾰족한 톱니가 있고 꽃이 핀 후 잎이 나온다. 꽃은 노란색으로 8~12개의 꽃이 총상꽃차례로 아래를 향해 달린다. 꽃이삭은 길이 3~4cm이지만 꽃이 핀 다음 두 배로 자란다. 열매는 삭과로 종자는 검다. 한국 특산종으로 지리산과 조계산 일대에서 자란다. 한때 송광납판화라고 부르기도 했다. 관상용으로 심는다.

과명 장미과 학명 *Rubus crataegifolius* Bunge 개화기 6월

산딸기

산과 들에 자라는 낙엽아관목으로 높이는 1~2m다. 뿌리에서 싹이 나와 무리를 형성하며 줄기는 적갈색이다. 밑을 향한 가시가 있다. 잎은 어긋나며 3~5갈래로 갈라지거나 갈라지지 않는 홑잎이다. 잎몸은 달걀모양의 타원형으로 가장자리에 불규칙한 결각 모양의 톱니가 있다. 꽃은 흰색으로 가지 끝에 겹산방꽃차례로 달린다. 2~3개씩 모여 달리기도 하다. 꽃받침잎은 바소꼴이고 꽃잎은 타원형이다. 열매는 둥글고 6~7월에 검붉은 색으로 익으며 식용으로 쓰인다. 관상용으로 심기도 한다.

참조팝나무

과명 장미과 학명 *Spiraea fritschiana* Schneid. 개화기 5~6월

산 속 바위지대에 자라는 낙엽관목으로 높이는 1.5cm에 달한다. 가지는 모서리각이 있으며 털이 없고 자갈색이다. 잎은 어긋나고 타원형 또는 달걀모양의 타원형이다. 가장자리에 고르지 않은 거친 톱니가 있다. 꽃은 흰색이지만 중앙부에 연분홍색이 돌고 새 가지 끝에 복산방꽃차례를 이룬다. 꽃받침통은 종 모양이며 안쪽에 털이 있다. 꽃잎은 달걀모양이며 털이 없다. 수술은 많으며 꽃잎보다 두배 정도 길다. 열매는 골돌이며 털이 거의 없다. 관상용으로 심기도 한다.

과명 장미과

학명 *Sanguisorba tenuifolia* var. *purpurea* Trautv. & Mey 개화기 7~9월

자주가는오이풀

숲가장자리나 낮은 지대 습지에서 자라는 여러해살이풀이로 높이가 1m에 달한다. 뿌리가 갈라져 방추형으로 되며 옆으로 퍼진다. 줄기는 곧게 서며 털이 없다. 잎은 어긋나고 작은잎은 달걀모양이거나 타원형이며 표면은 녹색이고 뒷면은 흰빛이 돈다. 꽃은 짙은 붉은색으로 원줄기 끝과 가지 끝에 달린다. 꽃잎은 없고 꽃받침과 수술은 각각 5개이다. 열매는 수과다. 어린 잎은 먹고 뿌리는 동상 치료제나 지혈제로 쓴다. 관상용·밀원용으로 심으며 유사종으로 꽃이 흰색인 가는오이풀이 있다.

산오이풀

과명 장미과

학명 *Sanguisorba hakusanensis* Var. koreana Hara 개화기 8~9월

지리산, 덕유산 등 고산지역의 습기가 많은 곳에서 자라는 여러해살이풀로 높이는 40~80cm다. 오이풀보다는 큰 편이다. 털이 거의 없으며 뿌리줄기가 굵고 옆으로 벋는다. 잎은 어긋나고 작은잎은 줄 모양 긴 타원형이고 양 끝이 둥글며 뒷면이 흰색이고 잎 가장자리에는 치아 모양의 톱니가 있다. 꽃은 붉은 자주색으로 가지 끝에 수상꽃차례로 밑으로 처져 있으며 위에서부터 꽃이 다닥다닥 달려 피며 아래로 내려 온다. 열매는 수과로서 네모진다. 관상용으로 심으며 어린 순은 식용으로 쓰이며 뿌리는 약용으로 쓰인다.

과명 장미과

학명 *Potentilla cryptotaeniae* Maxim. 개화기 7~8월

물양지꽃

깊은 산속의 냇가 근처에서 자라는 여러해살이풀로 높이는 30~100cm다. 줄기의 전체에 털이 나고 많은 가지를 친다. 뿌리잎은 꽃이 필 때 없어지고 줄기잎은 3출엽으로 어긋나며 작은잎은 양끝이 좁고 뾰족한 타원모양으로 가장자리에 잔톱니가 있다. 잎자루는 윗부분으로 갈수록 짧아진다. 줄기와 잎자루에 퍼진 털이 있고 잎에 누운 털이 약간 있다. 꽃은 노란색으로 가지의 끝부분에 취산꽃차례로 달린다. 수술 20개이고 암술은 많다. 열매는 수과다. 어린 순은 나물로 먹으며 지봉자라는 약명으로 약재로 쓰인다.

쉬땅나무

과명 장미과

학명 *Sorbaria sorbifolia* var. *stellipila* Maxim. 개화기 6~7월

산기슭이나 냇가에서 무리지어 자라는 낙엽활엽관목으로 높이는 2m에 달한다 뿌리가 땅속줄기처럼 벋고 많은 줄기가 모여 나며 털이 없는 것도 있다. 잎은 어긋나고 깃꼴겹잎이다. 작은잎은 13~25개이고 바소꼴로 끝이 꼬리처럼 뾰족하며 겹톱니가 있고 잎자루에 털이 있다. 꽃은 흰색으로 가지 끝에 복총상꽃차례로 많이 달린다. 열매는 골돌과로 긴 타원형이다. 관상용이나 울타리용으로 심기도 하며 새 순을 식용으로 쓰인다. 꽃은 구충·치풍 등에 약용으로 쓰인다. 밥쉬나무라고도 한다.

과명 장미과

학명 *Spiraea prunifolia Siebold* for. *simpliciflora* Nakai 개화기 4~5월

조팝나무

산과 들의 양지바른 곳에 자라는 낙엽관목으로 높이는 1.5~2m다. 줄기는 모여 나며 밤색으로 능선이 있고 윤기가 있다. 잎은 어긋나고 타원형이며 가장자리에 잔톱니가 있다. 꽃은 흰색으로 줄기의 짧은 가지에 4~5개씩 산형꽃차례로 달리는데 가지의 윗부분은 꽃만 달려 흰색으로 덮인다. 꽃잎은 거꾸로 세운 달걀모양이며 꽃받침조각은 뾰족하며 각각 5개씩이고 수술은 많으며 암술은 4~5개씩이고 수술보다 짧다. 열매는 골돌로 털이 없다. 생울타리로 심으며 어린 잎은 식용으로 쓰이고 뿌리는 약용으로 쓰인다.

공조팝나무

과명 장미과 학명 *Spiraea cantoniensis* Lour. 개화기 4월

산과 들에서 자라는 낙엽관목으로 높이는 1~2m로 가지 끝부분이 활처럼 구부러진다. 1년생 가지는 털이 없고 적갈색이며 나무껍질은 가로로 벗겨져 떨어진다. 잎은 어긋나며 바소꼴 또는 넓은 타원형이고 깊이 패인 톱니가 있으며 뒷면은 흰빛을 띤다. 잎자루에 털이 없다. 꽃은 흰색으로 잎과 같이 피며 우산 모양의 산형꽃차례로 피는데 마치 작은 반쪽 공을 늘어놓은 듯한 모양이어서 이와같은 이름으로 불린다. 꽃잎은 둥글고 꽃받침잎은 삼각형으로 끝이 뾰족하고 털이 없다. 열매는 골돌과로 털이 없다. 관상용이다.

과명 장미과 학명 *Spiraea blumei* G. Don 개화기 5월

산조팝나무

산 바위지대에 자라는 낙엽관목으로 높이가 1m에 달한다. 가지에 털이 없으며 묵은 가지가 적갈색이다. 줄기는 모여 난다. 잎은 어긋나고 달걀모양이거나 둥글며 위쪽 가장자리는 3~5갈래로 얕게 갈라진다. 갈래의 가장자리는 둥근 톱니 모양이므로 다른 조팝나무류와 구분된다. 잎 앞면은 진한 녹색이고 뒷면은 연한 녹색으로 양면에 털이 없다. 꽃은 흰색으로 가지 끝에 산형꽃차례로 달린다. 수술은 많고 암술은 5개다. 열매는 골돌이며 털이 거의 없다. 관상용으로 심는다.

아구장나무

과명 장미과 학명 *Spiraea pubescens* Turcz. 개화기 5월

깊은 산의 건조한 바위틈에 자라는 낙엽관목으로 높이는 2m에 달한다. 묵은 가지는 회갈색이며 어린 가지에는 털이 있다. 수피는 짙은 회갈색이다. 잎은 어긋나고 타원형이거나 거꾸로 세워놓은 달걀모양이다. 끝이 뾰족하고 잎의 윗부분에 깊이 패어 들어간 모양의 톱니가 있다. 꽃은 흰색으로 어린 가지 끝에서 산방꽃차례로 핀다. 수술의 길이와 비슷하다. 열매는 골돌과이다. 아구장조팝나무라고도 한다. 유사종으로 설악아구장나무, 초평조팝나무가 있다.

과명 장미과
학명 *Stephanandra incisa* Zabel 개화기 5~6월

국수나무

숲 가장자리나 볕이 잘 드는 경사지에서 자라는 낙엽관목으로 높이는 1~2m다. 어린가지에 털이 있으며 가지 끝이 옆으로 처진다. 꽃은 노란색이 도는 흰색으로 햇가지 끝에 원추꽃차례를 이루며 핀다. 꽃받침 조각은 5개이고 끝이 뾰족하다. 수술은 10개이고 꽃잎보다 짧다. 방향성 식물로 밀원식물이다. 열매는 골돌이며 원형이거나 거꾸로 세운 달걀모양이다. 줄기의 골속이 국수처럼 생겼다고해서 이 같은 이름으로 불린다. 뱁새더울, 거렁뱅이나무, 소진주화 등의 속명으로 불린다. 밀원식물이며 관상용으로 재배하기도 한다.

눈개승마

과명 장미과

학명 *Aruncus dioicus* var. *kamtschaticus* Hara 개화기 6~8월

높은 산 숲 속에서 자라는 여러해살이풀로 높이는 80~300cm다. 뿌리줄기는 목질화되어 굵어지고 줄기는 곧추 선다. 잎은 어긋나고 긴 잎자루가 있으며 2~3회 깃꼴겹잎이다. 노루오줌의 잎과 비슷하다. 잎 앞면은 윤기가 있고 뒷면은 드물게 털이 있다. 꽃은 암수딴그루로 노란 빛이 도는 흰색으로 줄기 끝에 원추꽃차례를 이루어 달린다. 꽃받침은 끝이 5개로 갈라지고 꽃잎은 5개이며 주걱 모양이다. 열매는 골돌과로 긴 타원형이다. 울릉도에서는 삼나물이라 하며 나물로 재배한다. 눈산승마라고도 한다.

과명 장미과

학명 ***Duchesnea chrysantha*** (Zoll. et Morr.) Miq. 개화기 4~5월

뱀딸기

산이나 들의 풀밭, 논·밭둑 등 햇볕이 잘 드는 곳에서 자라는 여러해살이풀로 줄기는 땅을 기어 무리지어 자란다. 전체에 긴 털이 많다. 잎은 어긋나며 작은잎 3장으로 된 겹잎이다. 작은잎은 달걀모양의 타원형으로 가장자리에 겹톱니가 있다. 꽃은 노란색으로 잎겨드랑이에 한 개씩 핀다. 꽃잎은 5개이고 수술은 20개, 암술은 여러 개다. 열매덩이는 둥글고 붉게 익으며 먹을 수 있다. 사매, 산뱀딸기, 가락지나물, 쇠스랑개비, 배암딸기, 야양매 등의 속명으로 불린다. 식용으로 쓰이며 열매는 약용으로 쓰인다.

돌양지꽃

과명 십자화과

학명 *Potentilla dickinsii* Fr. et Sav 개화기 6~7월

산지의 바위틈에서 자라는 여러해살이풀로 높이는 10~20㎝다. 전체에 누운 털이 있다. 뿌리줄기는 굵고 목질이다. 줄기는 가늘고 길며 곧게 선다. 잎은 대개 밑동에서 뭉쳐나며 잎자루는 길다. 잎은 깃 모양을 하고 있으며 밑부분의 잎은 작고 가장자리에 톱니가 있으며 앞면은 녹색이고 뒷면은 흰색이다. 꽃은 노란색으로 드문드문 붙고 취산꽃차례를 이루며 줄기 끝이나 잎겨드랑이에 붙고 꽃대는 가늘다. 꽃받침은 5개로 갈라지고 달걀모양이며 끝이 뾰족하고 덧꽃받침도 있다. 과실은 수과로 전체에 털이 있다. 관상용으로 심는다.

과명 장미과 학명 *Potentilla discolor* Bunge 개화기 4~8월

솜양지꽃

바닷가와 양지에서 자라는 여러해살이풀로 높이는 15~40cm다. 잎 표면을 제외하고는 솜 같은 털로 덮여있으며 비스듬히 자란다. 뿌리가 몇 개로 갈라져 양끝이 뾰족한 원기둥 모양으로 된다. 꽃은 4~8월에 피고 노란색으로 취산꽃차례로 피며 꽃받침잎은 달걀모양 바소꼴로 털이 있고 꽃잎은 거꾸로 된 심장모양으로 5장이다. 많은 수술과 암술을 가진다. 열매는 수과로 갈색이다. 번백초·뽕구지·계퇴근이라고도 한다. 뿌리는 밤 같은 맛이 나며 해열·지혈 등 약용으로 쓰인다.

양지꽃

과명 장미과

학명 *Potentilla fragarioides* var. *major* Maxim 개화기 4~6월

산기슭이나 풀밭의 볕이 잘 드는 곳에서 자라는 여러해살이풀로 길이가 30~50cm다. 줄기는 옆으로 비스듬히 자라고 잎과 함께 전체에 털이 있다. 뿌리잎은 뭉쳐나고 비스듬히 퍼지며 잎자루가 길고 작은잎은 깃꼴겹잎이다. 꽃은 노란색으로 줄기 끝에 10개 정도로 취산꽃차례를 이루며 핀다. 꽃받침조각은 5개이고 끝이 뾰족하다. 열매는 달걀모양으로 가는 주름살이 있다. 소시랑개비, 큰소시랑개비, 애기양지꽃, 왕양지꽃 등으로도 불린다. 어린 순은 식용으로 쓰이며 풀 전체가 약용으로 쓰인다.

과명 장미과 학명 *Potentilla freyniana* Bornm. 개화기 3~4월

세잎양지꽃

산과 들의 양지바른 곳에 자라는 여러해살이풀로 높이는 15~30cm다. 뿌리잎은 모여나며 작은잎 3장으로 이루어진 겹잎이다. 작은잎은 긴 타원형이거나 거꾸로 세운 달걀모양이다. 표면에는 털이 없으나 뒷면 잎맥에는 털이 있다. 꽃은 노란색으로 취산꽃차례로 달리며 꽃잎은 거꾸로 세운 달걀모양의 원형이다. 덧꽃받침, 꽃받침조각, 꽃잎은 각각 5개씩이다. 열매는 수과다. 양지꽃과 비슷하지만 작은 잎이 3개로 이 같은 이름으로 불린다. 식용, 약용으로 쓰인다.

딱지꽃

과명 장미과 학명 *Potentilla chinensis* Ser. 개화기 6~7월

들이나 강가, 바닷가의 햇볕이 잘드는 곳에서 자라는 여러해살이풀로 높이는 30~60cm다. 뿌리가 굵고 줄기에 달린 잎에 털이 많다. 잎은 어긋나고 깃꼴겹잎이다. 작은잎은 다시 깃꼴로 갈라지고 그 조각은 바소꼴이다. 앞면에는 털이 거의 없으나 뒷면에는 흰 솜털이 빽빽이 있다. 꽃은 노란색으로 산방상 취산꽃차례를 이뤄 가지 끝에 핀다. 꽃잎은 5개이고 거꾸로 된 심장 모양이다. 열매는 수과로 넓은 달걀모양이다. 어린 잎은 식용하고 한방 등 민간에서는 줄기와 잎은 해열과 이뇨 등의 약재로 쓰인다.

과명 장미과 학명 *Geum aleppicum* Jacq. 개화기 6~7월

큰뱀무

산지 계곡의 풀밭이나 물가에서 자라는 여러해살이풀로 높이는 30~100cm다. 전체에 옆으로 퍼진 털이 있다. 뿌리잎은 잎자루가 길고 깃꼴겹잎으로 밀집해서 나고 작은 잎은 3~5쌍이며 끝은 뾰족하고 고르지 못한 톱니와 결각이 있다. 작은잎은 밑으로 갈수록 점점 작아지는데 작은잎은 네모난 달걀모양이거나 둥글며 가장자리에 불규칙한 톱니가 있다. 꽃은 노란색으로 가지 끝에 1개씩 달린다. 열매는 수과이다. 어린 순을 나물로 먹으며 풀 전체가 약재로 쓰인다. 남부지역에서는 뱀무보다 큰뱀무가 더 많다.

수리딸기

과명 장미과 학명 *Rubus corchorifolius* L. f. 개화기 5~6월

산기슭 양지에서 자라는 낙엽관목으로 높이는 1m 내외다. 땅 속의 뿌리에서 새싹이 나와 무리지어 나며 가시가 있다. 어린 가지에 털이 밀집해 나 있다. 잎은 어긋나고 달걀모양이거나 달걀모양의 바소꼴이다. 또한 뒷면에 털이 빽빽이 나고 가장자리에 불규칙한 톱니가 있다. 꽃은 흰색으로 가지 끝에 1~2개씩 달리고 산방꽃차례를 이룬다. 열매는 둥글고 노란 빛을 띤 붉은 색으로 먹을 수 있다. 현구자, 산매, 목매, 수매, 산딸기나무라는 속명을 갖고 있으며 명안, 지사, 강장 등에 약으로 쓰인다. 밀원식물이다.

과명 장미과 학명 *Rubus phoenicolasius* Max. 개화기 6~8월

곰딸기

산지의 나무 밑이나 그늘진 습지에서 자라는 낙엽관목으로 높이 2.5~3m다. 줄기에 붉은색의 가시와 샘털이 나고 윗부분이 밑으로 처진다. 잎은 어긋나고 깃꼴겹잎으로 3~5개의 작은잎이 있다. 작은잎은 넓은 달걀모양으로 가운데 것이 가장 크며 3개로 얕게 갈라지기도 한다. 가장자리에 톱니가 있고 뒷면에 흰 빛이 돈다. 꽃은 연홍색이 도는 흰색으로 새 가지 끝에 원추꽃차례를 이룬다. 꽃잎은 5개이며 꽃받침조각은 자갈색이며 선모가 밀생한다. 열매는 둥근 집합과이며 붉게 익으며 식용이다. 붉은가시딸기라고도 한다.

멍석딸기

과명 장미과 학명 *Rubus parvifolius* L. 개화기 4~6월

산기슭과 논밭 둑에 나는 낙엽관목으로 높이는 1~2m다. 줄기는 처음에는 곧추 서지만 옆으로 기고 짧은 가시와 털이 밀생한다. 잎은 어긋나고 작은잎이 3개씩이지만 맹아에서는 5개인 것도 있다. 작은잎은 넓은 거꾸로 세운 달걀모양이거나 달걀모양 원형이다. 잔털이 있으며 뒷면에 흰 털이 밀생하고 가장자리에 톱니가 있다. 꽃은 붉은색으로 줄기 끝에 산방꽃차례나 원추꽃차례로 달린다. 붉은색 열매가 열리며 맛이 좋다. 잎뒷면에 털이 거의 없는 것을 청멍석딸기라 한다.

과명 장미과 학명 *Rubus coreanus* Miq. 개화기 5~6월

복분자딸기

산기슭 양지에서 자라는 낙엽관목으로 높이는 3m에 달한다. 끝이 휘어져서 땅에 닿으면 뿌리가 내리며 줄기는 자줏빛이 도는 붉은색이며 새로 나는 가지에는 흰 가루가 덮여있다. 잎은 어긋나고 5~7개의 작은잎으로 된 깃꼴겹잎이다. 작은잎은 달걀모양이거나 타원형으로 불규칙하고 뾰족한 톱니가 있으며 솜털로 덮여 있다. 꽃은 연한 붉은색으로 산방꽃차례로 달린다. 꽃받침잎은 털이 있는 달걀모양의 바소꼴이다. 열매는 장과로 붉어졌다가 검게 익는다. 열매를 복분자라고 하고 대량으로 재배하며 청량, 지갈, 강장약으로 쓰인다.

장딸기

과명 장미과 학명 *Rubus hirsutus* Thunberg 개화기 4~6월

남부지방 해안가나 섬의 산과 들에서 햇볕이 잘 드는 곳에서 자라는 낙엽반관목으로 높이는 20~60㎝다. 뿌리가 길게 옆으로 벋으며 군데군데에서 새싹이 나오고 줄기는 가늘며 곧추 서거나 옆으로 비스듬히 서고 털과 가시가 있다. 잎은 어긋나고 깃꼴겹잎이며 작은잎은 달걀모양 바소꼴로 가장자리에 겹톱니가 있고 앞뒤로 털이 빽빽이 난다. 꽃은 흰색으로 지난해 가지 옆에 나오는 짧은 가지 끝에 핀다. 열매는 붉은색으로 익으며 맛도 좋다. 열매는 식용으로 쓰인다. 땃딸기라고도 불린다.

과명 장미과 학명 *Filipendula glaberrima* Nakai 개화기 7~8월

터리풀

산지에서 자라는 여러해살이풀로 높이는 1m에 달한다. 줄기는 곧게 서며 가늘고 길며 전체에 털이 거의 없다. 목질화된 굵은 뿌리줄기에서 짧은 뿌리가 사방으로 퍼진다. 잎은 어긋나고 잎자루가 길며 손바닥 모양으로 3~7개가 날카롭게 갈라진다. 갈래조각은 바소꼴로 끝이 날카로우며 깊이 패어 들어간 모양의 겹톱니가 있다. 꽃은 흰색으로 가지 끝과 원줄기 끝의 취산상 산방꽃차례에 밀생하여 달리고 털이 없다. 열매는 삭과로 달걀모양 타원형이다. 민터리풀이라고도 한다. 붉은색 꽃이 피는 지리터리풀이 있다.

오이풀

과명 장미과 학명 *Sanguisorba officinalis* L. 개화기 8~10월

산지의 풀밭에서 자라는 여러해살이풀로 높이는 50~100cm다. 뿌리줄기가 옆으로 갈라져서 자라며 원줄기는 곧게 자라고 윗부분에서 가지가 갈라진다. 뿌리잎은 여러 장으로 잎자루가 길고 작은 잎은 긴 타원형이거나 타원형으로 끝이 둥글다. 잎 앞면은 짙은 녹색으로 윤이 난다. 꽃은 짙은 자주색으로 줄기나 가지 끝에서 이삭꽃차례를 이룬다. 수박풀, 외순나물, 지유, 지아, 산지과, 지유근 등의 속명으로 불린다. 어린 줄기와 잎은 오이 냄새가 나며 나물로 먹는다. 뿌리는 지혈제나 이질 치료의 약재로 쓰인다.

과명 장미과

학명 *Sanguisorba tenuifolia* var. *alba* Trautv. et Meyer 개화기 7~9월

가는오이풀

낮은 지대의 약간 습기가 있는 곳에서 자라는 여러해살이풀로 높이가 1m에 달한다. 뿌리줄기가 굵으며 줄기가 곧게 자라며 가지를 친다. 뿌리는 갈라져 방추형이고 옆으로 퍼진다. 오이풀에 비해 잎이 좁다. 잎은 어긋나고 긴 잎자루가 있으며 홀수깃꼴겹잎이다. 밑부분에 턱잎 같은 작은잎이 있다. 꽃은 흰색으로 이삭꽃차례로 달린다. 꽃이삭은 원줄기 끝과 가지 끝에 달리는데 꽃잎이 없다. 꽃대에 따로 털이 있다. 열매는 수과다. 어린 순은 식용으로 쓰인다. 한방에서 뿌리를 지혈제로 사용한다.

짚신나물

과명 장미과 학명 *Agrimonia pilosa* Ledeb 개화기 **6~8월**

들이나 길가에서 자라는 여러해살이풀로 높이는 30~80cm다. 전체에 털이 있다. 잎은 어긋나고 5~7개의 작은잎으로 구성된 깃꼴겹잎이다. 작은잎은 크기가 고르지 않지만 끝에 달린 3개는 크기가 비슷하고 아래쪽으로 갈수록 작아지며 가장자리에 톱니가 있다. 꽃은 노란색으로 줄기 끝에 이삭꽃차례를 이룬다. 꽃잎은 5개이고 거꾸로 세운 달걀모양이거나 둥근 모양이며 수술은 5~10개이다. 꽃받침에 있는 갈고리 같은 털 때문에 물체에 잘 붙는다. 열매는 수과이다. 어린 잎은 나물로 먹으며 풀 전체가 약재로 쓰인다.

과명 장미과 학명 *Rosa multiflora* Thunb. 개화기 5월

찔레

산기슭이나 볕이 잘 드는 냇가와 골짜기, 인가 인근에서 자라는 낙엽관목으로 높이는 2m다. 줄기는 많은 가지가 갈라지며 끝 부분이 밑으로 처지고 날카로운 가시가 있다. 잎은 어긋나고 작은잎으로 구성된 깃꼴겹잎이다. 꽃은 흰색으로 가지 끝에 원추꽃차례를 이루어 핀다. 꽃밥은 노란색이다. 열매는 수과이고 붉은 색으로 익는다. 꽃이 피기 전 갓 자란 새 순의 껍질을 벗겨 먹기도 한다. 찔레나무라고도 한다. 열매는 영실이라하며 약재로 쓰인다. 털찔레, 좀찔레, 제주찔레, 국경찔레 등 유사종이 있다.

돌가시나무

과명 장미과 학명 *Rosa wichuraiana* Crép 개화기 5~7월

남부지방 바닷가 돌밭이나 풀밭에 자라는 반상록 덩굴나무다. 줄기는 가지가 많이 갈라지고, 가시가 많으며, 털이 없다. 찔레에 비해 줄기는 기는 성질이 있고 가시가 더욱 날카롭다. 잎은 어긋나며 두껍고 작은잎 7~9장으로 된 깃꼴겹잎이다. 잎 앞면은 윤이 나며 뒷면은 연한 녹색이다. 꽃은 흰색으로 가지 끝의 원추꽃차례에 1~5개씩 달린다. 열매는 이과이며 붉게 익는다. 반들가시나무, 대도가시나무, 붉은돌가시나무, 대마도가시나무, 긴돌가시나무, 홍돌가시나무로도 불린다. 담장용으로 심는다.

과명 장미과 학명 *Rosa davurica* Pall. 개화기 5월

생열귀나무

산지 숲 속이나 골짜기에서 자라는 낙엽관목으로 높이는 1~1.5m다. 줄기는 적갈색이며 털이 없고 가지가 많이 갈라진다. 잎은 어긋나고 5~9개의 작은잎으로 구성된 깃꼴겹잎이다. 작은잎은 타원 모양 또는 긴 타원 모양이고 양끝이 뾰족하다. 꽃은 홍자색으로 가지 끝에 1~3개씩 달린다. 꽃받침조각은 5개이고 바소꼴이며 선점이 있다. 꽃잎은 5개이고 넓은 거꾸로 세운 달걀모양이며 끝이 오므라진다. 열매는 수과이고 붉은 색으로 익는다. 한방에서 열매를 약재로 쓴다.

해당화

과명 장미과 학명 *Rosa rugosa* Thunb. 개화기 5~7월

바닷가 모래땅과 산기슭에서 자라는 낙엽관목으로 높이는 약 1.5m다. 줄기에 갈색 가시가 빽빽이 나고 가시에도 털이 있다. 잎은 어긋나고 타원형이고 두터우며 표면에는 광택이 많고 주름이 있으며 뒷면에는 잔털이 많고 가장자리에는 잔 톱니가 있다. 잎은 어긋나고 홀수깃꼴겹잎이다. 꽃은 홍자색으로 햇가지에 달린다. 흰색 꽃이 피기도 한다. 해당나무, 해당과, 필두화라고도 한다. 꽃과 열매는 관상용으로 쓰이며 향수의 원료나 약용으로도 쓰인다.

과명 장미과

학명 ***runus japonica*** **var.** ***nakaii*** **(Lev.) Rehder** 개화기 **5월**

이스라지

계곡이나 숲 가장자리에서 자라는 낙엽관목으로 높이가 1m에 달한다. 수피는 회갈색이다. 잎은 어긋나고 끝이 길게 뾰족한 긴 타원형으로 가장자리에 겹톱니가 있다. 뒷면 맥 위에 잔털이 빽빽하며 앞면에는 털이 없다. 꽃은 연붉은색으로 2~4개가 산형꽃차례로 잎과 비슷하게 핀다. 타원형의 꽃받침잎은 잔털이 있고, 꽃잎은 달걀모양이다. 열매는 핵과로 둥글고 붉게 익으며 약용으로 쓰인다. 과육은 떫지만 먹을 수 있다. 관상용으로 심는다. 유사종으로는 털이스라지, 산이스라지가 있다.

다정큼나무

과명 장미과

학명 *Raphiolepis umbellata* (Thunb.) Makino 개화기 4~5월

남쪽 해안에서 자라는 상록관목으로 높이 2~4m다. 수피는 회갈색으로 자라면서 거칠어지고 잔가지는 솜털로 덮여 있다가 없어진다. 잎은 어긋나며 가지 끝에서는 모여 나는 것처럼 보인다. 잎몸은 긴 타원 모양이거나 거꾸로 세운 달걀모양의 긴 타원형이며 끝이 둔하고 밑 부분이 좁아져서 잎자루와 연결된다. 가장자리에 둔한 톱니가 있으며 양면에 광택이 있다. 뒷면은 연녹색으로 질이 두껍다. 꽃은 흰색으로 가지 끝에 원추꽃차례로 달린다. 열매는 이과로 둥글다. 관상용으로도 심으며 나무 껍질과 뿌리는 염색재료로 쓰인다.

과명 장미과

학명 *Pyrus calleryana* var. *fauriei* (Schneid.) Rehder 개화기 4~5월

콩배나무

숲 속이나 숲 가장자리에 자라는 낙엽관목으로 높이는 3m에 달한다. 잔가지는 붉은 갈색이거나 갈색이고 피목은 흰색이며 뚜렷하고 털이 있다가 없어진다. 잎은 어긋나며 넓은 달걀모양이거나 원형이다. 잎 가장자리에 둔한 잔 톱니가 있으며 처음에 털이 있으나 없어진다. 잎자루는 길이 3~4cm이고 털이 있으나 점차 없어진다. 꽃은 흰색이거나 연한 붉은색으로 짧은 가지 끝에 5~9개가 모여 달린다. 꽃잎은 5개이고 둥글거나 거꾸로 세운 달걀모양 또는 넓은 달걀모양이다. 관상용으로 심는다.

마가목

과명 장미과 학명 *Sorbus commixta* Hedl. 개화기 5~6월

주로 높은 산의 능선에서 자라는 낙엽소교목으로 높이는 6~8m다. 잔가지와 겨울눈에 털이 없고 겨울눈은 점성이 있다. 잎은 어긋나며 작은잎 9~13장으로 된 깃꼴겹잎이다. 작은잎은 긴 타원형이거나 바소꼴이며 가장자리에 날카로운 톱니가 있다. 꽃은 흰색으로 가지 끝에 겹산방꽃차례로 달린다. 열매는 이과로 둥글고 붉게 익는다. 열매와 나무껍질은 기침과 천식 등의 약재로 쓰인다. 가로수와 조경수로 심기도 한다. 유사종으로 당마가목, 잔털마가목, 왕털마가목, 녹마가목 등이 있다.

과명 장미과

학명 *Sorbus alnifolia* (S. et Z.) K. KOCH. 개화기 5~6월

팥배나무

섬 지방을 포함한 전국에 분포하는 낙엽활엽교목이다. 높이가 15m에 달한다. 수피는 회색빛을 띠거나 어두운으로 흰색이다. 흔히 세로로 갈라지기도 하며 작은 가지에 피목이 뚜렷하고 겨울눈이 붉고 광택이 난다. 잎은 어긋나고 달걀모양이거나 타원형이다. 맥 위에 털이 있다가 없어지고 가장자리에 불규칙한 겹톱니가 있으며 뒷면은 흰빛을 띤다. 꽃은 흰색으로 가지 끝에 산방꽃차례로 6~10개가 핀다. 열매는 이과로 붉은 팥알같이 생겼다해서 이와 같이 부른다. 관상용으로 심으며 약재로 쓰인다.

황기

과명 콩과
학명 *Astragalus membranaceus* Bunge 개화기 7~8월

산지에서 자라는 여러해살이풀로 높이는 1m에 달한다. 전체에 흰색의 부드러운 잔털이 있고 줄기는 곧게 선다. 잎은 어긋나며 잎자루가 있고 작은잎은 홀수 깃꼴겹잎이다. 달걀모양의 타원형이며 잎가장자리는 밋밋하다. 턱잎은 바소꼴로써 끝이 길게 뾰족해진다. 꽃은 노란색으로 잎겨드랑이에서 대가 긴 꽃이삭이 나오는 총상꽃차례로 핀다. 꽃받침은 길이 약 5mm이고 흑갈색 털이 있으며 끝이 5개로 갈라진다. 열매는 협과다. 한약에서 뿌리를 황기라 하며 강장제 등의 여러 증상에 약재로 쓰인다.

과명 콩과 학명 *Amorpha fruticosa* L. 개화기 5~6월

족제비싸리

원산지가 북아메리카인 낙엽관목으로 높이 3m에 달한다. 잔가지에 털이 있으나 점차 없어진다. 줄기는 짙은 회갈색을 띠며 껍질눈이 있다. 잎은 어긋나며 1회 깃꼴겹잎이다. 작은잎은 11~25개씩이고 달걀모양이거나 타원형이며 가장자리가 밋밋하다. 꽃은 자주빛이 도는 하늘색으로 수상꽃차례에 조밀하게 달리며 향기가 강하다. 꽃밥은 오렌지색이고 꽃받침에 선점이 많으며 꽃받침조각은 뾰족하다. 열매는 협과로 작은 꼬투리 열매가 많이 달린다. 사방공사로 심어 길가나 철로 주변에 무리지어 난다.

선등갈퀴

과명 콩과 학명 *Vicia heptajuga* Nakai 개화기 6~7월

산에 나는 여러해살이풀로 높이는 80~100cm다. 줄기는 곧추 서고 일부는 능각이 있으며 가끔 가지가 갈라지고 짧은 털이 있다. 잎은 어긋나고 4~6장으로 구성된 짝수깃꼴겹잎이며 끝에 덩굴손의 흔적이 있다. 작은잎은 달걀모양의 타원형으로 끝이 뾰족하고 가장자리는 밋밋하고 턱잎은 반마름모꼴이며 날카로운 톱니가 있다. 꽃은 붉은 자주색으로 총상꽃차례로 한쪽으로 치우쳐 잎겨드랑이에 핀다. 꽃부리는 나비모양이다. 열매는 협과이며 긴 타원형이다.

과명 콩과 학명 *Vicia nipponica* Matsumura 개화기 6~8월

네잎갈퀴나물

산기슭이나 바닷가 근처의 풀밭에서 자라는 여러해살이풀로 높이는 30~80cm다. 뿌리가 굵고 원줄기는 곧추 서며 모가 진다. 잎은 어긋나며 1~3쌍의 작은잎으로 구성된 짝수깃꼴겹잎이며 덩굴손이 보통 발달하지 않으며 잎 끝이 침모양의 작은 돌기로 된다. 잎자루 아래에 한쌍의 삼각형 모양의 턱잎이 있다. 꽃은 붉은 자주색으로 총상꽃차례로 길이 5cm의 꽃자루가 있어 많은 꽃이 한쪽으로 치우쳐서 달린다. 열매는 편평하다. 어린 순을 나물로 먹는다. 꼭두서니과의 네잎갈퀴와 구별해야 한다.

자귀나무

과명 콩과 학명 *Albizzia julibrissin* Duraz. 개화기 6~7월

산기슭에서 자라는 낙엽관목으로 높이는 3~5m다. 줄기는 굽거나 약간 드러눕는다. 큰 가지가 드문드문 퍼지며 작은 가지에는 능선이 있다. 잎은 어긋나며 2회 깃꼴겹잎이다. 작은잎은 낫같이 굽으며 좌우가 같지 않은 긴 타원형이고 가장자리가 밋밋하다. 꽃은 부채모양으로 겨드랑이에서 나오거나 가지 끝에 달리며 엷은 붉은색이다. 밤에는 잎이 모두 하나로 오므라들어 합환목, 야합수, 사랑나무, 합혼수 등으로 불린다. 강진 등 일부 지자체에서 가로수로 심으며 가정에서 정원수로도 심는다.

과명 콩과 학명 *Albizia kalkora* Prain 개화기 6~7월

왕자귀나무

제주도나 목포 등 서해안 바닷가 산기슭 양지쪽에서 자라며 높이는 3~8m다. 자귀나무와 비슷하지만 잎이 더 크며 수술이 많고 꽃이 하얗다. 잎은 2회 깃꼴겹잎이고 작은잎은 칼 모양이며 톱니가 없고 밤에는 합쳐진다. 꽃은 겨드랑이에서 나오거나 가지 끝에 달리며 엷은 노란색이다. 꽃부리는 털이 있고 꽃받침조각은 넓은 바소꼴이며 수술은 30~40개이다. 과실은 협과다. 왕자귀, 작윗대나무, 흰자귀나무로도 불린다. 나무 껍질은 한약재로 쓰인다. 한국 특산종으로 목포 유달산과 무안 등지에서 자생한다.

차풀

과명 콩과
학명 *Chamaecrista nomame*(Sieb.) Honda 개화기 7~8월

냇가 근처의 양지나 논둑에서 자라는 한해살이풀로 높이가 30~60cm다. 가지가 갈라지며 줄기에 안으로 꼬부라진 짧은 털이 있다. 잎은 어긋나고 30~70개의 작은잎으로 구성된 깃꼴겹잎이다. 작은잎은 줄 모양의 타원형이고 가장자리가 밋밋하다. 꽃은 황색으로 잎겨드랑이에 1~2개씩 달린다. 꽃받침조각은 5개이고 바소꼴이며 털이 있다. 꽃잎은 5개이고 거꾸로 세운 달걀모양이다. 수술은 4개이고, 암술은 1개이며, 열매는 협과다. 잎과 줄기, 종자는 차로 쓰이며 잎과 줄기는 산편두라는 약재로 쓰인다.

고삼

과명 콩과 학명 *Sophora flavescens* Aiton 개화기 6~7월

산기슭의 풀밭이나 길가에서 자라는 여러해살이풀로 높이가 1m에 달한다. 줄기는 곧고 잎은 어긋나며 홀수깃꼴겹잎이다. 작은잎은 15~40개이고 긴 타원형 또는 긴 달걀모양이다. 잎자루가 길며 가장자리는 밋밋하다. 꽃은 연한 노란색으로 총상꽃차례로 줄기 끝에 달린다. 꽃받침은 통처럼 생겼고 겉에 털이 나며 끝이 5개로 얕게 갈라진다. 열매는 협과로 염주모양으로 된다. 도둑놈의지팡이, 너삼, 능암 등의 속명으로도 불린다. 뿌리는 비대하며 쓴맛이 나며 한방에서는 말린 것을 고삼이라 한다. 건위제로 쓰인다.

참싸리

과명 콩과 학명 *Lespedeza cyrtobotrya* Miq. 개화기 7~8월

산이나 들의 양지에서 자라는 낙엽관목으로 높이가 2m에 달한다. 곧게 자라며 가지를 많이 친다. 줄기 전체에 부드러운 흰색 털이 있다. 잎은 어긋나고 3장의 작은잎으로 된 겹잎이다. 작은잎은 원형이거나 타원형 또는 거꾸로 세운 달걀모양이고 끝은 파지거나 둥글다. 꽃은 붉은 보라색으로 잎겨드랑이에서 나온 짧은 꽃줄기에 총상꽃차례로 달린다. 꽃줄기와 꽃자루에 흰 털이 덮여 있다. 열매는 협과이다. 가축먹이와 밀원식물로 이용하고 삼태기와 바구니, 빗자루를 만드는 데 쓰였다.

과명 콩과 학명 *Lespedeza bicolor* Turcz. 개화기 7~8월

싸리

산에서 흔히 자라는 낙엽관목으로 높이는 2~3m다. 곧게 자라며 많은 가지가 갈라지고 짙은 갈색이다. 잔털이 있으며 털이 있다가 없어진다. 잎은 어긋나고 3장의 작은잎이 나온다. 턱잎은 가늘고 길며 짙은 갈색이다. 작은잎은 달걀모양이거나 달걀을 거꾸로 세운 달걀모양이다. 꽃은 붉은 자주색으로 잎겨드랑이나 가지 끝에서 총상꽃차례로 달린다. 꽃받침은 얕게 4갈래로 갈라지고 견모가 있다. 열매는 협과다. 밀원식물이며 땔감이나 빗자루를 만드는 재료로도 쓰인다.

개싸리

과명 콩과 학명 *Lespedeza tomentosa* Sieb. 개화기 7~8월

길가나 풀밭에 자라는 낙엽반관목으로 높이가 1m다. 여러 대가 모여 나며 겉에 황갈색 솜털이 있다. 가지를 치지 않거나 윗부분에서 약간 가지를 치고 모서리가 있다. 잎은 어긋나며 작은잎 3장으로 된 겹잎이다. 작은잎은 타원형이거나 긴 타원형이고 모두 둥글다. 가장자리는 밋밋하고 잎맥이 뚜렷하다. 꽃은 연노란색이며 긴 총상꽃차례를 이루며 잎겨드랑이에 붙는다. 열매는 협과이고 달걀모양이다. 뿌리는 약용으로 쓰이며 가축먹이로도 쓰인다. 들싸리라고도 한다.

과명 콩과 학명 *Lespedeza cuneata* G. Don 개화기 8~9월

비수리

산기슭이나 들에서 자라는 여러해살이풀로 높이가 1m에 달한다. 줄기는 곧게 서고 가늘고 짧은 가지는 능선과 더불어 털이 있다. 가지가 많다. 잎은 어긋나고 작은잎이 3장씩 나온 겹잎이다. 작은잎은 줄 모양의 거꾸로 세운 듯한 바소꼴이고 뒷면에 털이 있다. 꽃은 흰색으로 피는데 중앙부에 자주색 줄무늬가 있다. 잎 겨드랑이에 산형꽃차례로 달린다. 꽃받침은 밑까지 깊게 5개로 갈라지고 각 갈래조각에 1맥이 있다. 열매는 넓은 달걀모양이다. 야관문, 노우근, 호지자, 산채자이라고도 한다

전라도 야생화

매듭풀

과명 콩과

학명 *Kummerowia striata* (Thunb.) Schindl. 개화기 8~9월

길가나 들, 하천가의 양지에서 자라는 한해살이풀로 높이는 10~30cm다. 비스듬히 자라며 밑에서 가지가 많이 갈라지고 아래를 향한 짧은 털이 많이 달린다. 잎은 어긋나며 3개의 작은 잎이 모여 있으며 긴타원형으로 끝이 둥글거나 약간 파인다. 꽃은 연한 붉은색으로 잎겨드랑이에 1~2송이씩 핀다. 꽃줄기는 짧고 5갈래로 갈라진 꽃받침에는 짧은 털이 있다. 꽃잎은 꽃받침보다 길며 10개의 수술이 있다. 열매는 협과다. 매돕풀, 계안초, 공모초, 반주과, 일본추라고도 한다. 가축의 사료나 녹비로 사용된다.

과명 콩과 학명 *Desmodium oldhami* Oliver 개화기 8월

큰도둑놈의갈고리

산지의 숲 속이나 풀밭에서 자라는 여러해살이풀로 높이가 1~1.5m다. 줄기는 여러 개가 무더기로 나와 포기를 이루고 전체에 털이 있고 가지가 갈라진다. 잎은 어긋나고 잎자루가 길며 5~7개의 작은잎으로 구성된 깃꼴겹잎이다. 작은잎은 긴 타원 모양 또는 달걀모양이고 끝은 뾰족하며 밑은 둥글거나 둔하고 가장자리는 밋밋하다. 꽃은 연한 붉은 색으로 피고 줄기 끝에 총상꽃차례를 이뤄 달린다. 열매는 표면에 갈고리 같은 털이 있어 다른 물체에 잘 붙는다. 흰큰도둑놈의갈고리가 내장산에서 자란다.

자귀풀

과명 콩과 학명 *Aeschynomene indica* L. 개화기 7월

논이나 습지에 자라는 한해살이풀로 높이는 50~80cm다. 줄기는 속이 비어 있다. 잎은 어긋나고 1회 깃꼴겹잎이다. 작은잎은 20~30쌍으로 줄 모양 타원형이고 가장자리가 밋밋하며 뒷면은 흰빛이 돈다. 꽃은 노란색으로 잎겨드랑이에서 나온 꽃줄기 끝에서 총상꽃차례를 이룬다. 열매는 협과다. 차풀과 이 풀은 비슷하지만 열매에 뚜렷한 마디가 6~8개 있으므로 구별이 된다. 잎이 자귀나무처럼 밤중에는 접히기 때문에 자귀풀이라고 한다. 합맹, 수고맥, 경통초, 전비각, 거몰자라고도 한다. 식용이나 사료로도 쓰인다.

전라도 야생화

과명 콩과

학명 *Vicia angustifolia* var. *segetilis* K. Koch 개화기 4~5월

살갈퀴

밭이나 들의 풀밭에서 자라는 두해살이풀로 길이는 60~150cm다. 덩굴로 자라며 전체에 털이 덮이고 밑 부분에서 가지가 많이 갈라진다. 잎은 어긋나고 짝수깃꼴겹잎이며 달걀을 거꾸로 세운 모양이거나 넓은 달걀모양이며 끝이 약간 파여 있고 가장자리가 밋밋하다. 끝에 세갈래로 갈라진 덩굴손이 있다. 꽃은 진한 붉은색을 띤 자주색으로 잎겨드랑이에서 나온 꽃대에 1~2송이씩 달린다. 꽃받침은 5갈래로 갈라지고 그 끝이 뾰족하다. 열매는 협과다. 살말굴레풀로도 불린다. 풀 전체가 사료로 쓰인다.

갈퀴나물

과명 콩과 학명 *Vicia amoena* Fischer 개화기 6~9월

산기슭에서 자라는 덩굴성 여러해살이풀로 높이는 80~100cm다. 땅속으로 줄기를 벋으면서 자라며 덩굴손으로 다른 물체를 감는다. 줄기를 따라 이어진 선이 있고 줄기는 능선이 있어 네모지며 가늘고 길게 덩굴진다. 잎은 어긋나며 거의 잎자루가 없다. 작은잎은 5~7쌍이 마주 붙거나 어긋나게 붙으며 끝은 덩굴손이 된다. 꽃은 붉은 자주색으로 총상꽃차례로 잎겨드랑이에서 나오고 꽃자루가 길며 많이 핀다. 꼬투리는 긴 타원형이다. 녹두루미, 말굴레풀이라는 속명으로도 불린다. 어린 순은 나물로 먹으며 약재로 쓰인다.

전라도
야생화

과명 콩과 학명 *Vicia hirticalycina* Nakai 개화기 5월

나래완두

숲속이나 들에서 자라는 여러해살이풀로 높이는 40cm 정도다. 줄기는 모나며 약간 곧추 서고 가지를 친다. 잎은 어긋나고 1회 깃꼴겹잎이며 덩굴손이 없다. 작은잎은 3~5쌍이고 달걀모양이거나 줄 모양의 바소꼴이며 끝이 뾰족하고 길이가 밑 부분이 둥글다. 턱잎은 작은 꽃자루보다 길고 녹색이다. 꽃은 자주색으로 잎겨드랑이에 2~5개가 달린다. 꽃받침은 끝이 5개로 갈라지며 털이 많다. 꽃잎과 수술엔 털이 없다. 열매는 협과로 꼬투리의 양 끝이 좁고 바소꼴의 줄 모양이다.

활량나물

과명 콩과 학명 *Lathyrus davidii* Hance 개화기 6~8월

산이나 들의 양지쪽에서 자라는 여러해살이풀로 높이는 80~120cm다. 윗부분에 능각이 지고 비스듬히 서며 털이 거의 없다. 잎은 어긋나고 2~4쌍의 작은잎으로 된 짝수깃꼴겹잎이며 잎자루 끝이 2~3개로 갈라진 덩굴손이다. 꽃은 노란색으로 총상꽃차례로 피며 개화 후 누런 갈색으로 변한다. 꽃부리는 나비 모양이다. 꽃이 삭은 잎겨드랑이에서 2개씩 나오고 꽃줄기가 길다. 꽃받침은 통같이 생기고 끝이 5개로 갈라진다. 열매는 협과다. 어린 순은 식용으로, 뿌리는 지혈에 쓰인다.

과명 콩과 학명 *Lathyrus japonicus* Willd. 개화기 5~6월

갯완두

바닷가 모래땅에서 자라는 여러해살이풀로 높이는 20~60cm다. 땅속줄기가 길게 벋으며 땅위줄기는 모가 나고 비스듬히 자란다. 잎은 어긋나고 3~6쌍의 작은 잎으로 구성되어 있으며 달걀모양이고 덩굴손이 나온다. 원줄기에는 뾰족한 모서리가 있으며 비스듬히 자란다. 꽃은 적자색으로 총상꽃차례를 이루며 잎겨드랑이에서 나온다. 한쪽으로 치우치며 긴 꽃대에 여러 개의 꽃이 어긋나게 붙어서 달린다. 열매는 협과로 꼬투리모양이다. 개완두, 일본향완두라고도 한다. 어린 순은 말려 대두황권이라는 약재로 쓰인다.

새팥

과명 콩과 학명 *Phaseolus nipponensis* Ohwi 개화기 8월

낮은 산 풀밭이나 들에서 자라는 덩굴성 한해살이풀로 높이가 2~3m다. 줄기는 가늘고 길게 올라가며 전체에 퍼진 털이 있는데 다른 물체를 감아 올라간다. 잎은 어긋나고 세 장의 작은잎이 나오며 달걀모양이고 가장자리는 밋밋하지만 3개로 얕게 갈라지기도 한다. 잎자루는 길고 턱잎은 방패 모양이며 빽빽이 붙은 털이 있다. 꽃은 연한 노란색으로 피고 잎겨드랑이에서 나와 총상꽃차례를 이루며 2~3개가 달린다. 열매는 협과이며 종자는 녹색을 띤 갈색 바탕에 검은 색 점이 있다. 관상용으로 쓰인다.

전라도 야생화

칡

과명 콩과 학명 *Pueraria thunbergiana* Benth 개화기 7~9월

산과 들에서 자라는 덩굴성 여러해살이풀로 길게 자란다. 줄기가 목화하며 끝부분은 겨울 동안에 말라 죽는다. 줄기는 길게 뻗어가면서 다른 물체를 감아 올라가고 갈색이거나 흰색 털이 밀생한다. 잎은 어긋나기로 달리고 잎자루가 길며 세장의 작은잎이 나온다. 작은잎은 털이 많고 마름모꼴 또는 넓은 타원 모양이며 가장자리가 밋밋하거나 얕게 3개로 갈라진다. 잎 뒷면은 흰색을 띠고 턱잎은 바소꼴이다. 꽃은 홍자색으로 총상꽃차례에 나비모양으로 달린다. 열매는 협과다. 어린 순은 식용, 뿌리와 꽃은 약용으로 쓰인다.

돌콩

과명 콩과 학명 *Glycine soja* S. et Z. 개화기 7~8월

들에서 자라는 덩굴성 한해살이풀로 높이는 2m에 달한다. 전체에 밑으로 향한 갈색 털이 있고 줄기는 가늘고 길며 다른 물체를 감는다. 잎은 어긋나고 깃꼴 3출겹잎으로 잎자루가 길고 짧은 털이 있다. 작은잎은 달걀모양 긴 타원형이거나 바소꼴이고 가장자리에 톱니가 없다. 꽃은 홍자색으로 총상꽃차례로 핀다. 꽃받침은 종모양이고 털이 있으며 5개로 갈라진다. 꽃부리는 나비모양이다. 열매는 털이 많고 콩꼬투리와 비슷하다. 갱미두, 녹과라고도 한다. 종자는 식용으로 쓰이며 거담의 약재로 쓰인다.

과명 콩과

학명 *Amphicarpaea edgeworthii* var. *trisperma* Ohwi 개화기 8~9월

새콩

들에서 자라는 덩굴성 한해살이풀로 높이는 1~2m다. 전체에 밑을 향해 퍼진 털이 있다. 줄기 끝에서 덩굴손이 나와 다른 물체를 감고 올라간다. 잎은 어긋나며 작은잎 3장으로 된 겹잎이다. 턱잎은 좁은 달걀모양이고 끝까지 붙어 있다. 꽃은 자주색으로 잎겨드랑이에서 난 꽃대에 총상꽃차례로 핀다. 꽃받침은 끝이 5갈래로 갈라지며 갈래는 통 부분보다 짧고 털이 있다. 꽃부리는 나비모양이다. 열매는 협과로 타원형으로 조금 휘어진다. 한방에서는 뿌리가 양형두라는 약재로 쓰인다. 종자는 식용으로 쓰인다.

땅비싸리

과명 콩과 학명 *Indigofera kirilowii* Maxim. 개화기 5~6월

산기슭 및 산 중턱의 양지나 반그늘에서 자라는 낙엽관목으로 높이가 1m에 달한다. 뿌리에서 많은 맹아가 나와 무리지어 사는 것처럼 보이고 잔가지에 줄이 약간 있으며 잔털이 있다가 점차 없어진다. 표면에 광택이 있고 녹색바탕에 연한 갈색이다. 잎은 어긋나고 홀수 1회 깃꼴겹잎이다. 작은잎은 7~11개로 두껍고 원형이거나 타원형 또는 거꾸로 세운 달걀모양이며 양면에 털이 있다. 꽃은 엷은 붉은색으로 새 가지의 잎겨드랑이에 총상꽃차례로 달린다. 열매는 협과다. 논싸리, 젓밤나무로도 불리며 관상용으로 쓰인다.

과명 콩과 학명 *Milletia japonica* A. Gray 개화기 7~8월

애기등

남부지방 해안가나 섬에서 자라는 낙엽덩굴식물로 길이가 3m에 달한다. 줄기는 가늘고 연약하며 어린 가지에 털이 있으며 누런 갈색이다. 잎은 어긋나고 9~13개의 작은잎으로 구성된 깃꼴겹잎이며, 작은잎은 달걀모양이거나 달걀모양의 바소꼴이며 끝은 점차 뾰족해지고 밑은 둥글며 가장자리는 밋밋하고 양면에 거의 털이 없다. 턱잎은 바늘 모양이며 작다. 꽃은 흰색으로 잎겨드랑이에 총상꽃차례를 이루며 달린다. 포는 바늘 모양이고, 꽃받침조각은 잔털이 있다. 열매는 협과다. 관상용으로 쓰인다.

아까시나무

과명 콩과 학명 *Robinia pseudoacacia* L. 개화기 5~6월

북아메리카 원산의 낙엽교목으로 높이가 25m에 달한다. 수피는 갈색이거나 황갈색으로 세로로 깊게 갈라진다. 어린가지에는 털이 없고 턱잎이 변한 가시가 1쌍이 난다. 잎은 어긋나고 홀수 1회 깃꼴겹잎이다. 작은잎은 9~19개이며 타원형이거나 달걀모양으로 가장자리가 밋밋하고 양면에 털이 없다. 꽃은 흰색으로 새 가지의 잎겨드랑이에서 나비모양 총상꽃차례로 밑으로 처지며 달린다. 꽃받침은 5갈래로 갈라진다. 꿀 향기가 강하게 난다. 열매는 협과다. 열대지방 원산인 아카시아(Acacia)와는 다르다.

과명 콩과

학명 *Lotus corniculatus* var. *japonicus* Regel 개화기 6~8월

벌노랑이

별이 잘 드는 길가 풀밭이나 바닷가 모래밭에서 무리지어 자라는 여러해살이풀로 높이는 약 30cm다. 밑부분에서 가지가 많이 갈라져 땅을 기거나 비스듬히 선다. 잎은 어긋나며 5개의 작은잎 중 2개는 원줄기에 가까이 붙어 턱잎같이 보이며 3개는 끝에 모여 달린다. 작은잎은 끝이 뾰족하고 가장자리는 밋밋하다. 턱잎은 작거나 없다. 꽃은 노란색으로 잎겨드랑이에 나비모양으로 4~5개 달린다. 벌조장이, 노랑들콩, 황금화, 백맥근, 우각화 등의 속명을 갖고 있다. 관상용으로 심기도 하며 풀 전체가 약용으로 쓰인다.

골담초

과명 콩과

학명 *Caragana sinica* (Buchoz) Rehder 개화기 4~5월

산지에 자라는 낙엽 관목으로 높이 2m 내외다. 위를 향한 가지는 사방으로 비스듬히 퍼지고 줄기에 가시가 뭉쳐나고 5개의 능선이 있으며 회갈색이고 털이 없다. 잎은 어긋나고 홀수 1회 깃꼴겹잎이며 작은잎은 4개로 타원형이다. 잎줄기 끝은 대개 가시가 되고 턱잎도 가시가 된다. 꽃은 황적색으로 총상꽃차례로 핀다. 꽃받침은 종 모양으로 갈색 털이 약간 있으며 기판은 좁고 황적색 연한 노랑색이다. 금계아, 금작목, 금작화, 강남금봉이라는 속명으로도 불리며 약으로 쓰인다.

자운영

과명 콩과 학명 *Astragalus sinicus* L. 개화기 4~5월

논과 밭에서 자라는 두해살이풀로 높이 10~25cm다. 흰색 털이 약간 있으며 밑에서 가지가 많이 갈라져서 옆으로 자라다가 곧추 선다. 잎은 1회 깃꼴겹잎이고 작은잎은 9~11개이며 거꾸로 세운 달걀모양 또는 타원형이고 끝이 둥글거나 파진다. 꽃은 홍자색이거나 흰색으로 꽃줄기 끝에 산형으로 달린다. 열매는 협과로 꼭지가 짧고 긴 타원형이다. 연화초, 홍화채, 쇄미제, 야화생이라고도 한다. 어린 순을 나물로 하며 풀 전체가 약재로 쓰인다. 녹비로 재배하기도 한다.

붉은토끼풀

과명 콩과 학명 *Trifolium pratense* L. 개화기 6~7월

풀밭이나 길가, 과수원 등지에서 자라는 여러해살이풀로 높이 30~60cm다. 곧게 자라는 줄기는 가지가 갈라지며 전체에 털이 있다. 잎은 어긋나고 3개로 갈라진 겹잎이다. 잎자루가 길며 작은잎은 긴 타원형으로 끝이 둥글거나 약간 파이며 가장자리에 잔 톱니가 있고 표면 중앙에 팔(八)자의 흰 무늬가 있다. 턱잎은 끝이 뾰족하고 가장자리는 밋밋하다. 꽃은 홍자색으로 줄기와 가지 끝에 밀집되어 달린다. 열매는 협과다. 홍차축조, 붉은토끼풀꽃, 꽃시계풀, 홍삼엽, 금화채라고도 한다 가축의 사료나 녹비로 사용된다.

과명 콩과 학명 *Trifolium repens* L. 개화기 6~7월

토끼풀

목초로 도입된 유럽 원산의 여러해살이풀로 길이 6~20cm다. 풀밭이나 길가에서 크게 무리지어 자란다. 줄기는 옆으로 땅을 기며 자라다가 마디에서 뿌리가 내리며 비스듬히 선다. 잎은 3장의 작은잎이 나온 잎이며 잎자루는 길다. 작은잎은 3개이지만 4개가 달린 것도 있으며 거꾸로 된 심장 모양이다. 4개의 잎이 행운을 갖다준다 하여 행운의 네잎클로버라고 한다. 꽃은 흰색으로 긴 꽃줄기 끝에 산형꽃차례로 달려서 전체가 둥글다. 열매는 협과다. 클로버라고도 불린다. 목초나 조경용으로 심는다.

개자리

과명 콩과 학명 *Medicago hispida* Gaertner 개화기 5월

유럽 원산으로 녹비나 목초자원으로 심었던 것이 들로 퍼져 야생성으로 변해 길가 빈터에서 자라는 두해살이풀로 길이가 60~90cm다. 털이 없거나 약간 있으며 땅 위를 기듯이 자라는 줄기는 가지가 많이 갈라진다. 잎은 어긋나며 잎자루가 있다. 작은잎은 3개인데 넓은 타원형으로 윗부분은 둥글고 아랫부분은 뾰족하다. 윗부분 가장자리에 잔톱니가 있다. 턱잎은 달걀을 반으로 나눈 모양이며 빗살처럼 깊게 갈라진다. 꽃은 노란색으로 잎겨드랑이에서 두상꽃차례로 4~8개의 노란색 꽃이 모여 달린다. 열매는 협과다.

과명 콩과 학명 *Melilotus suaveolens* Ledeb. 개화기 7~8월

전동싸리

들이나 바닷가에서 자라는 두해살이풀로 높이는 60~90cm다. 곧게 자라며 줄기가 분백색이다. 어릴 때는 털이 있으나 후에 없어진다. 잎은 어긋나고 3개의 작은 잎으로 된 겹잎이다. 작은잎은 긴 타원형 또는 거꾸로 선 바소꼴이며 가장자리에 잔 톱니가 있다. 꽃은 연한 노란색으로 잎겨드랑이나 가지 끝에 나비모양 총상꽃차례로 달린다. 꽃받침은 종형으로 5개로 갈라지고 선형의 포가 있다. 열매는 협과다. 초목서, 야화생, 마란채, 멜리토우스초라고도 한다. 중국 원산으로 사료로 쓰인다.

활나물

과명 콩과 학명 *Crotalaria sessiliflora* L. 개화기 7~8월

산과 들의 풀밭에서 자라는 한해살이풀로 높이는 20~60cm다. 잎 표면을 제외하고는 전체에 부드럽고 긴 갈색 털이 있다. 잎은 어긋나고 마디마다 자리하며 바소꼴이거나 줄모양으로 끝이 뾰족하다. 잎자루가 거의 없으며 잎 가장자리는 밋밋하고 털이 규칙적으로 배열되어 있다. 꽃은 청자색으로 원줄기와 가지 끝에 이삭처럼 달리고 포는 선형이다. 아래부터 위로 차례로 핀다. 이삭 뒷부분에는 잔털이 많이 나 있다. 꼬투리는 긴 타원형이다. 야백합, 이두, 구령초, 야지마라고도 불린다.

과명 쥐손이풀과
학명 *Geranium thunbergii f. pallidum* Nakai 개화기 8~9월

흰이질풀

전국 각처에 나는 여러해살이풀로 높이는 1m정도다. 전체에 융털이 있으며 줄기는 눕거나 비스듬히 서고 가지를 친다. 잎은 마주나고 뿌리잎은 잎자루가 길고 줄기잎은 잎자루가 짧으며 얕게 3~5개로 갈라진다. 갈래조각은 긴 타원형이거나 달걀모양이며 끝은 뾰족하고 윗부분에 톱니가 있으며 잎몸에 검은 자색의 반점이 있다. 꽃은 흰색으로 윗부분의 잎 사이에 긴 화경을 내어 그 끝에 1~3송이씩 달린다. 이 풀은 꽃대 하나에 1~3송이의 꽃을 피우며 쥐손이풀은 한 꽃대에 한송이의 꽃만 피운다.

이질풀

과명 쥐손이풀과

학명 *Geranium thunbergii* S. et Z. 개화기 8~9월

산과 들에서 자라는 여러해살이풀로 높이는 50~100cm다. 줄기는 비스듬히 땅으로 기면서 자라고 전체에 아래를 향한 흰털이 있다. 뿌리가 여러개로 갈라진다. 잎은 마주나고 3~5개로 갈라지며 검은 무늬가 있다. 잎자루는 마주나며 길다. 꽃은 홍자색으로 잎겨드랑이에서 꽃줄기가 나오고 꽃줄기에서 2개의 작은 꽃줄기가 갈라져서 각각 1개씩 달린다. 열매는 5개로 갈라져서 위로 말려 터진다. 예로부터 이질병에 특효가 있다 하여 이질풀이라는 이름이 붙여졌다. 현초, 노관초라고도 한다. 이질, 설사, 변비 등의 약으로 쓰인다.

과명 쥐손이풀과

학명 *Geranium eriostemon* Fischer 개화기 5~6월

털쥐손이

고산지대에 자라는 여려해살이풀로 높이는 30~50㎝다. 전체에 밑을 향한 털이 빽빽하며 원줄기는 세로로 홈이 있고 윗부분에 선모가 있다. 잎은 어긋나며 뿌리 잎은 잎자루가 길며 장상으로 5~7개로 늘어서고 가장자리에 얕은 결각 또는 둥근 톱니가 있으며 탁엽은 넓은 바소꼴이다. 꽃은 연한 홍자색으로 줄기와 가지 끝에 3~8개의 꽃이 우산모양으로 달린다. 꽃받침 조각은 5개로 긴 달걀모양이고 꽃잎은 5개로 거꾸로 세운 달걀모양이며 과실은 삭과로 5개로 갈라져 위로 말린다. 약용으로 쓰인다.

둥근이질풀

과명 쥐손이풀과

학명 *Geranium koreanum* Kom. 개화기 6~7월

산에서 자라는 여러해살이풀로 높이는 1m 정도다. 여러 대가 한 포기에서 나오며 가지가 없는 것도 있고 원줄기는 4각형이다. 잎은 마주나고 뿌리에서 나온 잎은 긴 잎자루가 있으며 줄기에서 나온 잎은 잎자루가 거의 없거나 짧다. 잎은 3~5개로 약간 깊게 갈라지고 갈라진 조각은 끝이 뾰족하며 큰 톱니가 있다. 꽃은 연분홍색으로 산형꽃차례에 달린다. 꽃잎은 5개이고 달걀모양이며 꽃받침조각도 5개이다. 열매는 삭과다. 왕이질풀, 참쥐손풀, 참이질풀, 조선노관초, 둥근쥐손이라고도 한다. 풀 전체를 약으로 쓰인다.

과명 괭이밥과 학명 *Oxalis corniculata* L. 개화기 5~9월

괭이밥

밭이나 빈터, 길가에서 자라는 여러해살이풀로 높이는 10~30cm다. 원뿌리가 땅 속으로 깊이 들어가고 그 위에서 많은 대가 나와 옆으로 또는 위를 향해 비스듬히 자라며 가지가 많이 갈라지고 진다. 잎은 어긋나며, 작은 잎 3장으로 된 겹잎이다. 잎 앞면은 털이 거의 없고 뒷면은 누운 털이 있는데 맥 위에 많다. 꽃은 노란색으로 잎겨드랑이에서 산형꽃차례로 달린다. 수술은 10개이며 5개는 짧다. 열매는 삭과이다. 줄기와 잎을 씹으면 신맛이 난다. 괭이밥풀, 산장초, 초장초, 괴싱아, 시금초라고도 한다. 식용, 약으로 쓰인다.

초피나무

과명 운향과
학명 *Zanthoxylum piperitum* A. P. DC. 개화기 5~6월

산지 숲속에서 자라는 낙엽관목으로 높이는 3m다. 수피는 회갈색으로 어린 가지에 털이 있으나 점차 없어지고 턱잎이 변한 가시는 밑으로 약간 굽은 가시가 마주보며 달린다. 잎은 어긋나고 홀수 1회 깃꼴겹잎이다. 작은잎은 달걀모양으로 길며 중앙부에 황록색 무늬가 있고 강한 향기가 있다. 암수딴그루로 꽃은 노란색으로 잎겨드랑이에서 복총상꽃차례로 달린다. 꽃잎은 없고 5개의 꽃받침조각이 있다. 열매는 삭과로 초록색에서 붉은색으로 익는다. 이 열매 가루가 추어탕에 넣는 초피가루다.

과명 운향과

학명 *Zanthoxylum schinifolium* S. et Z. 개화기 8월

산초나무

산기슭 양지쪽에서 자라는 낙엽관목으로 높이는 3m 정도다. 수피는 회갈색으로 어긋나게 돋아난 가시가 있다. 잎은 어긋나고 작은잎으로 구성된 깃꼴겹잎이다. 작은잎은 넓은 바소꼴이며 양끝이 좁고 가장자리에 물결 모양의 톱니와 더불어 투명한 유점이 있다. 꽃은 연한 노란색으로 가지 끝에서 산방꽃차례로 달린다. 열매는 삭과이고 둥글다. 초피나무와 비슷하지만 잎자루 밑 부분에 가시가 1개 달리고 열매가 녹색을 띤 갈색이며 꽃잎이 있는 것이 다르다. 열매 껍질이 야초라는 약재로 쓰인다.

백선

과명 운향과 학명 *Dictamnus dasycarpus* Turcz. 개화기 5~6월

산과 들에서 자라는 여러해살이풀로 높이는 60~90cm다. 밑부분이 딱딱하다. 잎은 어긋나며, 작은 잎 2~4쌍으로 된 깃꼴겹잎이다. 작은 잎은 달걀모양이거나 타원형이고 톱니가 있다. 꽃은 연한 분홍색으로 총상꽃차례로 달린다. 꽃자루에 한 송이씩 달린다. 꽃차례와 꽃자루에 기름구멍이 많아 역한 냄새가 난다. 꽃잎은 5장이며 붉은 보라색 선이 들어 있다. 수술은 10개이고 암술은 1개다. 열매는 삭과이며 5개로 갈라진다. 검화풀, 북선피, 양선초 등으로 불린다. 뿌리는 약용으로 쓰인다.

과명 멀구슬나무과

학명 *Melia azedarach* var. *japonica* Makino 개화기 5월

멀구슬나무

산기슭이나 인가 인근에서 자라는 낙엽교목으로 높이는 15m에 달한다. 가지는 굵고 사방으로 퍼지면서 원추형의 수형을 이룬다. 수피가 잘게 갈라지며 껍질눈이 많다. 잎은 어긋나고 기수 2~3회 깃꼴겹잎으로 잎자루의 밑부분이 굵다. 작은 잎은 달걀모양이거나 타원형이며 가장자리에 톱니 또는 깊이 패어 들어간 모양이 있다. 털이 있다가 없어지고 잎자루가 길다. 꽃은 자줏빛이며 원추꽃차례에 달린다. 5개씩의 꽃잎과 꽃받침조각, 10개의 수술이 있다. 열매는 핵과다. 구주목이라고도 한다. 열매는 이뇨, 하열 및 구충제로 쓰인다.

애기풀

과명 원지과 학명 *Polygala japonica* Houtt. 개화기 4~6월

산지의 풀밭이나 양지바른 곳에서 자라는 여러해살이풀로 높이는 20cm 내외다. 뿌리에서 여러 대가 나와 곧추 서거나 비스듬히 자란다. 전체에 잔털이 있으며 뿌리는 가늘고 길며 질기다. 잎은 어긋나고 털이 있으며 달걀모양이거나 타원 모양으로 끝이 뾰족하며 밑 부분이 둥글거나 둔하고 가장자리가 밋밋하다. 잎자루는 매우 짧고 털이 있다. 꽃은 자주색으로 총상꽃차례를 이룬다. 열매는 삭과다. 원지라는 약명과 영신초, 령신초라는 속명을 갖고 있다. 풀 전체를 말린 것이 약용으로 쓰인다.

과명 원지과 학명 *Salomonia oblongifolia* DC. 개화기 7~8월

병아리다리

양지쪽 습지에서 자라는 한해살이풀로 높이는 6~30cm다. 원줄기는 곧추 자라고 털이 없다. 잎은 어긋나고 긴 타원형이거나 타원형이며 끝이 뾰족하고 가장자리가 밋밋하지만 윗가장자리에는 가시 같은 털이 약간 있다. 윗부분은 바소꼴이며 잎자루가 거의 없다. 꽃은 연한 자주색으로 수상꽃차례를 이룬다. 꽃받침조각은 5개이고 잎은 3개다. 과실은 삭과다. 신안 압해도 습지에 끈끈이주걱 등 습지식물과 군락을 이루었지만 개발에 밀려 서식지가 파괴됐다.

예덕나무

과명 대극과
학명 *Mallotus japonicus* Muell. Arg. 개화기 6월

남부지방의 산지나 바닷가에서 자라는 낙엽소교목으로 높이는 10m 정도로 자란다. 수피는 회갈색으로 세로로 얕게 갈라진다. 어린 가지는 비늘털로 덮여서 붉은빛이 돌다가 회백색으로 변하고 가지가 굵다. 잎은 어긋나고 달걀모양의 원형이며 표면에는 대개 붉은빛 선모가 있고 뒷면은 황갈색으로 선점이 있다. 꽃은 암수딴그루에서 연한 노란색으로 가지 끝에서 나오는 원뿔 모양의 꽃차례에 꽃이 모여 달린다. 열매는 삭과다. 나무껍질에 타닌과 쓴 물질이 들어 있어 건위제로 쓰인다.

과명 대극과

학명 *Euphorbia ebracteolata* Hayata 개화기 4~5월

붉은대극

숲 속 바위지대에 자라는 여러해살이풀로 높이는 40~50cm다. 굵은 뿌리줄기가 옆으로 자라면서 가지가 갈라진다. 줄기는 곧추 자라며 산형으로 퍼져 난다. 잎은 어릴 때 붉은 빛을 띤다. 줄기잎은 어긋나며 긴 타원형으로 끝이 무디다. 줄기 끝에는 잎이 5장 돌려난다. 꽃은 진한 붉은색과 연녹색으로 꽃대가 줄기 끝에서 4~5개씩 나오고 그 끝이 다시 2갈래로 갈라져서 배상꽃차례가 2개씩 달린다. 열매는 삭과다. 뿌리는 약재로 쓰인다. 이 지역에서는 내장산국립공원 백암지구에 그리 많지 않은 개체가 자생한다.

큰땅빈대

과명 대극과 학명 *Euphorbia maculata* L. 개화기 8~9월

밭이나 길가의 풀밭에서 자라는 한해살이풀로 높이는 20~60cm다. 원줄기는 비스듬히 서며 가끔 붉은 색을 띠고 윗부분의 한쪽에 짧은 털이 있다. 잎은 마주나며 달걀 모양의 긴 타원형이거나 긴 타원형이며 끝이 둔하고 긴털이 드문드문 있고 가장자리에 둔한 톱니가 있다. 꽃은 녹색이 도는 흰색으로 가지 끝에서 배상꽃차례로 몇 개 달린다. 총포 속에는 1개의 수술이 있는 수꽃과 1개의 암술이 있는 암꽃이 들어 있다. 열매는 삭과이며 둥글다. 북아메리카 원산이다.

과명 대극과 학명 *Euphorbia helioscopia* L. 개화기 4~5월

등대풀

해안가나 섬의 밭이나 길가에 자라는 두해살이풀로 높이가 30cm에 달한다. 줄기는 곧추 서며 밑에서 가지가 갈라진다. 줄기를 자르면 흰 유액이 나온다. 잎은 어긋나지만 가지가 갈라지는 줄기 위쪽에서는 5장의 큰 잎이 돌려나기도 한다. 잎몸은 거꾸로 세운 달걀모양이거나 주걱 모양이며 가장자리는 잔 톱니가 있다. 표면에 광택이 있다. 꽃은 노란빛이 도는 녹색으로 배상꽃차례로 달린다. 암술대는 3개로 끝이 2갈래로 갈라진다. 열매는 삭과이다. 오풍초, 하백초라고도 불리며 약재로 쓰이나 유독 식물이다.

대극

과명 대극과 학명 ***Euphorbia pekinensis*** **Rupr.** 개화기 6~7월

산에서 자라는 여러해살이풀로 높이가 80cm 정도이다. 뿌리줄기는 긴 덩이 모양이다. 줄기는 곧추 자라지만 밑부분에서 흔히 가지가 갈라지고 자르면 독성이 있는 유액이 나오며 꼬부라진 흰털이 있다. 잎은 어긋나고 잎자루는 없으며 타원형의 바소꼴로 끝은 뾰족하다. 꽃은 줄기 상단의 가지나 잎겨드랑이에 배상꽃차례를 이루어 핀다. 초록색의 꽃이 세 개의 잎 위로 솟아 있으며 창을 비껴 든 듯 날카로운 모습이어서 큰창(大戟)이라는 이름을 갖게 됐다 한다. 버들옻, 우독초라는 속명을 갖고 있다.

과명 대극과

학명 *Euphorbia sieboldiana* Morr. et Decne. 개화기 7월

개감수

산과 들에서 자라는 여러해살이풀로 높이는 20~40cm다. 줄기는 가늘고 둥글며 곧게 선다. 가지가 듬성듬성 갈라지고 녹색이면서 붉은 자주색을 띠며 자르면 유액이 나오고 뿌리가 옆으로 뻗는다. 잎은 어긋나고 잎자루가 없으며 긴 타원형이다. 밑이 좁고 끝이 뭉뚝하며 톱니가 없다. 줄기 끝에 5개의 긴 타원형 잎이 돌려난다. 꽃은 녹황색으로 피며 꽃대는 우산 모양으로 5개 나고 여러 개의 수꽃과 1개의 암꽃이 있다. 열매는 삭과로 윤기가 나고 둥글다. 관상용으로 심으며 뿌리는 대극처럼 이뇨제로 쓰인다.

붉나무

과명 옻나무과 학명 *Rhus chinensis* Mill. 개화기 8~9월

산과 들에서 자라는 낙엽소교목으로 높이가 7m 정도다. 굵은 가지가 드문드문 나오며 어린 가지는 노란색이고 털이 없다. 수피는 회갈색이고 껍질눈이 발달한다. 잎은 어긋나고 7~13개의 작은잎으로 된 깃꼴겹잎이다. 작은잎은 달걀모양으로 굵은 톱니가 드문드문 있고 뒷면에 갈색 털이 있다. 암수딴그루로 꽃은 황백색으로 가지 끝에서 곧게 나오는 원추꽃차례를 이룬다. 열매는 핵과로 포도송이처럼 달린다. 오배자나무, 굴나무, 뿔나무, 불나무라고도 하며 열매에 소금같은 흰색 물질이 생겨 짠 맛을 내므로 염부목이라 부른다.

과명 감탕나무과 학명 *Ilex cornuta* Lindl. 개화기 4~5월

호랑가시나무

변산반도국립공원 이남의 해변가 양지에서 자라는 상록관목으로 높이 2~3m다. 가지가 무성하며 털이 없다. 수피는 회백색이고 껍질눈이 발달하며 벗겨지지 않는다. 잎은 어긋나며 두꺼우며 윤기가 있고 타원모양 긴 육각형이며 각점이 예리한 가시로 되어 있다. 꽃은 백록색으로 암수딴그루이거나 잡성화로 지난해 가지 잎겨드랑이에서 산형꽃차례로 5~6개가 달린다. 열매는 핵과로 붉게 익어 겨울을 보낸다. 눈속에 크리스마스를 연출하는 나무로 심는다. 묘아자나무라고도 한다. 약재로도 쓰인다.

먼나무

과명 감탕나무과 학명 *Ilex rotunda* Thunb. 개화기 5~6월

섬이나 바닷가 숲에 자라는 상록교목으로 높이는 5~10m다. 가지는 어두운 갈색이고 털이 없다. 잎은 어긋나며 잎몸은 단단하며 타원형이거나 긴 타원형이며 가장자리는 밋밋하다. 꽃은 붉은빛이 도는 녹색으로 암수딴그루로 피며 햇가지의 잎겨드랑이에서 취산꽃차례 달린다. 꽃잎과 꽃받침잎은 각각 4~5장이다. 꽃잎은 꽃받침보다 길고 뒤로 젖혀진다. 열매는 핵과로 둥글며 붉게 익는다. 정원수나 가로수로 심는다.

과명 노박덩굴과

학명 *Tripterygium regelii* Sprague et Takeda 개화기 6~7월

미역줄나무

높은 산에서 자라는 낙엽덩굴나무로 길이가 2m에 달한다. 가지는 적갈색으로 돌기가 많이 나오고 5각의 모가 진다. 2년 된 가지는 흑갈색이다. 잎은 어긋나고 달걀모양이거나 타원 모양이며 밝은 녹색이고 뒷면의 맥 위에 털이 있으며 가장자리에 둔한 톱니가 있다. 앞면에는 털이 없으나 뒷면 맥 위에 털이 있다. 잎자루는 적갈색이며 털이 없고 마르면 잎과 함께 검은색으로 된다. 꽃은 백록색으로 가지 끝이나 잎겨드랑이에서 원추꽃차례를 이룬다. 열매는 시과다. 메역순나무라고도 한다.

고추나무

과명 고추나무과 학명 *Staphylea bumalda* DC. 개화기 5~6월

숲 속 계곡에서 자라는 낙엽관목 또는 소교목으로 높이는 3~5m다. 가지는 둥글고 회록색이고 어린 가지에 털이 없다. 잎은 마주나고 작은잎은 3개로 달걀모양이거나 달걀모양의 바소꼴이고 가장자리에 뾰족한 잔 톱니가 있다. 꽃은 흰색으로 가지 끝에 자잘하게 땅으로 쳐져 원추꽃차례에 달린다. 암술은 1개이나 암술머리는 끝이 2갈래로 갈라진다. 열매는 삭과다. 잎이 고춧잎을 닮아서 이 같이 불리며 어린 잎은 식용으로 쓰인다. 개절초나무, 미영꽃나무, 매대나무라고도 한다. 정원수로도 심는다.

과명 고추나무과

학명 *Euscaphis japonica* (Thunb.) Kanitz 개화기 5월

말오줌때

남쪽 해안과 섬에서 자라는 낙엽관목으로 높이는 5~6m다. 가지는 굵으며 털이 없고 녹갈색이며 둥글다. 수피는 회갈색이거나 흑갈색으로 가지를 꺾으면 악취가 난다. 잎은 마주나고 홀수 1회 깃꼴겹잎이다. 작은잎은 5~11개이며 바소꼴의 달걀모양이거나 달걀모양이고 가장자리에 톱니가 있다. 표면은 짙은 녹색으로 털이 없다. 꽃은 노란색으로 원추꽃차례로 달린다. 꽃받침과 꽃잎은 각각 5개이고 3개의 수술과 2개의 암술대가 있다. 열매는 골돌과다. 칠선주나무, 나도딱총나무라고도 한다. 어린 순은 식용으로 쓰인다.

부게꽃나무

과명 단풍나무과
학명 *Acer ukurunduense* Trautv. et Meyer. 개화기 6월

높은 산 숲 속에 자라는 낙엽관목으로 높이는 5~15m다. 수피가 연한 갈색이며 어린 가지는 노란색 또는 붉은색이고 털이 있다. 잎은 마주나며 손바닥 모양으로 5~7갈래로 갈라지고 밑이 심장 모양이다. 잎 뒷면은 흰색을 띠고 잎맥에 털이 밀생한다. 잎자루는 붉은빛이 돌고 잔털이 있다. 꽃은 노란색으로 가지 끝에서 총상꽃차례에 20여 개가 달린다. 꽃잎은 수술보다 짧다. 열매는 시과다. 유사종으로 성숙한 잎의 뒷면에 털이 없는 청부게꽃나무가 있다.

과명 단풍나무과 학명 *Acer palmatum* Thunb. 개화기 5월

단풍나무

산지 계곡 주변에 자라는 낙엽교목으로 높이가 10m에 달한다. 어린 가지는 털이 없으며 적갈색이다. 잎은 마주나며 손바닥 모양이고 5~7갈래로 깊게 갈라진다. 갈라진 조각은 넓은 바소 모양이고 끝이 뾰족하며 가장자리에 겹톱니가 있다. 잎자루는 붉은 색을 띤다. 꽃은 검붉은색으로 산방꽃차례로 달린다. 열매는 날개가 달린 시과로 날개는 장타원형으로 날카롭게 또는 둔하게 벌어져 가을바람에 프로펠라처럼 돌면서 멀리 날아간다. 관상용으로 심으며 한방에서 뿌리 껍질과 가지를 계조축이라는 약재로 쓴다.

모감주나무

과명 무환자나무과

학명 *Koelreuteria paniculata* Laxm. 개화기 7월

중부 이남의 해안가 산지에서 자라는 낙엽소교목으로 높이는 8~10m다. 수피는 회갈색으로 노목은 세로로 갈라지며 벗겨진다. 잎은 어긋나며 1회 깃꼴겹잎이고 작은잎은 달걀 모양이며 가장자리는 깊이 패어 들어간 모양으로 갈라진다. 꽃은 노란색이지만 밑동은 붉은색으로 원추꽃차례로 달린다. 꽃잎은 4개가 모두 위를 향하므로 한쪽에는 없는 것 같다. 열매는 삭과다. 염주나무라고도 하는데 그 이유는 종자로 염주를 만들었기 때문이다. 완도 대문리 모감주나무 군락은 천연기념물 제428호로 지정돼 있다.

과명 나도밤나무과

학명 *Meliosma myriantha* S. et Z. 개화기 6월

나도밤나무

바닷가 산기슭에 자라는 낙엽소교목으로 높이는 10m에 달한다. 어린 가지에 갈색 털이 난다. 잎은 어긋나고 타원 모양이거나 거꾸로 세운 달걀모양의 긴 타원형이며 끝이 뾰족하고 밑은 둥글거나 쐐기 모양이다. 가장자리에 예리한 잔 톱니가 규칙적으로 있으며 양면에 털이 있고 뒷면의 털은 검은빛을 띤 갈색이다. 잎의 측맥은 20~27쌍이다. 꽃은 흰색으로 가지 끝에서 나온 원추꽃차례에 달린다. 꽃잎 5장 중에서 3장은 원형이며 나머지는 선형이다. 열매는 핵과로 둥글며 붉게 익는다. 정원수로 심는다.

노랑물봉선화

과명 봉선화과 학명 *Impatiens nolitangere* L. 개화기 8~9월

산지 계곡에서 자라는 한해살이풀로 높이는 50cm 정도다. 육질이며 줄기는 물기가 많고 곧게 서며 가지를 치고 특히 마디가 두드러지고 털이 없다. 잎은 어긋나고 잎자루가 있으며 타원형이며 가장자리에 둔한 톱니가 있다. 꽃은 연한 노란색으로 총상꽃차례를 이루고 꽃자루가 길다. 꽃대는 가늘고 아래로 늘어진다. 포는 선형이고 꿀주머니는 밑으로 굽는다. 수술은 5개로 꽃밥이 붙고 암술은 1개이다. 열매는 삭과다. 수금봉, 휘채화, 노랑물봉숭아, 노랑물봉선, 급성자라도도 불린다. 염료 재료로 쓰이며 유독성식물이다.

과명 봉선화과 학명 *Impatiens textori* Miq. 개화기 8~9월

물봉선

산지 계곡에서 자라는 한해살이풀로 높이는 50cm에 달한다. 털이 없으며 부드럽고 원줄기는 곧게 자란다. 가지가 갈라지고 육질이며 붉은빛이 돌고 마디가 튀어나온다. 잎은 어긋나고 잎자루가 있으며 타원형으로 가장자리에 둔한 톱니가 있다. 잎 뒷면은 백색이 돌며 약간 뽀얗고 막질이다. 꽃은 홍자색으로 총상꽃차례를 이루고 꽃자루가 길다. 꽃대는 가늘고 아래로 늘어진다. 포는 선형이고 꿀주머니는 밑으로 굽는다. 물봉숭아, 물봉숭, 털물봉숭, 휘채화, 야봉선 등의 속명을 갖고 있다. 염료와 약재로 쓰이지만 유독성 식물이다.

흰물봉선

과명 봉선화과

학명 *Impatiens textori* var. *koreana* Nakai 개화기 8~9월

깊은 산골짜기 주변의 물이 있고 습기가 있는 곳에서 자라는 한해살이풀로 높이는 40~70cm다. 곧게 서며 줄기는 육질이며 보통 붉은 색을 띠고 털이 없고 줄기 마디가 통통하게 튀어나와 있다. 잎은 어긋나고 넓은 바소꼴이나 달걀모양을 하고 있으며 잎 가장자리에는 예리한 톱니가 있으며 잎자루가 있다. 꽃은 흰색으로 가지 윗부분의 작은 꽃자루에 총상꽃차례로 달리며 꽃잎에는 붉은색 점이 많고 꿀주머니는 밑으로 굽는다. 과실은 삭과로 익으면 터진다. 흰물봉승, 흰물봉숭아라고도 불린다.

과명 갈매나무과

학명 *Sagaretia theazans* Brongn. 개화기 10~11월

상동나무

남쪽 섬이나 해안가 산기슭에 자라는 낙엽 또는 반상록관목으로 높이가 2m에 이른다. 줄기는 비스듬히 눕거나 다른 물체를 타고 올라가며 가지 끝이 가시로 된다. 잎은 어긋나고 일부가 겨울을 나며 달걀모양이거나 넓은 달걀모양이고 끝이 둔하며 밑 부분이 둥글고 가장자리에는 잔 톱니가 있다. 잎 표면에 광택이 있고 뒷면 맥 위와 잎자루에 잔털이 있다. 꽃은 노란색으로 잎겨드랑이에서 이삭꽃차례로 달린다. 꽃잎과 꽃받침잎은 5장씩이다. 열매는 핵과로 둥글며 검게 익는다. 열매는 식용으로 쓰인다.

왕머루

과명 포도과 학명 *Vitis amurensis* Rupr. 개화기 6월

산지 계곡에서 자라는 낙엽덩굴식물로 길이가 10m에 달한다. 잔가지에는 뚜렷하지 않는 능선이 있으며 붉은색이고 솜털로 덮여있다가 점차 없어진다. 끝이 뾰족하고 아래가 심장 모양인 넓은 달걀모양이고 가장자리에 날카로운 톱니가 있으며 크면서 3~5갈래로 얕게 갈라진다. 잎과 마주나는 덩굴손으로 다른 나무를 감아 올라간다. 꽃은 노란색으로 잎과 마주나는 원추꽃차례로 피며 꽃받침은 둥글고 꽃잎은 5개로 끝이 서로 붙어있다. 암꽃과 수꽃이 다른 나무에 핀다. 열매는 장과로 식용으로 쓰인다.

과명 포도과
학명 *Vitis thunbergii* var. *sinuata* (Regel) Rehder 개화기 7월

까마귀머루

산과 들의 양지에서 자라는 낙엽덩굴식물로 길이 2m에 달한다. 덩굴손으로 다른 나무를 감고 올라가거나 땅위로 뻗어 간다. 어린 줄기는 적갈색 솜털로 덮여 있다. 잎은 어긋나고 둥글며 3~5갈래로 깊게 갈라지고 갈라진 조각은 다시 얕게 갈라진다. 앞면에는 털이 없으나 뒷면에 잿빛을 띤 갈색 솜털이 많이 난다. 꽃은 연한 노란색 잡성화로 잎과 마주나는 원추꽃차례로 핀다. 꽃자루에서 덩굴손이 발달한다. 열매는 장과이고 자주색으로 익으며 식용으로 쓰인다. 모래나무, 산멀구, 새멀구, 가마귀머루라고도 한다.

개머루

과명 포도과

학명 *Ampelopsis brevipedunculata var. heterophylla* (Thunb.) Hara 개화기 **6~7월**

산과 들에서 자라는 낙엽덩굴식물로 길이가 7~10cm다. 나무껍질은 갈색이며 털이 없고 길게 벋으며 마디가 굵다. 잎은 어긋나고 3~5개로 갈라진다. 갈라진 조각에 톱니가 있고 앞면에는 털이 없으나 뒷면에는 잔털이 난다. 잎자루는 길이 7cm 정도이고 덩굴손과 마주난다. 꽃은 녹색으로 취산꽃차례로 달리며 양성화로 잔꽃이 많이 달리며 잎과 마주난다. 열매는 장과로 둥글다. 개머루라는 이름은 먹을 수 없는 머루라는 뜻으로 돌머루라고도 한다. 조경용이나 관상용으로 울타리에 심기도 한다.

과명 포도과

학명 *Parthenocissus tricuspidata* (S. et Z.) Planch. 개화기 6~7월

담쟁이덩굴

돌담이나 바위 또는 나무줄기에 붙어서 자라는 낙엽덩굴식물로 줄기는 10m이상 벋는다. 가지가 많이 갈라진다. 잎과 마주하여 나는 덩굴손은 둥근 흡착근이 있어 담벽이나 암벽에 잘 붙고 한번 붙으면 잘 떨어지지 않는다. 잎은 어긋나고 넓은 달걀모양이다. 잎 끝은 뾰족하고 3개로 갈라지며 밑은 심장 밑 모양이고 가장자리에 불규칙한 톱니가 있다. 꽃은 황록색으로 양성화이고 가지 끝이나 잎겨드랑이에서 나온 꽃대에 취산꽃차례를 이룬다. 열매는 둥근 장과로 검게 익는다. 지금상춘등이라고도 하며 약재로 쓰인다.

장구밥나무

과명 피나무과

학명 *Grewia biloba var. parviflora* (Bunge) Hand.-Maxx. 개화기 7월

서남쪽 해안의 산기슭이나 섬에서 자라는 낙엽관목으로 높이는 2m에 달한다. 어린 가지에 털이 많다. 잎은 어긋나고 달걀모양이거나 넓은 타원 모양이다. 끝은 점차 뾰족해지고 밑은 둥글다. 가장자리에 불규칙한 겹톱니가 있거나 얕게 3갈래로 갈라진다. 잎자루에 털이 있다. 꽃은 연한 노란색으로 잎겨드랑이에 취산꽃차례나 산형꽃차례로 5-8개씩 달린다. 열매는 장과다. 장구모양으로 열매 두 개가 붙어 있는 것처럼 보여 이같은 이름으로 불린다. 잘먹기나무라고도 한다. 열매를 식용하고 관상수로 심는다.

과명 아욱과 학명 *Malva verticillata* L. 개화기 3~10월

아욱

식용으로 재배했으나 저절로 자라는 한해 또는 두해살이풀이다. 줄기는 곧게 자라거나 약간 누워 자라며 간혹 가지가 갈라진다. 잎은 어긋나고 잎자루는 길며 잎몸은 둥글고 5~7갈래로 얕게 갈라진다. 갈래조각 끝은 둥글고 가장자리는 둥근 톱니 모양이다. 꽃은 연한 분홍색으로 잎겨드랑이에서 여러 개가 뭉쳐서 달린다. 봄부터 가을까지 꽃이 핀다. 열매는 분과다. 잎과 어린 순을 식용하며 뿌리와 열매를 약용으로 쓰인다. 한방에서 종자를 동규자라 하며 약재나 차로 쓰인다.

당아욱

과명 아욱과
학명 *Malva sinensis var. mauritiana* Mill. 개화기 5~6월

관상용으로 심었던 것이 자생한 두해살이풀로 높이는 60~90cm다. 줄기에는 털이 거의 없다. 잎은 어긋나고 잎자루가 길며 둥근 모양으로 5~9개로 갈라지며 가장자리에 작은 톱니가 있다. 잎의 밑은 심장 모양이다. 꽃은 연한 자주색 바탕에 진한 자주색 맥이 있는 모양으로 잎겨드랑이에 소화경이 있는 꽃이 모여 피며 밑에서부터 피어 올라간다. 꽃받침은 녹색이고 5개로 갈라진다. 하나로 뭉친 수술은 꽃의 중앙부에 서며 암술대는 실처럼 가늘고 짧다. 열매는 삭과다. 한방에서 잎과 줄기는 금규라는 약재로 쓰인다.

과명 아욱과 학명 *Hibiscus hamabo* S. et Z. 개화기 7~8월

황근

제주도와 전남의 일부 섬에서 자라는 낙엽반관목으로 높이는 1m 내외다. 잔가지, 잎, 턱잎의 뒷면, 포나 꽃받침에 털이 빽빽하다. 수피는 옅은 회갈색이다. 잎은 어긋나고 달걀을 거꾸로 세운 모양의 원형이며 가장자리에 잔 톱니가 있다. 앞면에 털이 있고 뒷면에는 회백색 털이 있다. 꽃은 노란색으로 끝의 잎겨드랑이에 달리며 안쪽 밑부분은 짙은 붉은색이다. 5개의 꽃받침조각과 5개의 꽃잎을 가지고 수술은 많고 암술대는 5개이며 암술머리는 짙은 자주색이다. 열매는 삭과이며 달걀모양으로 뾰족하다.

전라도
야생화

수까치깨

과명 벽오동과

학명 *Corchoropsis tomentosa* (Thunb.) Makino 개화기 8~9월

산과 들의 풀밭에서 자라는 한해살이풀로 높이는 30~90cm다. 줄기는 곧게 서며 전체에 털이 나 있고 가지가 갈라진다. 잎은 어긋나고 달걀모양으로 끝이 뾰족하며 밑부분이 둥글다. 잎 가장자리에 둔한 톱니가 있고 양면에 털이 나 있으며 잎자루에는 털이 있다. 꽃은 노란색으로 잎겨드랑이에 1개씩 달려 위를 향해 핀다. 작은 포는 줄 모양이고 곧게 서며 작은꽃자루와 함께 털이 있다. 꽃받침조각과 꽃잎은 각각 5개씩이다. 열매는 삭과다. 야화생, 전마, 모과전마 등의 속명으로 불린다. 관상용으로 심는다.

과명 차나무과

학명 *Stewartia pseudocamellia* Maxim 개화기 6~7월

노각나무

산 중턱 이상에서 자라는 낙엽교목으로 높이는 7~15m다. 나무껍질은 흑적갈색으로 큰 조각으로 벗겨져 오래 될수록 미끈해진다. 잎은 어긋나고 타원형 또는 넓은 타원형이며 가장자리에 얕은 톱니가 있다. 가장자리에 물결 모양의 톱니가 있다. 잎의 표면에 명주실 같은 털이 있으나 없어지며 뒷면에 잔털이 있다. 꽃은 흰색으로 새 가지의 잎겨드랑이에 양성화로 1개씩 달린다. 꽃잎은 거꾸로 된 달걀 모양으로 가장자리에 물결 모양의 톱니가 있다. 열매는 삭과다. 관상용으로 심는다.

전라도 야생화

차나무

과명 차나무과 학명 *Thea sinensis* L. 개화기 10~11월

남부지방의 산기슭이나 민가 근처에 심거나 야생하는 상록관목으로 높이는 1~2m다. 줄기는 가지가 많이 갈라지며 1년차는 갈색이며 잔털이 있고 2년차는 어두운 갈색이며 털이 없다. 잎은 어긋나며 단단하고 약간 두꺼우며 표면에 광택이 있다. 긴 타원모양의 바소꼴로 가장자리에 잔 톱니가 있다. 잎 앞면은 짙은 녹색이고 윤이 나며 뒷면은 회색이 도는 녹색이다. 잎맥이 튀어 나온다. 꽃은 흰색으로 가지 끝과 잎겨드랑이에서 1~3개씩 달린다. 열매는 삭과로 둥글납작하다. 어린 잎을 차로 만들고 열매는 기름을 짜 약용으로 쓰인다.

과명 차나무과

학명 *Camellia japonica* L. 개화기 12월~이듬해 4월

동백나무

북한계선은 고창 선운사로 남해안 바닷가와 섬에서 자라는 상록소교목으로 높이는 15m에 달한다. 밑에서 가지가 갈라져서 관목으로 되는 것이 많다. 잎은 어긋나고 표면은 짙은 녹색이며 광택이 나고 뒷면은 황록색이며 타원형이다. 잎가장자리에 물결 모양의 잔 톱니가 있고 털이 없다. 꽃은 붉은색으로 잎에 붙어 있거나 줄기의 끝이나 꼭대기에 핀다. 암술과 수술이 같이 있다. 꽃잎은 5~7개가 밑에서 합쳐져서 나팔모양으로 퍼진다. 열매는 삭과로 둥글다. 관상용으로 심으며 종자는 약용으로 쓰인다.

흰동백나무

과명 차나무과

학명 *Camellia japonica f. albipetala* H.D.Chang 개화기 12월~이듬해 4월

꽃색깔을 제외하고는 동백나무와 같다. 북한계선은 고창 선운사로 남해안 바닷가와 섬에서 자라는 상록소교목으로 높이는 15m에 달한다. 밑에서 가지가 갈라져서 관목으로 되는 것이 많다. 잎은 어긋나고 표면은 짙은 녹색이며 광택이 나고 뒷면은 황록색이며 타원형이다. 잎가장자리에 물결 모양의 잔 톱니가 있고 털이 없다. 꽃은 흰색으로 잎에 붙어 있거나 줄기의 끝이나 꼭대기에 핀다. 암술과 수술이 같이 있다. 꽃잎은 5~7개가 밑에서 합쳐져서 나팔모양으로 퍼진다. 열매는 삭과로 둥글다. 관상용으로 심으며 종자는 약용으로 쓰인다.

과명 차나무과 학명 *Eurya japonica* Thunb. 개화기 5~6월

사스레피나무

해안가나 섬에서 자라는 상록관목으로 높이는 1m다. 수피는 흑빛을 띤 갈색이고 잎은 두줄로 어긋난다. 어린 가지와 잎에 털이 없다. 잎은 어긋나고 혁질이며 타원형이거나 긴 타원 모양 넓은 바소꼴이다. 위를 향한 둔한 톱니가 있다. 잎의 앞면은 윤택이 나고 진한 녹색을 띠며 뒷면은 노란빛을 띤 녹색으로 잎자루가 있다. 꽃은 연한 노란빛을 띤 흰색으로 지난해 가지의 잎겨드랑이에 달린다. 열매는 핵과로 검게 익으며 둥근모양이다. 관상용이나 산울타리용으로 쓰인다. 유사종으로 섬사스레피, 떡사스레피가 있다.

우묵사스레피

과명 차나무과

학명 *Eurya emarginata* (Thunb.) Makino 개화기 6월

남부지방 해안가와 섬에서 자라는 상록관목으로 높이는 2~3m다. 수피는 회색을 띤 흰색으로 잔가지는 옅은 노란색을 띤 갈색의 털이 밀생한다. 잎은 어긋나고 2줄로 배열되며 끝이 오목하고 좁은 거꾸로 된 달걀모양이다. 표면은 짙은 녹색이고 뒷면은 연한 녹색이며 가장자리가 뒤로 젖혀지고 물결형의 둔한 톱니가 있다. 꽃은 암수딴그루로 녹색을 띤 흰색으로 잎겨드랑이에 밑을 향해 1~3개씩 달린다. 가장자리가 막질이며 꽃잎은 달걀모양이다. 열매는 장과다. 섬쥐똥나무, 개사스레피나무라고도 한다. 정원수로 심는다.

전라도
야생화

과명 물레나물과 학명 *Hypericum ascyron* L. 개화기 6~8월

물레나물

산기슭이나 풀밭에서 자라는 여러해살이풀로 높이는 50~100cm다. 줄기는 네모지며 곧게 서고 윗부분이 녹색이고 밑부분이 목질로 되며 연한 갈색이고 가지가 갈라진다. 잎은 마주나고 바소꼴이며 잎 끝은 뾰족하고 밑은 심장 모양으로 되어 줄기를 감싼다. 꽃은 노란색 바탕에 약간 붉은 빛이 돌며 취산꽃차례를 이뤄 가지 끝에 큰 꽃이 달린다. 한쪽 방향으로 굽어 바람개비 모양이다. 열매는 삭과다. 매대체, 물레나무, 황해당, 대금작, 금사조, 금사호접, 연교 등의 속명을 갖고 있다. 관상용으로 심으며 약용으로 쓰인다.

전라도 야생화

고추나물

과명 물레나물과

학명 *Hypericum erectum* Thunb. 개화기 7~8월

산과 들의 약간 습한 곳에서 자라는 여러해살이풀로 높이는 20~60cm다. 원줄기는 둥글고 곧게 서며 가지가 갈라진다. 잎은 마주나고 잎자루가 없으며 밑 부분이 서로 접근하여 원줄기를 감싸고 검은 점이 흩어져 있다. 잎 가장자리가 밋밋하고 바소꼴 또는 긴 달걀모양이다. 꽃은 노란색으로 취산꽃차례를 이루어 가지 끝에서 뭉쳐서 달린다. 꽃잎은 타원형으로 5개이며 꽃받침잎은 바소꼴의 타원형으로 5개이다. 암술대는 3개이다. 열매는 삭과다. 어린 잎은 나물로 먹으며 풀 전체는 약재로 쓰인다.

전라도
야생화

과명 제비꽃과

학명 *Viola dissecta* var. *chaerophylloides* (Regel) W. Becker 개화기 4~5월

남산제비꽃

산과 들의 반음지에서 자라는 여러해살이풀로 높이는 10~15㎝다. 잎이 완전히 3개로 갈라지고 옆쪽 잎이 다시 2개씩 갈라져 마치 5개로 보인다. 턱잎은 줄 모양으로 넓으며 밑부분이 잎자루에 붙는다. 꽃은 흰색으로 잎 사이에서 꽃줄기가 나와 1개씩 달린다. 꽃잎 안쪽에 자주색 맥이 있다. 꽃받침잎은 바소 모양이고 그 끝이 뾰족하다. 꿀주머니는 원기둥 모양이고 약간 길며 열매는 삭과로 털이 없고 타원형이다. 주로 관상용으로 심으며 어린 순은 나물로 먹는다. 약재로 쓰인다.

알록제비꽃

과명 제비꽃과 학명 *Viola variegata* Fisch. 개화기 5월

낮은 야산의 양지에서 자라는 여러해살이풀로 높이는 6cm 정도다. 원줄기가 없고 뿌리에서 잎이 나온다. 잎은 길이 3~5cm로 넓은 달걀 모양이거나 심장 모양이다. 표면은 짙은 녹색이고 잎맥을 따라 흰색무늬가 있으며 뒷면은 자주색이다. 잎이 두껍고 양면에 털이 약간 있으며 가장자리에 둔한 톱니가 있다. 꽃은 자주색으로 잎 사이에서 나온 긴 꽃줄기 끝에 하나씩 핀다. 열매는 삭과(果)이다. 주로 관상용으로 심는다. 얼룩오랑캐라고도 부른다.

과명 제비꽃과
학명 *Viola phalacrocarpa* Maxim 개화기 4~5월

털제비꽃

산지의 약간 습한 곳이나 양지에서 자라는 여러해살이풀로 높이 12cm다. 뿌리줄기는 짧고 전체에 잔털이 난다. 잎은 무더기로 나고 흰털이 많으며 긴 달걀모양이다. 잎 밑은 심장 모양이고 가장자리에 둔한 톱니가 있다. 꽃은 붉은빛을 띤 자주색으로 잎 사이에서 길이 5~10cm의 꽃줄기가 나와 1송이씩 달린다. 수술은 5개이며 꽃받침의 부속체는 삼각이거나 사각 모양이고 뾰족한 톱니가 있고 측판 기부에 털이 있다. 열매는 삭과다. 유사종으로 전체에 털이 없는 것을 민둥제비꽃이 있다.

태백제비꽃

과명 제비꽃과 학명 *Viola albida* Palibin 개화기 4~5월

산지에서 자라는 여러해살이풀로 높이는 약 25cm다. 뿌리가 여러 갈래로 갈라지고 뿌리에서 잎이 뭉쳐나며 잎자루가 길다. 잎은 달걀모양 삼각 모양이거나 긴 달걀모양이며 끝이 뾰족하고 밑은 심장 모양이며 가장자리에 안으로 휜 톱니가 있다. 날개 모양의 턱잎이 나며 잎자루는 길다. 꽃은 흰색으로 향기가 있고 잎 사이에서 나온 꽃자루에 1송이씩 달린다. 꽃받침은 5갈래로 갈라지고 꽃잎은 5장으로서 달걀모양이다. 측판 안쪽에 털이 나고 꿀주머니는 원기둥 모양이다. 열매는 삭과다. 관상용으로 심으며 잎은 약재로 쓰인다.

과명 제비꽃과 학명 *Viola lactiflora* Nakai 개화기 4~5월

흰젖제비꽃

논·밭둑이나 풀밭 등과 같이 햇볕이 잘 드는 곳에 자라는 여러해살이풀로 높이는 10~18cm다. 원줄기는 없고 뿌리는 흰색이다. 잎은 뿌리에서 모여 나고 삼각상 바소꼴이거나 삼각상 긴 타원형이며 끝은 둔하다. 가장자리에 얕고 둔한 톱니가 있으며 원자루에 날개가 없다. 꽃은 흰색으로 잎 사이에서 잎보다 긴 꽃자루가 나와 1개씩 달린다. 꽃잎 안쪽에 털이 있으며 잎자루에 날개가 거의 없다. 꽃받침 조각은 바소꼴 또는 넓은 바소꼴이고 측판 안쪽에 털이 있다. 열매는 삭과로 장타원형이다.

흰제비꽃

과명 제비꽃과 학명 *Viola patrini* DC. 개화기 4~6월

산과 들에 자라는 여러해살이풀로 높이는 7~16cm다. 원줄기는 없으며 잎은 끝이 둔한 삼각상 바소꼴이거나 긴 타원상 넓은 바소꼴로 가장자리에 옅은 톱니가 있으며 잎자루에 날개가 있다. 꽃은 흰색에 옅은 자주색 줄을 띠며 꽃받침잎은 끝이 뾰족한 바소꼴로 부속체에 톱니가 있다. 꽃잎의 안쪽 양면에 털이 있으며 뿌리는 갈색이다. 열매는 삭과로 털이 없다. 흰젖제비꽃이나 제비꽃의 흰색 변품종으로 나타나기도 한다. 흰젖제비꽃보다 더 드물게 발견된다.

과명 제비꽃과
학명 *Viola mandshurica* W. Becker 개화기 3~5월

제비꽃

산과 들, 길가에서 자라는 여러해살이풀로 높이는 15cm다. 원줄기가 없고 뿌리에서 긴 잎자루가 있는 잎이 돋는다. 잎은 긴 타원형 바소꼴이며 끝이 둔하고 가장자리에 둔한 톱니가 있다. 꽃이 진 다음 잎은 넓은 삼각형 바소꼴로 되고 잎자루의 윗부분에 날개가 자란다. 꽃은 보라색 또는 짙은 자색으로 잎 사이에서 꽃줄기가 자라서 끝에 1개씩 옆을 향하여 달린다. 장수꽃, 병아리꽃, 오랑캐꽃, 씨름꽃, 앉은뱅이꽃이라고도 한다. 열매는 삭과로서 6월에 익는다. 어린 순은 나물로 먹는다. 풀 전체가 약재로 쓰인다.

졸방제비꽃

과명 제비꽃과 학명 *Viola acuminata* Ledeb. 개화기 5~6월

산지에서 자라는 여러해살이풀로 높이는 20~40cm다. 무더기로 자라고 줄기는 곧게 서거나 약간 기울어 자라며 전체에 털이 약간 있다. 잎은 어긋나고 삼각상 심장 모양으로 가장자리에 톱니가 나 있으며 잎끝이 뾰족하고 턱잎에 빗살 같은 톱니가 있다. 꽃은 흰색이거나 연한 자줏빛으로 원줄기 윗부분의 잎자루에서 옆을 향해 달린다. 꽃잎은 측편 안쪽에 털이 있다. 꿀주머니는 둥근 주머니 모양이다. 열매는 삭과로 달걀 모양이다. 어린 순은 나물로 먹는다.

콩제비꽃

과명 제비꽃과 학명 *Viola varecunda* A. Gray 개화기 4~5월

산이나 들의 습한 곳에서 자라는 여러해살이풀로 높이는 5~20cm다. 털이 없으며 밑 부분에서 줄기가 뻗어 땅위로 퍼져 나간다. 잎은 달걀모양이고 끝이 둔하거나 둥글고 밑 부분이 심장 모양이며 가장자리에 둔한 톱니가 있다. 꽃은 흰색으로 원줄기 윗부분의 잎겨드랑이에서 나오는 긴 꽃줄기에 1개씩 달린다. 입술꽃잎에는 자주색 줄이 있다. 열매는 삭과이고 긴 달걀모양이다. 조갑지나물, 여의초로도 불린다. 어린 순은 나물로 먹으며 관상용으로 심으며 약용으로도 쓰인다.

노랑제비꽃

과명 제비꽃과 학명 *Viola orientalis* W. Becker 개화기 4~5월

산의 풀밭에서 자라는 여러해살이풀로 높이는 10~20cm다. 땅속줄기는 곧추 서고 빽빽이 난다. 잎을 제외하고는 털이 거의 없거나 잔 털이 약간 난다. 뿌리잎은 2~3장으로 심장 모양이며 가장자리는 잔 톱니모양이다. 잎자루는 갈색이며 광택이 있다. 줄기 잎은 잎자루가 없고 마주나며 앞면은 윤이 난다. 꽃은 노란색으로 꽃줄기 끝에 1개씩 달린다. 꽃잎은 5장이고 길다. 열매는 삭과로 달걀모양 타원형이다. 노랑오랑캐, 소근채라고도 불린다. 어린 잎은 나물로 먹으며 관상용으로 심는다.

과명 선인장과

학명 *Opuntia ficus-indica* var. *saboten* Makino 개화기 월

선인장

열대지방 원산으로 제주도와 남부지방의 바닷가와 섬에서 저절로 자라는 여러해살이풀로 줄기의 높이는 1~2m다. 넓고 납작한 가지가 여러 개 연결되어 있다. 가지는 긴 타원형으로 손바닥 모양이며 두꺼운 다육질이고 짙은 녹색이다. 겉에 길이 1~3cm의 가시가 2~5개씩 모여 난다. 가시 옆에는 갈색 털이 난다. 꽃은 노란색으로 피며 가지의 가장자리에 달린다. 열매는 작은 무화과 열매처럼 생겼으며 이듬해 봄에 붉은색으로 익고 겉에 털 같은 가시가 있다. 손바닥선인장으로 부르기도 한다. 재배하기도 하며 약용으로 쓰인다.

새박

과명 박과 학명 *Melothria japonica* Maxim. 개화기 7~8월

습지 근처의 풀밭에서 자라는 덩굴성 한해살이풀로 줄기는 아주 가늘고 잎과 대생하는 덩굴손으로 감아 올라간다. 잎은 어긋나고 세모진 심장 모양이며 끝이 뾰족하고 가장자리에 크고 작은 톱니가 있으며 잎자루가 길다. 꽃은 흰색으로 단성화이고 암수 한그루로 암꽃과 수꽃이 잎겨드랑이에 각각 1개씩 달린다. 꽃받침은 끝이 5개로 갈라지고 갈라진 조각은 줄 모양이며 꽃부리는 5개로 깊이 갈라진다. 수꽃은 3개의 수술이 있고 암꽃은 1개의 짧은 암술이 있으며 암술머리가 2개로 갈라진다. 관절염 등 약재로 쓰인다.

과명 박과 학명 *Actinostemma lobatum* Maxim 개화기 8~9월

뚜껑덩굴

도랑이나 물가에서 자라는 덩굴성 한해살이풀로 길이가 2m에 달한다. 줄기는 가늘고 길이가 2m에 달하며 짧은 털이 있고 덩굴손으로 다른 물체를 감으면서 기어올라간다. 잎은 덩굴손과 마주나고 가장자리에 낮은 톱니가 있다. 잎의 밑 부분은 심장 모양이고 끝 부분은 뾰족하며 윗면은 짙은 녹색이고 털이 있다. 꽃은 노란색으로 암수 한그루이며 수꽃은 잎겨드랑이에 총상원추꽃차례를 이룬다. 암꽃은 수꽃 밑에 1송이씩 달린다. 열매는 개과이고 달걀모양이다. 열매가 뚜껑처럼 갈라지기 때문에 뚜껑덩굴이라 부른다.

하늘타리

과명 박과 학명 *Trichosanthes kirilowii* Maxim 개화기 7~8월

산기슭이나 숲 속, 울타리, 담장 등에서 자라는 덩굴성 여러해살이풀로 길이는 2~5m다. 잎과 대생하는 덩굴손이 다른 물체를 감아 올라간다. 고구마 같은 큰 덩이뿌리가 있다. 잎은 어긋나며 단풍잎처럼 5~7개로 갈라지며 갈래조각에 톱니가 있고 밑은 심장 모양이다. 꽃은 흰색으로 잎겨드랑이에서 자란 꽃자루 끝에 1개씩 위를 향해 달린다. 개수박, 하늘수박, 쥐참외, 괄루, 과루등, 천선지루라고도 한다. 뿌리는 왕과근이라하며 식용이나 약으로 쓰인다.

팥꽃나무

과명 팥꽃나무과 학명 *Daphne genkwa S. et Z.* 개화기 3~5월

서해안 바닷가 근처 산이나 들에 나는 낙엽관목으로 1m에 달한다. 잔가지는 짙은 갈색이며 누운 털이 있다. 잎은 마주나지만 때로는 어긋나게 달리고 긴 타원형 또는 거꾸로 선 바소꼴로 뒷면에 털이 있으며 가장자리가 밋밋하다. 꽃은 연한 자주색이고 잎보다 먼저 핀다. 지난해 가지 끝에 3~7송이씩 산형으로 핀다. 열매는 장과다. 꽃봉오리가 팥알같다하여 붙여진 이름으로 개화기에 조기가 잘 잡혀서 조기꽃나무라고도 불린다. 이밖에 이팥나무라고도도 불린다. 최근에 관상용으로 심는다. 약용으로도 쓰인다.

서향

과명 팥꽃나무과 학명 *Daphne odora* Thunb. 개화기 3~4월

중국이 원산지로 남부지방에서 자라는 상록관목으로 높이는 1~2m다. 줄기는 곧게 서고 가지가 많이 갈라지며 튼튼한 갈색 섬유가 있다. 잎은 어긋나고 타원 모양이거나 타원 모양의 바소꼴이며 양끝이 좁고 가장자리가 밋밋하다. 꽃은 바깥쪽은 붉은 자주색이며 안쪽은 흰색으로 암수딴그루이며 지난해에 나온 가지 끝에 두상꽃차례로 달린다. 꽃받침은 통 모양으로 생겼으며 끝이 4개로 갈라진다. 꽃의 향기가 강해 천리향이라고 불리기도 한다. 열매는 장과다. 관상용으로 심으며 약재로도 쓰인다.

백서향

과명 팥꽃나무과 학명 *Daphne kiusiana* Miq. 개화기 2~3월

제주도, 거제도, 우이도 등 섬이나 해안가에서 자라는 상록관목으로 높이는 1m에 달한다. 서향과 꽃의 색깔을 제외하고는 비슷하며 꽃차례를 제외하고 털이 없다. 잎은 어긋나며 타원형이거나 타원상 바소꼴이며 끝은 날카롭거나 둔하다. 톱니는 없고 광택이 난다. 꽃은 흰색으로 암수딴그루이며 가지끝에 두상꽃차례로 달린다. 꽃받침은 종모양이며 끝이 4갈래로 갈라진다. 수술은 2줄로 배열되어있고 꽃받침통에 달린다. 열매는 장과다. 흰서향나무라고도 한다. 관상용으로 심는다.

삼지닥나무

과명 팥꽃나무과

학명 *Edgeworthia papyrifera* S. et Z. 개화기 3~4월

전남과 경남에서 재배하는 낙엽관목으로 높이는 1~2m다. 가지는 굵으며 황색이며 이름처럼 흔히 3가지로 갈라진다. 잎은 어긋나고 넓은 바소꼴이거나 바소꼴이며 막질이고 양끝이 좁다. 양면에 털이 있고 표면은 밝은 녹색이며 뒷면은 흰빛이 돌고 가장자리가 밋밋하다. 꽃은 노란 색으로 잎이 나기 전에 가지 끝에 둥글게 모여서 달린다. 꽃자루가 밑으로 처진다. 꽃받침은 통 모양이고 끝이 4개로 갈라지며 겉에 흰색 잔털이 있다. 열매는 수과로 달걀모양이다. 나무 껍질은 종이를 만드는 원료로 사용하고 약용으로 쓰인다.

과명 보리수나무과

학명 *Elaeagnus multiflora* Thunb. 개화기 3~4월

뜰보리수

재배하거나 길가나 양지에서 자라는 낙엽관목으로 높이는 2m다. 어린 가지가 적갈색 비늘털로 덮여 있다. 잎은 어긋나고 긴 타원 모양이며 양끝이 좁다. 잎 표면에는 어릴 때 비늘털이 있으나 점차 없어지고 뒷면은 흰색 비늘털과 갈색 비늘털이 섞여 있다. 잎 가장자리는 밋밋하다. 꽃은 연한 노란색으로 잎겨드랑이에 1~2개씩 달린다. 흰색과 갈색 비늘털이 있다. 꽃받침통은 밑 부분이 갑자기 좁아져 씨방을 둘러싼다. 꽃받침조각은 4개다. 열매는 핵과로 붉은 색으로 익어 식용으로 쓰인다. 관상용이나 과수로 심기도 한다.

보리수나무

과명 보리수나무과

학명 *Elaeagnus umbellata* Thunb. 개화기 5~6월

산과 들에서 자라는 낙엽관목으로 높이는 3~4m다. 가지가 많이 갈라지며 흔히 가시가 있으며 어린 가지는 은백색이거나 갈색이다. 잎은 어긋나며 타원형이거나 달걀모양의 긴 타원형 표면의 털이 곧 떨어지며 뒷면에 은백색의 비늘털로 덮인다. 꽃은 흰색에서 연한 노란색으로 변하며 새 가지의 잎겨드랑이에 산형으로 달린다. 꽃받침통은 끝이 4갈래로 갈라진다. 수술은 4개이며 암술은 1개다. 열매는 장과로 둥글거나 타원형이다. 울타리, 파고라 등 관상용으로 심으며 열매는 식용이나 약용으로 쓰인다.

과명 보리수나무과

학명 *Elaeagnus glabra* Thunb. 개화기 10~12월

보리장나무

바닷가나 섬의 산기슭에 자라는 상록덩굴성식물이다. 잔가지에 갈색 비늘털이 있다. 잎은 어긋나며 긴 타원형 또는 타원모양 바소꼴로 양 끝이 좁고 가장자리는 물결 모양이며 비늘털이 있으나 앞면의 것은 없어진다. 잎자루에 비늘털이 있다. 꽃은 흰색으로 잎겨드랑이에서 여러 개가 모여 달리며 아래로 처진다. 꽃자루에 갈색 비늘털이 있다. 열매는 타원형 또는 긴 타원형으로 열매는 적갈색 비늘털로 덮이며 4~5월에 익으며 식용한다. 덩굴볼레나무라고도 한다. 유사종으로 제주도에 자생하는 좁은잎보리장나무가 있다.

보리밥나무

과명 보리수나무과

학명 *Elaeagnus macrophylla* Thunb. 개화기 9~10월

남부지방 바닷가나 섬에서 자라는 상록덩굴식물로 길이는 3~8m다. 줄기는 비스듬히 자라거나 나무를 타고 올라간다. 잔가지에 은백색이나 갈색의 비늘털이 있다. 잎은 어긋나며 가죽질이고 원형, 넓은 달걀모양이거나 넓은 타원형이다. 은백색이나 갈색의 비늘털이 있지만 꽃이 핀 다음 더 이상 자라지 않는다. 꽃은 은백색으로 잎겨드랑이에서 몇 개씩 달린다. 꽃받침은 종 모양이며 끝이 4갈래로 갈라진다. 열매는 핵과이며, 다음해 4-5월에 익으며 식용으로 쓰인다. 이 나무의 잎이 보리장나무 잎보다 더 넓은 걸로 구분이 된다.

과명 부처꽃과 학명 *Lagerstroemia indica* L. 개화기 7~9월

배롱나무

중국산 낙엽교목으로 높이는 5~6m다. 구불구불 굽어지며 자란다. 수피는 옅은 갈색으로 매끄러우며 얇게 벗겨지면서 흰색의 무늬가 생긴다. 잎은 마주나고 타원형이거나 거꾸로 세운 달걀모양이다. 표면에 광채를 띠며 털이 없고 뒷면 맥 위에 털이 듬성듬성 난다. 가장자리는 밋밋하고 잎자루는 거의 없다. 꽃은 붉은색으로 가지 끝에 달리는 원추꽃차례다. 꽃받침은 6개로 갈라지고 꽃잎도 6개이다. 열매는 삭과다. 꽃이 100일간 피기 때문에 백일홍이라고도 하며 간지럼나무라고도 한다. 관상용이나 가로수로 심는다.

부처꽃

과명 부처꽃과

학명 *Lythrum anceps* (Koehne) Makino 개화기 5~8월

산과 들의 습지나 냇가에서 자라는 한해살이풀로 높이는 약 1m 정도다. 원줄기는 육각기둥 모양으로 곧추 자라며 사각기둥형의 가지가 많이 갈라진다. 잎은 마주나고 바소꼴이며 가장자리가 밋밋하며 원줄기와 더불어 털이 없으며 잎자루도 거의 없다. 꽃은 홍자색으로 정상부 잎겨드랑이에서 3~5개 정도가 달리며 줄기를 따라 올라가며 핀다. 꽃잎은 6개로서 꽃받침통 끝에 달리며 긴 거꾸로 세운 달갈형이다. 관상용으로 쓰이며, 풀 전체는 약용으로 쓰인다. 천굴채라고도 한다. 풀 전체는 이뇨, 지사제 등으로 쓰인다.

과명 마름과 학명 *Trapa japonica* Flerov 개화기 7~8월

마름

연못 등 고여 있는 곳에서 자라는 한해살이풀로 줄기는 가늘고 길다. 뿌리가 진흙 속에 있고 원줄기는 수면까지 자라며 끝에서 많은 잎이 사방으로 펴져 수면을 덮고 물속의 마디에서 깃꼴의 뿌리가 내린다. 물위에 뜬 잎은 줄기 위쪽에 모여 난다. 공기주머니는 긴 타원형이거나 바소꼴이고 잎몸은 달걀모양의 마름모꼴이다. 잎 앞면은 윤기가 있고 뒷면은 잎줄 위에 긴 털이 많다. 꽃은 흰색으로 잎겨드랑이에서 물위로 나온 꽃자루 끝에 1개씩 핀다. 열매는 핵과로 식용한다. 잎과 줄기는 약용으로 쓰인다.

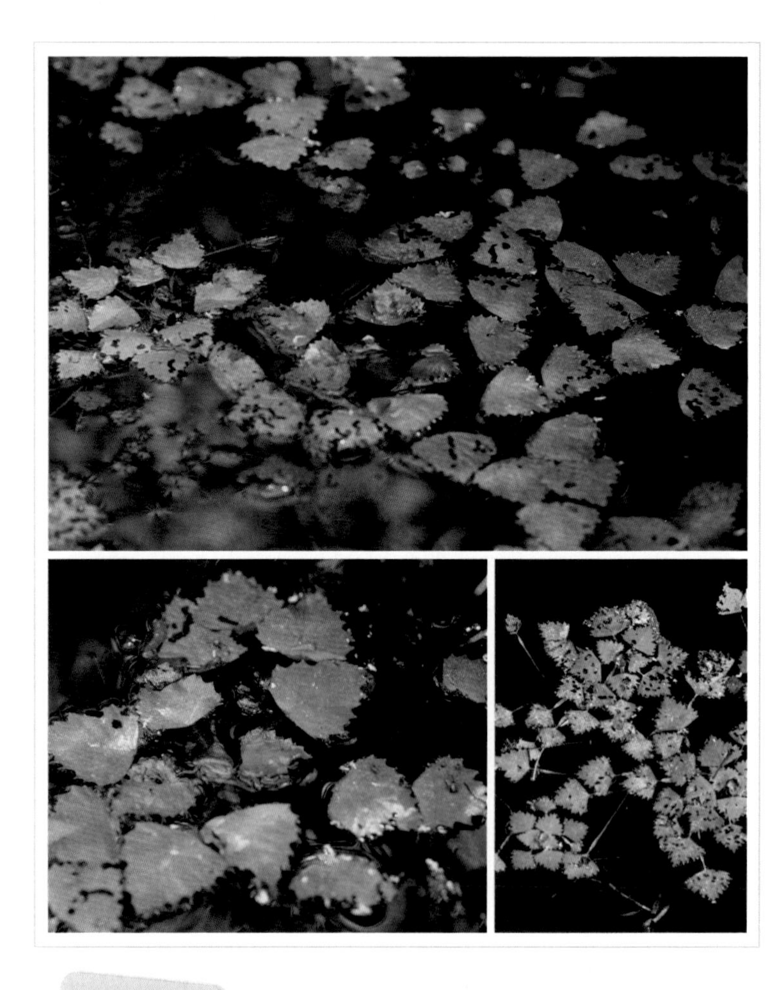

애기마름

과명 마름과 학명 *Trapa pseudoincisa* S. et Z. 개화기 7~8월

강과 저수지, 늪에 자라는 수생식물로 한해살이풀이 줄기는 물속에서 길게 자란다. 물 위에 뜨는 잎은 줄기 끝에서 로제트형으로 어긋난다. 잎몸은 마름모꼴로 끝은 뾰족하며 밑은 쐐기 모양이고 가장자리에 톱니가 있다. 윗부분에만 톱니가 있고 줄기 끝에 빽빽이 난다. 잎자루 끝에 긴 타원형의 공기주머니가 있다. 꽃은 흰색이거나 분홍색으로 잎겨드랑이에서 나온다. 꽃자루에 털이 없다. 꽃받침잎과 꽃잎은 각각 4장이다. 열매는 견과로 4개의 뿔이 발달한다. 이 풀은 마름에 비해서 잎, 꽃, 열매가 아주 작다.

쇠털이슬

과명 바늘꽃과 학명 *Circaea cordata* Royle 개화기 7~8월

산지의 숲속이나 습지에서 자라는 여러해살이풀로 높이는 40~50cm다. 뿌리줄기가 옆으로 길게 벋으며 가지가 없고 마디사이의 밑부분이 약간 굵으며 잎과 더불어 잔털이 전체에 있다. 잎은 마주나며 달걀모양 심장형이거나 넓은 달걀모양이며 가장자리에 물결 모양의 톱니가 있고 끝이 날카롭다. 잎자루에는 길고 짧은 퍼진 털이 있다. 꽃은 흰색으로 원줄기에 총상꽃차례로 달린다. 꽃차례에는 선모가 빽빽이 난다. 꽃받침조각, 꽃잎, 수술은 2개씩이다. 열매는 털이슬에 비해 전체적으로 털이 많다.

돌바늘꽃

과명 바늘꽃과
학명 *Epilobium cephalostigma* Hausskn 개화기 7~8월

산의 습지에서 자라는 여러해살이풀로 높이는 15~60cm다. 뿌리줄기는 짧으며 줄기는 곧게 서며 가지를 친다. 원줄기 밑부분에 있는 능선과 윗부분에 굽은 털이 있다. 잎은 마주나고 잎자루가 매우 짧으며 달걀모양 긴 타원형이거나 바소꼴이다. 잎 밑이 좁고 끝이 뾰족하며 가장자리에 가는 톱니가 있다. 꽃은 옅은 붉은색으로 줄기 끝 또는 잎겨드랑이에 1개가 달린다. 꽃받침조각은 4개이며 꽃잎은 4개이고 끝이 2개로 얕게 갈라진다. 열매는 삭과다. 암술머리가 바늘꽃은 방망이 모양이지만 이 꽃은 둥굴다.

과명 바늘꽃과

학명 *Epilobium pyrricholophum* Fr. et Sav. 개화기 8월

바늘꽃

산지의 습기 있는 곳이나 냇가에서 자라는 여러해살이풀로 높이는 30~90cm다. 뿌리줄기에서 원줄기가 나와 곧추 자라며 밑부분에 굽은 잔털이 있고 윗부분에 선모가 있다. 잎은 마주나지만 줄기 윗부분에서는 어긋나며 달걀모양이거나 긴 타원형으로 끝은 둔하고 밑은 둥글며 원줄기를 감싼다. 꽃은 연한 분홍색으로 줄기 윗부분의 잎겨드랑이에 1개씩 달린다. 꽃받침잎은 바소꼴이며 꽃잎은 거꾸로 세운 달걀모양이다. 열매는 삭과로 둥근 기둥 모양이다. 한방에서는 심담초라 하며 이질, 창상에 약용으로 쓰인다.

큰달맞이꽃

과명 바늘꽃과

학명 *Oenothera erythrosepala* Borbas 개화기 7월

북아메리카 원산의 귀화식물로 길가나 빈터, 밭둑 등에서 자라는 두해살이풀로 높이는 1.5m정도다. 굵고 곧은 뿌리가 있으며 곧게 자라며 뿌리잎은 땅바닥에 방석처럼 펼쳐진다. 줄기잎은 어긋나고 가장자리에 얕은 톱니가 있다. 꽃은 노란색으로 줄기 윗부분의 잎겨드랑이에서 피며 밤이나 흐린날에 피었다가 햇볕이 강해지면 진다. 꽃잎과 꽃받침은 4개이고 수술은 8개, 암술대는 4개로 갈라진다. 열매는 삭과다. 왕달맞이꽃, 깨풀이라고도 한다. 달맞이꽃과 다르게 줄기잎이 넓은 바소꼴이다. 종자와 뿌리는 약용으로 쓰인다.

과명 개미탑과 학명 *Myriophyllum verticillatum* L. 개화기 8월

물수세미

연못에 자라는 여러해살이 수초로 길이는 50cm정도다. 밑부분이 땅속으로 들어가서 뿌리줄기가 되며 위 끝이 물 위에 뜬다. 잎은 줄기의 마디마다 4개씩 돌려나고 깃처럼 깊게 갈라진다. 수중잎은 갈래조각이 털처럼 가늘며 갈색을 띤 녹색이고 공기 중의 깃조각이 넓고 짧으며 흰빛이 도는 녹색이다. 꽃은 연한 노란색으로 암수한포기로 물 밖으로 나온 줄기의 잎겨드랑이에 총상꽃차례로 달린다. 줄기 위에는 수꽃, 밑에는 암꽃이 달린다. 열매는 분과로 공모양이다.

송악

과명 두릅나무과 학명 *Hedera japonica* Bean 개화기 10월

해안가와 섬에서 자라는 상록덩굴 식물로 길이 10m 정도다. 자라는 줄기는 갈색으로 많은 공기뿌리가 나와 다른 물체에 붙는다. 어린가지는 잎과 꽃차례와 더불어 별모양의 비늘털이 있으나 잎에 난 것은 곧 없어진다. 잎은 어긋나고 가죽질로 광택이 나며 진한 녹색이다. 꽃은 황록색으로 1개 또는 여러개가 가지 끝에 취산상으로 달린다. 이듬해 4~5월에 둥글고 검은색의 열매가 익는다. 담장나무, 큰잎담장나무라고도 불린다. 지피식물 또는 관상용으로 쓰이며 줄기와 잎은 약용으로 쓰이며 소가 잘 먹기 때문에 소밥이라고도 한다.

과명 두릅나무과

학명 *Dendropanax morbifera* Lev. 개화기 6월

황칠나무

남쪽 섬에서 자라는 상록교목으로 높이 15m에 달한다. 어린 가지는 녹색이며 털이 없고 윤기가 있다. 수피는 회색으로 껍질눈이 있으며 노목은 가늘고 얕게 세로로 갈라진다. 잎은 어긋나고 달걀모양 또는 타원형이다. 또한 잎 가장자리가 밋밋하지만 어린 나무에서는 3~5개로 갈라지고 톱니가 있다. 꽃은 황록색으로 가지 끝에 산형꽃차례로 달린다. 꽃받침은 끝이 5개로 갈라지고 5개의 꽃잎과 수술이 있으며 암술머리는 5개로 갈라진다. 열매는 핵과다. 나무껍질에서 수액을 채취해 황칠 도료로 사용하는 나무다.

팔손이나무

과명 두릅나무과
학명 *Fatsia japonica* Decne. et Planch. 개화기 10~11월

남쪽 섬에서 자라는 상록관목으로 높이는 2~3m다. 어린 나무는 잎 뒷면과 꽃차례에 다갈색 솜털이 있으나 잎에 난 것은 곧 없어지고 잔가지는 굵으며 털이 없다. 나무껍질은 잿빛을 띤 흰색이며 줄기는 몇 개씩 같이 자라고 가지가 갈라진다. 잎은 어긋나며 가지 끝에 모여 달린다. 잎몸은 7~9개씩 손바닥 모양으로 갈라지고 짙은 녹색이다. 꽃은 잡성화이며 흰색으로 커다란 원추꽃차례로 달린다. 꽃잎, 수술, 암술대가 5개씩이다. 열매는 장과다. 팔각금반이라고도 한다. 관상용으로 심는다.

과명 두릅나무과

학명 *Kalopanax pictus* (Thunb.) Nakai 개화기 7~8월

음나무

산이나 섬에서 자라는 낙엽교목으로 높이는 25m에 달한다. 줄기껍질은 흑갈색이며 줄기와 가지에 폭이 넓은 가시가 많다. 잎은 어긋나며 5~9개로 갈라져 손바닥 모양이다. 갈래조각은 끝이 뾰족하고 톱니가 있다. 잎 뒷면 잎줄 사이에 털이 많다. 꽃은 황록색으로 새 가지 끝에 산형꽃차례가 모여 총상꽃차례를 이룬다. 열매는 둥근 핵과다. 엄나무, 엄목, 개두릅나무라고도 한다. 어린 잎을 나물로 먹으며 나무는 목재로 쓰인다. 뿌리와 수피는 요통, 신경통, 관절염을 치료하는 약재로 쓰인다.

두릅나무

과명 두릅나무과 학명 *Aralia elata* Seem. 개화기 8~9월

산기슭의 양지쪽이나 골짜기에서 자라는 낙엽관목으로 높이는 3~4m다. 줄기는 밑이 좁은 굳센 가시가 많다. 잎은 어긋나고 2~3회 갈라지는 홀수깃꼴겹잎이다. 작은잎은 깃꼴잎에 각각 7~11쌍씩 달린다. 넓은 달걀모양이거나 타원형 달걀모양이다. 꽃은 녹색이 도는 흰색으로 햇가지 끝에 산형꽃차례를 이룬 후 다시 산방상 취산꽃차례로 달린다. 꽃받침 조각, 꽃잎, 수술은 각각 5개다. 암술대는 5개, 밑에서부터 완전히 갈라진다. 열매는 핵과이며 둥글다. 어린 순은 나물로 먹으며 뿌리와 잎, 열매는 약용으로 쓰인다.

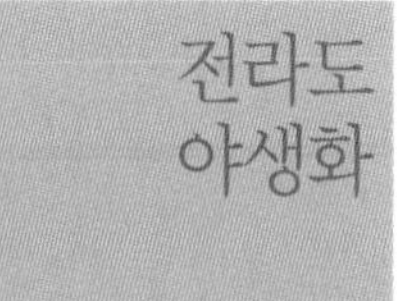

과명 두릅나무과 학명 *Aralia cordata* Thunb. 개화기 7~8월

독활

산 숲 속에 자라는 여러해살이풀로 높이는 150cm에 달한다. 꽃을 제외한 전체에 짧은 털이 듬성 등성 있다. 줄기 속은 비어 있다. 잎은 어긋나고 2~3회 홀수 깃꼴 겹잎이다. 어릴 때에는 연한 갈색 털이 있다. 작은잎은 달걀모양이거나 타원형이고 가장자리에 톱니가 있다. 잎 표면은 녹색이고 뒷면은 흰빛이 돌며 잎자루 밑부분 양쪽에 작은 떡잎이 있다. 꽃은 연한 녹색으로 원추꽃차례가 자라며 총상으로 갈라진 가지 끝에 산형꽃차례로 크게 달린다. 열매는 장과로 둥글다. 땅두릅이라고도 한다. 식용, 약용으로 쓰인다.

큰피막이

과명 산형과

학명 *Hydrocotyle ramiflora* Maxim 개화기 6~8월

약간 습기가 있는 들이나 길가에서 자라는 여러해살이풀로 높이는 10~15cm다. 잎자루 윗부분과 잎 표면에만 털이 약간 있으며 원줄기가 옆으로 기면서 비스듬히 서고 가지가 갈라진다. 잎은 어긋나고 둥근 모양이며 가장자리는 얕게 7개 정도 갈라지고 낮고 둔한 톱니가 있다. 꽃은 흰색으로 가지의 잎겨드랑이에서 잎보다 긴 꽃자루가 나와 그 끝에 10여 개씩 달린다. 선피막이가 꽃자루가 잎 위로 올라오지 않은 것이 비교가 된다. 산피막이풀, 큰산피막이풀이라고도 한다. 이 풀을 찧어 지혈제로 사용해서 붙여진 이름이다.

과명 산형과 학명 *Torilis japonica* (Houtt.) DC. 개화기 6~8월

사상자

숲 속의 계곡이나 습한 풀밭에서 자라는 한해살이풀로 높이는 30~70cm다. 풀 전체에 짧은 누운 털이 있다. 뿌리는 가늘고 길며 줄기는 곧추 선다. 잎은 어긋나며 긴 달걀모양이고 1~2회 깃꼴겹잎이다. 잎자루 밑부분이 넓어져서 원줄기를 감싼다. 꽃은 흰색으로 줄기 끝이나 잎겨드랑이에서 나온 몇 개의 꽃줄기 끝에 여러 개가 모여 겹산형꽃차례를 이룬다. 열매는 분과로 짧은 가시 같은 털이 있어 다른 물체에 잘 붙는다. 뱀도랏이라고도 부른다. 어린 잎은 나물로 먹으며 열매를 염증 및 어혈 치료에 쓰인다.

회향

과명 산형과

학명 *Foeniculum vulgare* Gaertner 개화기 7~8월

유럽이 원산지로 재배하기도 하지만 야생으로 자라기도 하는 한해 또는 두해살이풀로 높이가 2m에 달한다. 곧게 자라는 줄기는 털이 없고 속이 비었으며 가지가 많이 갈라진다. 뿌리잎은 잎자루가 길지만 위로 올라갈수록 짧아진다. 꽃은 노란색으로 원줄기와 가지 끝에 복산형꽃차례로 달린다. 꽃잎은 5개로 안쪽으로 굽고 수술도 5개다. 열매는 분과로 향기가 있고 과실을 회향이라 한다. 각종 여성병의 치료에 효과가 좋으며 건위, 구충 및 거담제 또는 음식이나 화장품의 부향제로도 쓰인다.

과명 산형과 학명 *Glehnia littoralis* Fr. Schm. 개화기 6~7월

갯방풍

바닷가나 섬의 모래땅에서 자라는 여러해살이풀로 높이는 5~20cm다. 굵은 노란색 뿌리가 땅속 깊이 들어가며 전체에 흰색 털이 있다. 잎자루가 길고 지면을 따라 퍼지며 잎은 깃꼴겹잎으로 삼각형이나 달걀모양 삼각형이다. 작은잎은 타원형 또는 달걀모양 원형으로 두껍고 윤이 나며 가장자리에 불규칙한 잔톱니가 있다. 꽃은 흰색으로 복산형꽃차례로 줄기 끝에 나며 작은 꽃이 많이 핀다. 큰 꽃자루는 10개 정도이고 작은 꽃자루는 많다. 해방풍, 화방풍, 해사삼이라고도 한다. 잎은 나물로 먹으며 뿌리를 중풍을 막는 약으로 쓰인다.

어수리

과명 산형과

학명 *Heracleum moellendorffii* Hance 개화기 6~8월

산지 풀밭에서 자라는 여러해살이풀로 높이는 70~150cm다. 원줄기는 속이 빈 원주형으로 곧추 서며 굵은 가지가 갈라지고 큰 털이 있다. 줄기잎은 깃꼴겹잎이거나 작은 잎 3장으로 된 겹잎, 넓은 삼각형, 잎자루 밑이 넓어져서 줄기를 감싼다. 꽃은 흰색으로 가지 끝과 줄기 끝의 겹산형꽃차례에 달린다. 작은 꽃차례는 20~30개로 25-30개가 각각 달린다. 꽃차례 가장자리에 피는 꽃의 꽃잎은 안쪽 것보다 2~3배 크며 그 중 바깥쪽 2개는 더욱 크고 끝이 2갈래로 깊게 갈라진다. 열매는 분과로 납작하다. 어린 순은 나물로 먹는다.

등대시호

과명 산형과

학명 *Bupleurum euphorbioides* Nakai 개화기 7~8월

고산지대에서 자라는 여러해살이풀로 높이는 40cm다. 줄기는 가지를 치며 곧게 자란다. 뿌리잎은 선모양이고 줄기잎은 밑부분의 것은 줄기를 감싸고 윗부분의 것은 어긋나며 잎자루는 없으며 끝이 뾰족한 좁은 바소꼴이다. 꽃은 노란색으로 산형꽃차례로 가지의 끝부분에 달린다. 작은 포조각은 끝이 갑자기 뾰족해지는 넓은 달걀모양으로 5개다. 암술대는 자주색으로 뒤로 말리며 씨방은 자주색으로 긴 타원모양이다. 열매는 분과로 타원모양이다. 문헌에는 설악산 이북에서 자란다고 했지만 남덕유산에도 자생한다.

개시호

과명 산형과

학명 *Bupleurum longeradiatum* Turcz. 개화기 7~8월

깊은 산 숲속이나 풀밭에서 자라는 여러해살이풀로 높이는 40~120cm다. 전체에 털이 없으며 줄기는 곧추 서며 윗부분에서 가지가 갈라진다, 뿌리잎은 넓은 바소꼴이며 잎자루가 없다. 줄기잎은 위로 갈수록 잎자루가 작아져서 밑이 귓불처럼 되어 줄기를 감싼다. 잎 뒷면은 흰빛이 나는 녹색이다. 꽃은 노란색으로 줄기 끝이나 잎겨드랑이에서 난 꽃대에 겹산형꽃차례를 이룬다. 열매는 분과로 긴 타원형이다. 큰시호라고도 한다. 유사종으로 시호와 좀시호가 있다. 어린 잎은 식용하며 뿌리는 약용으로 쓰인다.

과명 산형과 학명 *Sium suave* Walter 개화기 8월

개발나물

물가에서 자라는 여러해살이풀로 높이는 약 1m다. 전체에 털이 없고 줄기의 가운데가 비어 있다. 줄기가 땅에 닿으며 마디부분에서 뿌리를 내리면서 번식한다. 뿌리잎과 밑부분의 잎은 홀수 1회 깃꼴겹잎으로 잎자루가 길고 위로 올라갈수록 잎자루와 잎이 작아진다. 꽃은 흰색으로 줄기와 가지 끝에 복산형꽃차례를 이룬다. 꽃가지는 10~20개의 작은꽃가지로 갈라지며 각각 10여 개의 꽃이 달린다. 열매는 분열과로 타원형이다. 택근, 개미나리라고도 한다. 어린 잎은 식용하고 풀 전체는 신경통 약재로 쓰인다.

왜당귀

과명 산형과
학명 *Ligusticum acutilobum* S. et Z. 개화기 8~9월

일본산 약재로 재배하지만 야생으로 퍼져 나가 자라는 여러해살이풀로 높이는 60~90cm다. 곧게 자라며 원줄기와 잎자루는 검은빛이 도는 자주색이다. 뿌리잎과 밑부분의 잎은 잎자루가 길며 털이 없다. 뿌리잎은 잎자루가 길고 잎집이 있으며 1~2회 세 개의 작은잎으로 이루어진 겹잎이다. 갈래조각은 바소 모양으로 다시 3개로 갈라지고 가장자리에 뾰족한 톱니가 있으며 짙은 녹색이다. 꽃은 흰색으로 원줄기 끝과 가지 끝에 복산형꽃차례로 달린다. 일당귀라고도 한다. 줄기와 잎은 식용, 뿌리는 약용으로 쓰인다.

과명 산형과

학명 *Angelica decursiva* (Miq.) Fr. et Sav. 개화기 8~9월

바디나물

산과 들의 습지 근처에서 자라는 여러해살이풀로 높이는 80~150cm다. 뿌리줄기는 짧고 뿌리가 굵다. 줄기는 곧게 서고 모가 진 세로줄이 있으며 윗부분에서 가지가 갈라진다. 뿌리잎과 밑부분의 잎은 잎자루가 길며 삼각형 모양의 넓은 달걀형이고 깃처럼 갈라지고 잎자루 윗부분과 마디에 털이 퍼져 있다. 잎은 어긋나고 깃꼴로 갈라지며 작은잎은 3~5개이다. 꽃은 짙은 자주색으로 커다란 복산형꽃차례를 이룬다. 열매는 분과다. 어린 순은 나물로 먹으며 뿌리를 전호라는 약재로 쓰 해열, 진해, 거담 등 약용으로 쓰인다.

갯강활

과명 산형과 학명 *Angelica japonica* A. GRAY 개화기 7~8월

제주도와 남쪽 섬 등 해안가에서 자라는 여러해살이풀로 높이는 50~100cm다. 짙은 자주색 줄이 있으며 윗부분에 잔털이 있다. 줄기속에 노란색을 띤 흰색의 즙액이 있다. 줄기의 위쪽에서 가지를 친다. 뿌리잎과 줄기 아래쪽의 줄기잎은 긴 잎자루에 깃꼴겹잎으로 달린다. 달걀모양의 작은잎은 광택이 있으며 끝이 둔하거나 뾰족하다. 꽃은 흰색으로 복산형꽃차례로 달린다. 타원형의 꽃받침이 있으며 수술은 5개이고 씨방의 1개가 있다. 열매는 분과로 털이 없다. 차당귀라고도 한다.

과명 산형과

학명 *Peucedanum japonicum* Thunb. 개화기 6~8월

갯기름나물

섬이나 바닷가의 모래땅이나 바위틈에서 자라는 여러해살이풀로 높이는 60~100cm다. 뿌리가 굵으며 줄기는 곧추 서며 가지가 갈라진다. 잎은 어긋나고 잎자루가 길며 2~3회 갈라지는 깃꼴겹잎이다. 작은잎은 대개 3개로 갈라지고 톱니가 있으며 뒷면은 뽀얗다. 꽃은 흰색으로 줄기 끝과 잎겨드랑이에서 난 꽃대에 겹산형꽃차례로 달린다. 작은 꽃차례에는 꽃이 20~30개 달린다. 열매는 분과이며 타원형이다. 갯기름, 일본전호라고도 한다. 어린 잎을 나물로 먹는다. 목방풍이라 하여 한방에서 약으로 쓰인다.

산딸나무

과명 층층나무과 학명 *Cornus kousa* Buerg. 개화기 6월

산지의 숲속에서 자라는 낙엽관목으로 높이는 7~10m다. 가지가 층을 지어 수평으로 퍼지며 어린 가지는 털이 있으나 점차 없어지고 갈색이다. 잎은 마주나며 달걀 또는 둥근 모양으로 가장자리는 물결 모양의 굴곡으로 되어 있다. 꽃은 흰색으로 꽃자루가 없으며 작은 가지 끝에 20~30개가 하늘을 향해 달린다. 열매는 둥글고 붉게 익으며 먹을 수 있다. 산달나무, 들매나무, 박달나무, 쇠박달나무, 미영꽃나무라고도 한다. 조경수나 가로수로 심으며 열매는 식용, 약용으로 쓰인다.

과명 층층나무과 학명 *Cornus controversa* Hemsl. 개화기 5월

층층나무

산지 계곡에서 자라는 낙엽 교목으로 높이가 20m다. 줄기는 곧게 서고 가지가 층층으로 달려서 수평으로 퍼진다. 작은가지는 겨울에 짙은 홍자색으로 물들고 봄에 가지를 자르면 물이 나온다. 잎은 어긋나고 넓은 타원형이며 끝이 뾰족하다. 잎 가장자리가 밋밋하고 측맥이 5~8줄이고 잎자루가 붉으며 잎 뒷면은 흰색으로 잎의 양면에 잔털이 빽빽하게 나 있다. 꽃은 흰색으로 산방꽃차례를 이룬다. 꽃잎은 넓은 바소꼴로 꽃받침통과 더불어 겉에 털이 있다. 열매는 핵과로 둥글다. 관상용으로 심는다.

말채나무

과명 층층나무과 학명 *Cornus walteri* Wanger. 개화기 6월

계곡의 숲속에서 자라는 낙엽교목으로 높이는 10m에 달한다. 수피는 어두운 갈색으로 그물처럼 갈라지며 잔가지는 연한 갈색으로 털이 있으나 점차 없어진다. 잎은 마주나며 길이 1~3cm의 잎자루에 달리며 잎몸은 넓은 달걀모양이거나 타원형이다. 잎 뒷면은 연녹색 또는 흰색을 띠며 짧은 센털이 많다. 측맥은 4-5쌍이다. 꽃은 흰색으로 가지 끝에서 취산꽃차례에 달린다. 꽃잎은 4장이고 타원형이다. 열매는 핵과로 둥글며 검게 익는다. 정원수로 심으며 건축재나 가구재 등에 쓰인다.

전라도 야생화

과명 층층나무과
학명 *Cornus officinalis* S. et Z. 개화기 3~4월

산수유

재배종으로 산지나 인가 부근에서 자라는 낙엽소교목으로 높이가 7m에 달한다. 나무껍질은 연한 갈색으로 비늘처럼 벗겨지며 잔가지는 처음에 짧은 털이 있으나 겉껍질이 벗겨진다. 잎은 마주나고 달걀모양 바소꼴이다. 잎맥이 뚜렷하며 가장자리에는 톱니가 없이 밋밋하다. 꽃은 노란색으로 잎보다 먼저 양성화로 20~30개의 꽃이 산형꽃차례에 달린다. 총포조각은 4개이고 꽃잎도 4개이고 긴 타원모양 바소꼴이다. 열매는 핵과로 종자는 긴 타원형으로 자양강장, 강정 등에 약용으로 쓰인다. 관상용으로도 심는다.

매화노루발

과명 노루발과 학명 *Chimaphila japonica* Miq. 개화기 5~6월

숲속에서 자라는 상록 여러해살이풀로 높이는 5~10cm다. 가지가 약간 갈라지며 밑부분이 약간 옆으로 굽는다. 잎은 층으로 모여서 돌려나는 것 같으며 두껍과 딱딱하며 넓은 바소꼴이고 짙은 녹색이다. 가장자리에 낮으나 날카로운 톱니가 있다. 꽃은 흰색으로 산형꽃차례로 원줄기 끝에서 자라는 꽃줄기 끝에 1~2개씩 밑을 향하여 달린다. 수술은 10개이다. 열매는 삭과다. 매화노루발풀이라고도 한다. 노루발에 비해 잎이 갸름하고 꽃이 매화를 닮아 붙여진 이름이다. 관상용으로 심는다.

과명 노루발과 학명 *Pyrola japonica* Klenze 개화기 6~7월

노루발

숲속에서 자라는 상록 여러해살이풀로 높이 약 25cm 내외다. 뿌리줄기가 옆으로 길게 벋는다. 잎은 1~8개가 밑부분에서 모여 나며 원형이거나 넓은 타원형이며 흔히 잎자루와 같이 자줏빛이 돌고 표면은 잎맥부가 연한 녹색이며 가장자리에 낮은 톱니가 약간 있다. 꽃은 노란빛을 띤 흰색이거나 흰색으로 밑을 향하여 총상꽃차례로 달린다. 꽃받침잎은 5개로 넓은 바소꼴이거나 좁은 달걀모양이다. 꽃잎은 5개, 수수른 10개이고 암술이 길게 나와 끝이 위로 굽는다. 열매는 삭과로 납작한 공 모양이다. 노루발풀이라고도 한다.

수정난풀

과명 노루발과 학명 *Monotropa uniflora* L. 개화기 7월

숲속에서 자라는 여러해살이풀이며 부생식물로 높이는 10~20㎝다. 뿌리와 뿌리줄기는 갈색의 덩이로 뭉친다. 줄기는 여러 대가 모여나며 뿌리 이외에는 순백색이고 윗부분에 흔히 긴 털이 있다. 잎은 비늘과 같은 것이 퇴화되어 어긋나며 긴 줄기를 이루고 있다. 꽃은 흰색으로 종모양이며 긴 줄기를 따라 끝에 1개씩 아래를 향해 달린다. 꽃받침조각은 1~3개이며 비늘잎과 비슷하고 타원형이다. 꽃잎은 3~5개이고 쐐기 같은 긴 타원형이다. 열매는 장과다. 수정란, 수정초라고도 한다. 풀 전체가 약용으로 쓰인다.

과명 진달래과

학명 *Rhododendron mucronulatum* Turcz. 개화기 4~5월

진달래

산지의 볕이 잘 드는 곳에서 자라는 낙엽관목으로 높이는 2~3m다. 많은 가지가 갈라지며 연한 갈색으로 어린 가지에 비늘조각이 있다. 잎은 어긋나고 긴 타원 모양의 바소꼴 또는 거꾸로 세운 바소꼴이며 길이가 4~7cm이고 양끝이 좁으며 가장자리가 밋밋하다. 꽃은 자홍색이나 연한 홍색으로 잎보다 먼저 피고 가지 끝부분의 곁눈에서 1개씩 나오지만 2~5개가 모여달리기도 한다. 참꽃, 두견화라고도 불린다. 꽃으로 화전을 만들어 먹거나 두견주를 담는 풍속으로 널리 알려져 있다. 강장, 이뇨, 건위 등에 약으로 쓰인다.

털진달래

과명 진달래과

학명 *Rhododendron mucronulatum* var. *ciliatum* Nakai 개화기 5~6월

고산지대에 자생하는 낙엽활엽관목으로 높이는 2~3m다. 1년생 가지는 연한 갈색이며 비늘조각과 털이 있다. 잎은 어긋나고 긴 타원형 바소꼴이거나 거꾸로 된 바소꼴 또는 긴 타원형으로 가장자리가 밋밋하며 털이 있다. 뒷면에 비늘조각이 밀생하며 잎에 털이 있다. 꽃은 잎보다 먼저 피는데 자주색을 띤 붉은색이거나 연한 붉은색으로 가지끝의 겨드랑이눈에서 1개씩 나오지만 2~5개가 모여 달리기도 한다. 유사종으로는 진달래, 흰진달래, 흰털진달래, 왕진달래, 반들진달래, 한라진달래가 있다. 지리산, 덕유산 정상부에 자생한다.

과명 진달래과

학명 *Rhododendron yedoense* var. *poukhanense* (Lev.) Nakai 개화기 5월

산철쭉

산지에서 자라는 낙엽관목으로 높이는 1~2m다. 많은 가지가 갈라지며 어린 가지와 꽃자루에 끈끈한 갈색 털이 밀생한다. 잎은 어긋나고 긴 타원형이거나 넓은 거꾸로 된 바소꼴이며 양끝이 좁고 가장자리에 톱니가 없으며 표면에 털이 드문드문 있다. 꽃은 붉은색으로 연한 가지 끝에 잎이 나온 후에 2~3송이씩 핀다. 꽃부리의 내부에 짙은 자주색 반점이 있고 수술은 10개다. 꽃부리는 깔때기 모양이고 5개로 갈라진다. 열매는 삭과다. 관상용으로도 심으며 꽃은 약재로 쓰인다.

정금나무

과명 진달래과 학명 *Vaccinum oldhami* Miq. 개화기 6~7월

남부지방 산에서 자라는 낙엽관목으로 높이는 2~3m다. 줄기는 가지가 무성하게 갈라지며 수피는 회갈색으로 세로로 갈라진다. 어린가지에는 잔털이 있다. 잎은 어긋나며 달걀모양이거나 타원형으로 가장자리에 잔톱니가 있으며 톱니의 끝이 선처럼 가늘다. 꽃은 연한 붉은빛을 띤 갈색으로 총상꽃차례에 종모양으로 아래를 향해 달린다. 꽃부리는 끝이 5개로 갈라져 살짝 젖혀지며 꽃차례에 잔털이 있다. 수술은 10개이다. 열매는 둥근 장과로 검은갈색으로 익으며 흰가루로 덮여 있다. 종가리나무라고도 한다.

과명 자금우과 학명 *Ardisia crenata* Sims 개화기 6월

백량금

제주도와 흑산도와 홍도 등 남쪽 섬에서 자라는 상록소관목으로 높이는 1m다. 원줄기가 하나이지만 갈라지는 것도 있으며 윗부분에서 가지가 퍼진다. 잎은 어긋나고 타원모양이거나 바소꼴이며 가장자리에는 둔한 톱니가 있고 톱니 사이에는 선모가 있다. 잎의 앞면은 짙은 녹색이며 윤이 나고 뒷면은 연한 녹색이다. 꽃은 흰색으로 줄기 끝에 산형꽃차례로 달린다. 꽃부리는 5개로 갈라지며 수술대는 거의 없다. 열매는 핵과로 둥글며 붉은색으로 익으며 다음해 꽃이 필 때까지 달려있다. 관상용으로 심는다.

자금우

과명 자금우과 학명 *Ardisia japonica* Bl. 개화기 4~5월

남부지방 숲속에서 자라는 상록소관목으로 높이는 15~20cm다. 줄기는 기면서 자라며 다른 곳에는 털이 없지만 어린 가지의 끝에는 선모가 있다. 잎은 돌려나거나 마주나며 타원 모양이거나 달걀모양이고 가장자리에 잔톱니가 있다. 잎 앞면은 짙은 녹색으로 광택이 있다. 꽃은 흰색으로 잎겨드랑이에서 산형으로 달리고 밑으로 처진다. 열매는 붉게 익어 다음해 꽃이 필 때까지 달려 관상가치가 있다. 지길자, 왜각장, 천냥금이라고도 한다. 관상용으로 정원이나 분재에 심는다.

과명 진퍼리까치수영
학명 *Lysimachia fortunei* Maxim 개화기 7~8월

진퍼리까치수영

남부지방의 습지에서 자라는 여러해살이풀로 높이는 40~70cm다. 뿌리줄기가 옆으로 벋으면서 퍼지며 밑부분에 붉은 빛이 돈다. 잎은 어긋나고 바소꼴이거나 거꾸로 세운 바소꼴의 긴 타원 모양이며 끝이 뾰족하며 밑 부분이 좁아져 직접 원줄기에 달리고 가장자리는 밋밋하며 연한 색의 선점이 마르면 모래알 같이 두드러진다. 꽃은 흰색으로 줄기 끝에 총상꽃차례로 달린다. 꽃차례는 털이 없거나 잔 샘털이 있다. 꽃부리는 5갈래이며 수술은 5개다. 열매는 삭과로 둥글다. 풀 전체를 성숙채라 하며 약용으로 쓰인다.

좀가지풀

과명 앵초과 학명 *Lysimachia japonica* Thunb. 개화기 5~6월

산지의 풀밭에서 자라는 여러해살이풀로 높이는 7~20cm다. 비스듬히 서지만 나중에는 옆으로 길게 벋는다. 잎은 마주나고 넓은 달걀모양으로 가장자리가 밋밋하며 선점이 있고 줄기와 더불어 잔털이 있다. 꽃은 노란색으로 잎겨드랑이에 1개씩 달린다. 꽃받침조각은 5개이며 좁은 바소꼴이다. 꽃부리는 꽃받침과 길이가 비슷하고 수술은 5개로 꽃잎과 마주난다. 열매는 삭과로 둥글다. 열매가 가지와 비슷하게 생겨서 좀가지풀이라고 불리었다. 주로 관상용으로 심는다.

과명 앵초과

학명 *Lysimachia barystachys* Bunge 개화기 6~8월

까치수영

산과 들의 풀밭에서 자라는 여러해살이풀로 높이는 50~100cm다. 땅속줄기가 옆으로 길게 벋는다. 전체에 잔털이 있으며 줄기 기부는 자주색을 띤 붉은색을 띠고 원줄기는 원주형으로서 밑 부분에 붉은 빛이 돌고 가지가 약간 갈라지거나 없다. 잎은 어긋나기도 하고 모여나기도 하며 양끝이 좁고 긴 타원형이고 가장자리는 밋밋하다. 꽃은 흰색으로 줄기 꼭대기에서 꼬리처럼 말려서 올라가며 총상꽃차례에 모여 핀다. 열매는 삭과로 둥글다. 까치수염이라고도 한다. 관상용으로 심으며 어린 잎은 나물로 먹는다.

큰까치수영

과명 앵초과 학명 *Lysimachia clethroides* Duby 개화기 6~8월

산과 들의 양지에서 자라는 여러해살이풀로 높이는 60~100cm다. 뿌리줄기가 퍼지며 원줄기는 원주형이고 밑부분에 털이 없으며 붉은 빛이 돌고 보통 가지가 갈라지지 않는다. 잎은 어긋나며 긴 타원모양의 바소꼴이고 끝이 뾰족하며 밑부분이 점차 좁아져서 원줄기에 달린다. 꽃은 흰색으로 원줄기 끝에서 한쪽으로 기울어진 총상꽃차례에 위를 향해 조밀하게 달린다. 열매는 둥근 삭과다. 큰까치수염은 까치수염보다 크고 잎이 넓고 끝이 날카롭다. 큰까치수영, 홀아빗대, 큰꽃꼬리풀로도 불린다. 살충제 등으로 쓰인다.

과명 앵초과 학명 *Lysimachia mauritiana* Lam 개화기 7~8월

갯까치수영

남부지방 해안가나 섬에서 자라는 여러해살이풀로 높이는 10~40cm다. 줄기는 곧게 서고 밑에서 가지가 갈라지며 밑부분에 붉은 빛이 돈다. 잎은 어긋나고 육질이며 주걱 같은 거꾸로 세운 바소꼴이다. 가장자리가 밋밋하며 끝이 둔하거나 둥글고 밑으로 좁아져서 직접 원줄기에 달리며 검은 내선점이 있다. 꽃은 흰색으로 총상꽃차례로 꼭대기에 달린다. 꽃부리는 끝이 5개로 갈라져서 수평으로 퍼진다. 열매는 삭과로 둥글다. 갯까치수염, 갯좁쌀풀, 해변진주초라고도 한다. 어린 잎은 나물로 먹는다.

큰앵초

과명 앵초과 학명 *Primula jesoana* Miq. 개화기 7~8월

높은 산 습기 많은 숲 속에 자라는 여러해살이풀로 높이는 30cm다. 전체에 잔털이 빽빽하며 곧게 선다. 뿌리줄기는 짧고 옆으로 벋으며 줄기는 없다. 잎은 뿌리에 붙고 손바닥 모양의 둥근 신장모양이다. 잎 가장자리는 7~9갈래로 얕게 갈라지고 톱니가 있다. 꽃은 붉은 보라색으로 잎자루의 2배정도 되는 꽃줄기가 나와 그 끝에 송이로 붙고 옆을 향하여 핀다. 꽃받침은 통형이고 5개로 깊이 갈라지며 수술은 5개다. 열매는 삭과다. 어린 순을 나물로 먹는다. 한방에서는 뿌리를 앵초근이라 하며 약재로 쓰인다.

앵초

과명 앵초과 학명 *Primula sieboldii* E. Morr. 개화기 4월

냇가 부근 습지에 자라는 여러해살이풀로 높이는 15~40cm다. 전체에 부드러운 털이 있다. 뿌리줄기는 짧고 옆으로 비스듬히 서며 잔뿌리가 내린다. 잎은 모두 뿌리에서 모여 나며 잎자루가 길다. 잎은 달걀모양이거나 타원형이고 앞면에 주름이 진다. 잎 가장자리는 얕게 갈라지고 톱니가 있다. 꽃은 붉은 보라색이나 흰색으로 잎 사이에서 나는 꽃줄기에 7~20개가 산형꽃차례를 이루어 달린다. 꽃자루의 겉에 돌기 같은 털이 있다. 열매는 삭과다. 신경통, 류머티즘, 요산성 관절염에 약용으로 쓰인다.

봄맞이

과명 앵초과

학명 *Androsace umbellata* (Lour.) Merr. 개화기 4~5월

들에서 흔히 자라는 한해 또는 두해살이풀로 높이는 10cm다. 모든 잎이 뿌리에서 나와 지면으로 퍼진다. 잎은 심장형으로 연한 녹색이며 가장자리에는 둔한 이 모양의 톱니가 있다. 꽃은 흰색으로 가운데는 노란색이 있으며 꽃줄기 끝에 약 4~10송이 가량의 꽃이 달린다. 꽃받침과 꽃잎은 깊게 5개로 갈라진다. 꽃받침은 달걀모양이고 끝이 뾰족하며 꽃이 진 다음 커진다. 수술은 5개이다. 열매는 삭과로 둥글다. 봄에 어린 순을 나물로 먹는다. 주로 관상용으로 쓰인다.

과명 갯질경이과

학명 *Limonium tetragonum* (Thunb.) A.A. Bullock 개화기 9~10월

갯질경

바닷가의 갯벌과 자갈밭 양지에서 자라는 두해살이풀로 높이는 30~60cm다. 뿌리가 굵으며 줄기는 곧게 자라며 원줄기와 털이 없다. 잎은 뿌리에서 뭉쳐나고 긴 타원형이거나 주걱 모양으로 두껍고 광택이 있다. 꽃은 노란색으로 많이 갈라지는 가지의 끝에 총상꽃차례로 달린다. 포는 녹색의 타원 모양이며 안에 몇 개의 꽃이 들어 있다. 꽃받침은 통 모양이고 끝이 5개로 갈라진다. 열매는 삭과로 타원 모양이다. 갯기송, 기송, 사능보혈초, 갯질경이, 근대아재비라고도 불린다. 어린 잎은 식용이며 관상용으로 심기도 한다.

노린재나무

과명 노린재나무과

학명 *Synplocos chinensis* for. *Pilosa* (Nak.) Ohwi 개화기 5월

산과 들에서 자라는 낙엽관목으로 높이는 1~3m다. 회갈색인 가지는 넓게 퍼지며 잔가지에는 잔털이 드문드문 난다. 잎은 어긋나고 타원형 또는 긴 타원형의 거꾸로 세워운 달걀모양이며 노란색이다. 가장자리에 긴 톱니가 있으나 때로는 뚜렷하지 않다. 꽃은 흰색으로 원추꽃차례를 이뤄 새로 난 가지 끝에 달린다. 꽃자루에 털이 있고 꽃잎은 긴타원형이다. 꽃은 수술이 많고 수술은 꽃잎보다 길다. 암술대는 곧게 선다. 열매는 핵과로 타원형이며 하늘색으로 익는다. 열매가 흰색으로 익는 것을 흰노린재라 한다. 정원수로 심는다.

과명 때죽나무과 학명 *Styrax obassia* S. et Z. 개화기 5~6월

쪽동백나무

산과 들의 숲 가장자리에 자라는 낙엽소관목으로 높이가 10m다. 줄기는 검은빛이 나며 가지는 솜털이 있으나 없어지며 윤기가 나는 조금 검은빛을 띤 갈색으로 되고 겨울눈은 잎자루 밑동으로 둘러싸여 있다. 잎은 어긋나며 타원형이거나 달걀모양 원형이다. 가장자리에 잔 톱니가 있으며 흔히 끝이 3개로 갈라지는 듯한 모양으로 되고 표면은 녹색이다. 꽃은 흰색으로 햇가지에서 난 길이 10~20cm의 총상꽃차례에 20여 개가 밑을 향해 달린다. 열매는 핵과로 타원형이다. 동백나무 꽃처럼 통째로 떨어진다. 관상용으로 심는다.

때죽나무

과명 때죽나무과 학명 *Styrax japonica* S. et Z. 개화기 5~6월

산지의 낮은 곳의 계곡 주변에서 자라는 낙엽관목으로 높이 3~5m다. 가지는 털이 있으나 없어지며 표피가 벗겨지면서 조금 검은빛을 띤 갈색으로 되고 잔가지는 연한 녹색이다. 잎은 어긋나며 달걀모양이거나 긴 타원형이다. 쪽동백나무의 잎에 비해 반 정도로 작다. 꽃은 흰색으로 잎겨드랑이에서 난 총상꽃차례에 2-5개씩 달린다. 수술은 10개이며 아래쪽에 흰 털이 있다. 족나무, 왕때죽나무, 때죽, 금대화 등의 속명을 갖고 있다. 관상용이며 구충, 살충, 방부제 등에 쓰이며 유독성 식물이다.

과명 물푸레나무과 학명 *Asmanthus asiaticus* 개화기 9~10월

은목서

중국 원산으로 남부지방에서 관상수로 심는 상록관목으로 높이는 3~4m다. 줄기와 가지에 털이 없으며 잎은 마주나고 긴 타원형의 넓은 바소꼴로 빽빽하게 붙는다. 표면은 짙은 녹색이며 뒷면은 연녹색으로 측맥이 솟아나와 도드라진다. 꽃은 암수딴그루이며 흰색으로 잎겨드랑이에 잘잘한 꽃이 많이 모여 달린다. 꽃부리는 두껍고 4개로 깊이 갈라진다. 향기가 진해 천리향이라고도 불리며 한방에서는 이 꽃을 말린 것을 계화라 한다. 울타리와 가로수, 방풍림으로도 심는다.

금목서

과명 물푸레나무과

학명 *Osmanthus fragrans* var. *aurantiacus* Makino 개화기 9~10월

중국 원산으로 남부지방에서 관상수로 심는 상록소교목으로 높이는 3~4m다. 나무껍질은 연한 회갈색으로 가지에 털이 없다. 잎은 마주나고 긴 타원형의 넓은 바소꼴로 빽빽하게 붙는다. 끝이 뾰족하고 잎 가장자리에는 잔 톱니가 있다. 잎 표면은 짙은 녹색이고 뒷면은 연한 녹색이다. 꽃은 암수딴그루이며 붉은색이 도는 노란색으로 잎겨드랑이에 잘잘한 꽃이 많이 모여 달린다. 꽃부리는 두껍고 4개로 깊이 갈라진다. 열매는 콩모양으로 흑갈색으로 익는다. 단계목으로도 불린다. 우리나라에서는 열매를 맺지 못한다.

전라도 야생화

과명 물푸레나무과
학명 *Fraxinus rhynchophylla* Hance 개화기 5월

물푸레나무

산지 계곡에서 자라는 낙엽교목으로 높이 10m에 달한다. 줄기에 흰색 얼룩무늬가 있다. 잔가지는 회갈색이고 털이 없다. 잎은 마주나며 5~7장의 작은 잎으로 된 겹잎이다. 작은 잎은 넓은 달걀모양이거나 넓은 바소꼴로 끝이 뾰족하다. 가장자리에는 물결 모양의 톱니가 있다. 꽃은 새 가지 끝이나 잎겨드랑이에 원추꽃차례로 달린다. 꽃부리는 없다. 열매는 시과다. 가지를 물에 담그면 물이 푸르게 변하기 때문에 물푸레나무라고 부른다. 목재로 이용하고 나무 껍질은 한방에서 약재로 쓰인다.

전라도 야생화

쇠물푸레

과명 물푸레나무과 학명 *Fraxinus sieboldiana* Bl. 개화기 5월

숲 속에서 자라는 낙엽소교목으로 높이는 5~10m다. 어린 가지는 회갈색이다. 잎은 마주나고 홀수1회 깃꼴겹잎이다. 작은잎은 달걀모양으로 양끝이 좁으며 가장자리에는 톱니가 있는 것도 있고 없는 것도 있다. 꽃은 흰색으로 피는데 새 가지 끝이나 잎겨드랑이에서 원추꽃차례로 빽빽하게 달린다. 꽃부리는 4개로 갈라진다. 꽃잎은 4장이며 선형으로 수술과 길이가 같다. 열매는 시과다. 쇠물푸레나무라고도 한다. 물푸레나무에 비해서 전체가 작으며 꽃잎이 있으므로 구분된다. 야구방망이를 만들고 나무껍질은 약용으로 쓰인다.

과명 물푸레나무과

학명 *Chionanthus retusus* Lindl. et Paxton 개화기 5~6월

이팝나무

산골짜기나 인가 부근에서 자라는 낙엽교목으로 높이는 20m에 달한다. 가지는 회색을 띤 갈색이며 어린가지에 잔털이 약간 있다. 잎은 마주나며 긴 타원모양이거나 거꾸로 세운 달걀모양으로 가장자리는 밋밋하지만 어린 잎은 겹톱니가 있기도 하다. 꽃은 흰색의 암수딴그루로 새 가지의 끝부분에 달린다. 꽃받침은 4개로 갈라지며 꽃은 4개이다. 열매는 핵과로 타원모양이다. 꽃의 모양 때문에 쌀밥나무, 니팝나무, 니암나무, 뻣나무로도 불린다. 조상들이 마을입구에 즐겨 심어 천연기념물이나 보호수가 된 나무도 많다.

쥐똥나무

과명 물푸레나무과

학명 *Ligustrum obtusifolium* S. et Z. 개화기 5~6월

산기슭이나 계곡에서 자라는 낙엽관목으로 높이는 2~3m다. 가지가 가늘고 잔털이 있으나 2년 된 가지에서는 없어지며 회백색이고 많이 갈라진다. 잎은 마주나며 타원 모양이거나 거꾸로 세운 달걀모양이며 가장자리가 밋밋하다. 꽃은 흰색으로 가지 끝에서 작은 꽃들이 많이 달린다. 꽃부리는 통 모양이며 끝이 4갈래로 갈라져서 밖으로 젖혀진다. 수술은 2개이고 암술은 1개다. 열매는 핵과로 둥근 모양이며 검은색으로 익는다. 열매의 모습 때문에 이 같은 이름으로 불린다. 열매는 약용으로 쓰인다. 공해에 강해 도심 울타리용으로도 심는다.

전라도
야생화

과명 물푸레나무과

학명 *Abeliophyllum distichum* Nakai 개화기 3월

미선나무

볕이 잘 드는 산기슭에서 자라는 낙엽관목으로 높이는 1m정도다. 가지는 끝이 처지며 자줏빛이 돌고 골 속이 계단모양이며 잔가지가 4각형이다. 잎은 마주나고 2줄로 달리고 달걀모양이거나 타원 모양의 달걀형이고 끝이 뾰족하다. 꽃은 자주색으로 지난 해에 형성되었다가 잎보다 먼저 개나리 꽃모양이 총상꽃차례로 달린다. 꽃은 향기가 강하다. 열매는 시과로 둥근 타원 모양이다. 열매의 모양이 부채를 닮아 이 같이 불린다. 변산반도국립공원의 군락지가 천연기념물로 지정돼 보호되고 있다.

영춘화

과명 물푸레나무과

학명 ***Jasminum nudiflorum*** **Lindl.** 개화기 **3월**

중국 원산이며 관상용으로 심는 낙엽관목으로 높이는 60~200cm다. 밑에서 가지가 많이 갈라져서 옆으로 퍼지고 땅에 닿은 곳에서 뿌리가 내린다. 줄기는 녹색으로 단면은 네모지며 털이 없다. 잎은 마주나고 1회 홀수 깃꼴겹잎이고 작은 잎은 3~5개로 가장자리가 밋밋하다. 꽃은 노란색으로 잎보다 먼저 피고 판통이며 각 마디에 마주 달린다. 나팔모양으로 끝이 6개로 갈라진다. 꽃받침조각과 꽃잎은 6개이며 향기가 없고 수술은 2개다. 열매는 장과지만 우리나라에서은 맺히지 않는다. 남부지방에서 관상용으로 심는다.

과명 용담과

학명 *Swertia japonica* (Schult.) Makino 개화기 9~10월

쓴풀

햇볕이 잘 드는 건조한 풀밭에서 자라는 한해 또는 두해살이풀로 높이는 5~20cm다. 줄기는 털이 없고 녹색이며 곧추 서며 가지가 갈라진다. 잎은 마주나며 선형, 넓은 선형, 거꾸로 세운 바소꼴이다. 잎 끝은 둔하고, 가장자리가 조금 뒤로 말린다. 꽃은 흰색으로 줄기와 가지 끝에 모여 달려서 전체가 원추형으로 된다. 꽃받침과 꽃부리는 5갈래로 갈라진다. 꽃부리의 갈래 아래쪽에 긴 털이 난 꿀샘덩이가 2개 있다. 열매는 삭과로 바소꼴이다. 풀 전체에 쓴맛이 있고 말려서 소화불량, 지사제의 약재로 쓰인다.

자주쓴풀

과명 용담과

학명 *Swertia pseudochinensis* (Bunge) Hara 개화기 9~10월

산지 양지바른 곳에 비교적 드물게 자라는 두해살이풀로 높이는 15~30cm다. 뿌리가 갈라지며 전체에 자줏빛이 돌며 쓴맛이 난다. 줄기는 네모지며 가지가 갈라진다. 잎은 마주나며 잎자루가 거의 없다. 선형으로 끝이 뾰족하고 가장자리가 밋밋하다. 꽃은 연한 붉은 보라색으로 위쪽 잎겨드랑이에서 원추형 취산꽃차례로 달리며 위에서부터 핀다. 꽃받침과 꽃부리가 각가 5갈래로 깊게 갈라진다. 갈래에 짙은 줄이 5개 있다. 열매는 삭과다. 쓴풀, 어담초, 장아채, 수황연, 당약이라고도 한다. 풀 전체가 약으로 쓰인다.

전라도
야생화

과명 용담과 학명 *Gentiana squarrosa* Ledeb. 개화기 5~6월

구슬붕이

양지바른 산과 들에서 자라는 두해살이풀로 높이는 2~10cm다. 밑에서 갈라져 모여 나며 가지가 많이 갈라진다. 잎은 밑부분에 돌려나며 2~3쌍으로 십자가 모양으로 늘어서며 바소꼴이고 끝이 까락처럼 뾰족하고 가장자리가 밋밋하다. 잎자루는 없으며 줄기에 나는 잎은 넓은 달걀모양으로 끝이 뾰족하다. 꽃은 연보라색으로 가지 끝의 짧은 꽃자루에 달린다. 꽃받침은 5갈래로 갈라지고 달걀모양이며 꽃부리는 종 모양이다. 수술은 5개 암술은 1개다. 열매는 삭과다. 관상용으로 심으며 잎과 줄기는 약용으로 쓰인다.

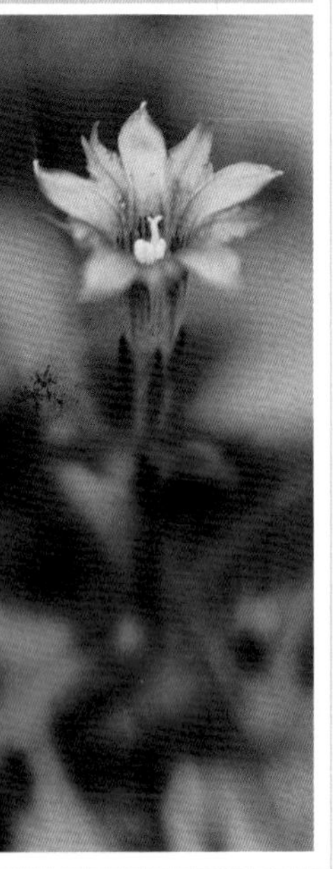

봄구슬붕이

과명 용담과
학명 *Gentiana thunbergii* (G. Don) Griseb. 개화기 4~5월

양지바른 습지에서 자라는 두해살이풀로 높이는 5~15cm다. 줄기는 밑에서 갈라져 모여 난다. 뿌리잎은 돌려나며 달걀모양이거나 좁은 달걀모양, 4각형 달걀모양이고 끝이 뾰족하다. 줄기잎은 달걀모양의 바소꼴이고 밑부분이 합쳐진다. 꽃은 연한 자주색으로 가지 끝에 1개씩 종 모양으로 위로 향해 달린다. 꽃의 수술은 5개, 암술은 1개이다. 열매는 삭과로 긴 대가 있으며 꽃부리 밖으로 나오고 2개로 갈라진다. 키다리구슬봉이라고도 한다. 민간에서 고미, 건위, 강심, 종기 등의 약재로 쓰인다.

용담

과명 용담과

학명 *Gentiana scabra* var. *buergeri* (Miq.) Maxim. 개화기 8~10월

산지에서 자라는 여러해살이풀로 높이는 20~60cm다. 줄기에 4개의 가는 줄이 있으며 뿌리줄기가 짧고 굵은 수염뿌리가 있다. 잎은 마주나고 잎자루가 없으며 바소꼴로 가장자리가 밋밋하고 3맥이 있다. 잎의 표면은 녹색이고 뒷면은 연한 녹색이며 톱니가 없다. 꽃은 자주색으로 잎겨드랑이와 끝에 종모양으로 달리며 포는 좁으며 바소꼴이다. 꽃받침은 통 모양이고 끝이 뾰족하게 갈라진다. 뿌리가 쓰다고 쓸개 담(膽) 자를 사용하는 이름을 갖게 됐으며 가는과남풀, 선용담, 초룡담으로도 불린다. 관상용으로 심으며 약용으로 쓰인다.

노랑어리연꽃

과명 용담과

학명 *ENymphoides peltata* (Gmel.) O. Kuntze. 개화기 7~9월

연못이나 늪에서 자라는 여러해살이 수초이며 길이는 10~15cm다. 뿌리줄기는 물 밑의 흙속에서 옆으로 길게 벋으며 원줄기가 물속에서 비스듬히 자란다. 잎은 마주나며 긴 잎자루가 있고 물 위에 뜨며 달걀모양이거나 원형이다. 지름 5~10cm이고 밑부분이 2개로 갈라지지만 붙어 있는 것도 있다. 잎 앞면은 녹색이고 뒷면은 자줏빛을 띤 갈색이며 약간 두껍다. 꽃은 노란색으로 산형꽃차례로 마주난 잎겨드랑이에서 2~3개의 꽃대가 나와 물 위에 2~3송이씩 달린다. 열매는 삭과로 타원형이다. 관상용으로 심는다.

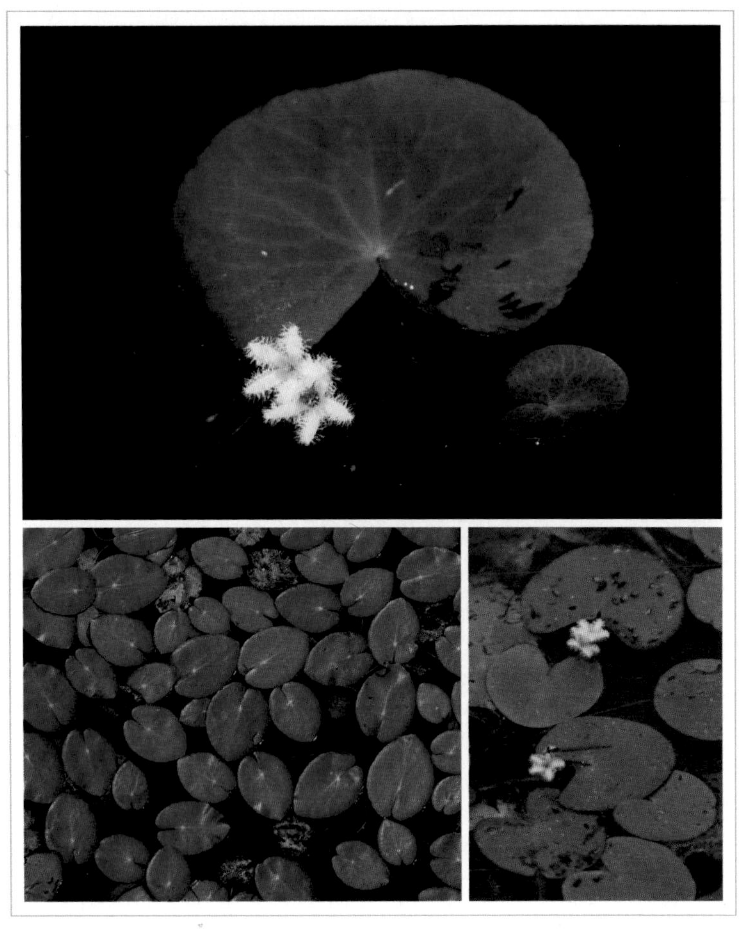

과명 용담과

학명 *Nymphoides indica* (L.) O. Kuntze 개화기 8월

어리연꽃

연못이나 습지, 도랑에 자라는 여러해살이 수초로 길이는 1m다. 수염같은 뿌리가 있어 사방으로 퍼진다. 원줄기는 가늘며 1~3개의 잎이 드문드문 달린다. 잎은 물위에 뜨고 둥근 심장 모양이며 표면에 광택이 있고 밑부분이 깊이 갈라진다. 꽃은 흰색으로 잎겨드랑이 사이에서 물 위쪽으로 나와서 핀다. 10여개가 한군데에 달린다. 꽃잎 주변으로 가는 잔털들이 촘촘히 나 있고 중심부는 노란색이다. 열매는 삭과로 긴 타원형이다. 잎은 금은련화라는 약재로 쓰이고 관상용으로 심는다.

전라도 야생화

개정향풀

과명 협죽도과

학명 *Trachomitum lancifolium* Russanov 개화기 6월

산과 들에서 자라는 여러해살이풀로 40~80cm다. 털이 없으며 분백색이 돌고 뿌리줄기가 목질이다. 가지가 가늘고 길다. 잎은 원줄기에서는 어긋나지만 가지에서는 마주나며 바소꼴이거나 타원형으로 끝은 둔하거나 뾰족하고 밑은 둔하거나 둥글며 가장자리는 밋밋하다. 꽃은 자주색으로 가지 끝에 원추꽃차례로 달리며 작은꽃대와 꽃받침에는 잔털이 난다. 꽃받침은 5개로 깊게 갈라진다. 이 지역에서는 신안 압해도 도로변에 군락을 이뤄 언론의 조명을 받을 만큼 흔하지 않은 종이다.

과명 협죽도과

학명 *Trachelospermum asiaticum* var. *intermedium* Nakai 개화기 5~6월

마삭줄

산이나 섬의 숲속이나 논.밭둑, 길가에서 자라는 상록덩굴식물로 길이가 5~6m다. 부착뿌리로 바위나 나무에 붙어 기어오른다. 가지는 적갈색이며 털이 있고 줄기에서 뿌리가 내려 다른 물체에 잘 붙는다. 잎은 마주나며 타원모양, 달걀모양, 긴 타원모양이고 잎의 앞면은 진한 녹색이고 광택이 흐르며 가장자리가 밋밋하다. 꽃은 흰색으로 피어 노란색으로 변하며 줄기 끝이나 잎겨드랑이에 집산꽃차례를 이룬다. 꽃부리는 끝이 5개로 갈라지며 바람개비모양이다. 열매는 골돌과다. 관상용으로 심으며 줄기와 잎은 약용으로 쓰인다.

털마삭줄

과명 협죽도과
학명 *Trachelospermum jasminoides* var. *pubescens* Makino 개화기 5~6월

남쪽 해안가나 섬에서 자라는 상록덩굴식물로 길이는 2~3m다. 꽃차례와 어린 가지 및 잎 뒷면에 털이 있다. 잎은 마주나고 긴 타원형으로 끝이 뾰족하고 잎자루가 짧다. 꽃은 중심부가 노란색을 띤 흰색으로 가지 끝에서 취산꽃차례로 피어 노란색으로 변한다. 갈래조각은 끝이 둔하며 윗부분이 퍼지고 흰털이 드문드문 있다. 열매는 골돌과다. 마삭줄과 털마삭줄은 열매모양으로 쉽게 구분할 수 있다. 마삭줄은 두 개의 열매가 11자 처럼 달리지만 털마삭줄은 한자로 八자처럼 90도 이상 벌어진다. 관상용으로 심는다.

전라도
야생화

과명 협죽도과 학명 *Nerium indicum* Mill. 개화기 7~8월

협죽도

원산지는 인도로 제주도 등 남쪽 섬이나 남부지방에서 심는 상록관목으로 높이는 3m다. 밑에서 가지가 총생하여 포기로 되며 수피는 검은 갈색이고 밋밋하다. 잎은 3개씩 돌려나고 선상 바소꼴이며 두껍고 가장자리가 밋밋하다. 표면은 짙은 녹색이며 양면에 털이 없다. 꽃은 붉은색, 흰색, 자홍색으로 가지 끝에 취산꽃차례로 달린다. 꽃받침은 5개로 깊이 갈라지며 꽃잎은 윗부분이 5개로 갈라진다. 열매는 골돌과다. 수피와 뿌리를 강심제로 쓰이지만 줄기를 자르면 흰 즙이 나오며 독성이 강해 주의해야한다.

전라도
야생화

박주가리

과명 박주가리과

학명 *Metaplexis japonica* (Thunb.) Makino 개화기 7~8월

산이나 들, 인가주변의 양지나 반음지에 자생하는 덩굴성 여러해살이풀로 길이 3m 내외다. 줄기를 자르면 젖 같은 흰색 유액이 나온다. 땅속줄기가 길게 뻗어 번식한다. 잎은 마주나며 긴 심장형이며 표면에 광택이 있으며 뒷면은 분백색이다. 잎 가장자리는 밋밋하며 약간 물결모양을 하고 있다. 꽃은 엷은 검붉은색이나 흰색으로 총상꽃차례를 이루어 핀다. 열매는 표주박같은 넓은 바소꼴이다. 나마자, 나마 등의 속명을 갖고 있다. 한방과 민간에서 약으로 쓰이지만 유독성 식물이다.

과명 박주가리과

학명 *Cynanchum paniculatum* Kitagawa 개화기 8~9월

산해박

산과 들의 양지바른 풀밭에서 자라는 여러해살이풀로 높이는 40~100cm다. 줄기는 곧추 서며 굵은 수염뿌리가 있다. 잎은 어긋나며 바소꼴이거나 선상 바소꼴로 끝이 매우 뾰족하고 가장자리가 밋밋하다. 표면과 가장자리에 짧은 털이 약간 있으며 가장자리가 약간 뒤로 말린다. 꽃은 녹색을 띤 노란색으로 줄기 끝과 잎겨드랑이에서 나온 꽃대에 산방꽃차례를 이룬다. 꽃받침과 꽃부리는 5갈래로 갈라진다. 수술은 5개다. 열매는 골돌과로 주머니 모양이며 밑으로 처진다. 뿌리는 약용으로 쓰인다.

민백미꽃

과명 박주가리과

학명 *Cynanchum ascyrifolium* (Fr. et Sav.) Matsumura 개화기 5~7월

산이나 들의 풀밭의 반그늘에서 자라는 여러해살이풀로 높이는 30~60cm다. 줄기는 곧추 서며 가지가 갈라지지 않는다. 전체에 가는 털이 난다. 잎은 마주나며 타원형이거나 달걀모양으로 가장자리가 밋밋하다. 잎 앞면은 녹색이고 뒷면은 연한 녹색이다. 꽃은 흰색으로 줄기 끝과 위쪽 잎겨드랑이에 산형으로 달려 전체적으로 취산꽃차례를 이룬다. 꽃부리는 5갈래로 갈라지며 털이 없다. 열매는 골돌과다. 관상용으로 심으며 뿌리는 약용으로 쓰인다. 백미꽃에 비해서 꽃은 흰색이며 꽃자루가 길고 꽃부리는 털이 없으므로 구분된다.

과명 박주가리과

학명 *Cynanchum inamoenum* (Maxim.) Loes. 개화기 7~8월

선백미꽃

산지에서 자라는 여러해살이풀로 높이는 30~60cm다. 줄기는 곧게 서고 짧은 털이 있고 자르면 우윳빛의 즙액이 나온다. 잎은 마주나고 달걀모양이거나 타원형 또는 좁은 타원형이며 끝이 뾰족하며 가장자리가 밋밋하다. 꽃은 연한 노란색으로 잎겨드랑이에 모여 달린다. 꽃부리는 5개로 깊게 갈라지고 부화관의 갈라진 조각은 수술대와 길이가 비슷하고 넓은 삼각형이다. 열매는 골돌과이고 바소모양이다. 관상용으로 쓰이며 뿌리는 약용으로 쓰인다. 한방에서 백미꽃의 대용으로 쓰인다.

애기나팔꽃

과명 메꽃과 학명 *Ipomoea lacunosa* L. 개화기 7~10월

북아메리카 원산의 귀화식물이며 길가나 경작지 인근에서 자라는 덩굴성식물로 길이는 2m에 달한다. 다른 식물을 감거나 땅 위로 뻗으며 전체에 흰색 털이 있다. 잎은 어긋나며 달걀모양이거나 원형으로 끝이 길게 뾰족해지고 앞면에 흰색 털이 드물게 있다. 가는 잎자루가 있다. 꽃은 흰색이거나 연분홍색으로 잎겨드랑이에서 나온 꽃자루에 1~3개가 달린다. 꽃부리는 깔때기 모양이며 5각형으로 얕게 갈라진다. 열매는 삭과로 둥글다. 뿌리는 식용으로 쓰이기도 한다.

과명 메꽃과 학명 *Pharbitis purpurea* Voigt 개화기 7~10월

둥근잎나팔꽃

북아메리카 원산으로 덩굴성 한해살이풀로 길이 120~300cm다. 왼쪽으로 감아 올라가며 줄기에 밑으로 향하고 있는 털이 있다. 잎은 어긋나고 잎자루는 가늘다. 나팔꽃과 비슷하지만 잎이 심장형이고 갈라지지 않는다. 꽃은 붉은빛을 띤 자주색이나 흰색, 자주색 등으로 잎겨드랑이에서 1~5개 나오고 보통 산형꽃차례로 달린다. 꽃받침은 바소꼴이거나 긴 타원모양이며 끝이 뾰족하고 거친 털이 기부 근처에 난다. 꽃잎은 깔때기 모양이다. 열매는 둥근 삭과다. 종자는 약용으로 쓰인다.

갯메꽃

과명 메꽃과

학명 *Calystegia soldanella* Roem. et Schult. 개화기 5~6월

해안가나 섬의 물이 잘 빠지고 햇볕이 잘 드는 모래땅에서 자라는 덩굴성 여러해살이풀로 30~80cm다. 땅속줄기는 굵고 모래 속에서 옆으로 길게 벋고 줄기는 땅 위를 기거나 다른 물체를 감고 올라간다. 잎은 어긋나며 끝이 오목하거나 둥글며 광택이 난다. 꽃은 분홍색으로 잎겨드랑이에서 난 꽃자루에 한 개씩 핀다. 꽃잎 안쪽으로 5갈래의 흰색 줄이 선명하게 있다. 수술은 5개이며 암술은 한 개다. 열매는 삭과로 둥글다. 어린 순과 땅속줄기는 식용과 약용으로 쓰인다.

과명 메꽃과

학명 *Calystegia japonica* (Thunb.) Chois. 개화기 6~8월

메꽃

들이나 밭둑에서 자라는 덩굴성 여러해살이풀로 길이는 2m 내외다. 땅속줄기가 사방으로 길게 벋으며 군데군데에서 새순이 나와 서로 엉긴다. 잎은 어긋나며 잎자루가 길고 긴 타원상 바소꼴이다. 꽃은 연한 붉은색으로 잎겨드랑이에 긴 꽃줄기가 나와서 끝에 1개씩 위를 향하여 달린다. 꽃은 지름 5cm 정도이고 깔때기형이다. 5개의 수술과 1개의 암술이 있고 흔히 열매를 맺지 않으며 꽃자루가 길다. 약명으로 선화라고도 불린다. 뿌리는 식용, 약용으로 쓰인다. 유사종으로 애기메꽃과 큰메꽃이 있다.

새삼

과명 메꽃과 학명 *Cuscuta japonica* Chois. 개화기 7~9월

산야와 밭의 물가에서 다른 식물에 기생하는 덩굴성 한해살이풀로 길이는 3~5m다. 처음에는 땅위에서 자라지만 칡이나 쑥 등에 기생하여 양분을 흡수하기 시작하면 땅 속의 뿌리가 없어진다. 잎은 퇴화되어 비늘 모양으로 남아있다. 전체에 엽록소가 없다. 꽃은 연한 황백색으로 피며 여러 개가 모여 덩어리를 이룬다. 수술은 5개 암술은 1개이며 암술머리는 2갈래로 갈라진다. 열매는 삭과이며 긴 달걀모양이다. 금등등, 무근초, 토사자 등으로 불린다. 한방 등 민간에서 약으로 쓰인다.

과명 메꽃과 학명 *Cuscuta australis* R. Br. 개화기 7~8월

실새삼

밭둑이나 풀밭에서 자라는 한해살이 기생식물로 길이는 약 50cm다. 콩과식물에 주로 기생하고 실 같은 덩굴이 자란다. 잎은 어긋나고 비늘 같은 잎이 드문드문 달리며 전체에 털이 없고 왼쪽으로 감으면서 벋는다. 꽃은 흰색으로 가지의 각 부분에 총상꽃차례로 덩어리처럼 달린다. 꽃자루는 짧고 꽃받침잎은 5개이며 넓은 타원형이다. 육질이며 꽃부리보다 짧다. 꽃부리는 종 모양이고 5갈래로 갈라진다. 열매는 삭과로 둥글다. 실거리지심이라고도 한다. 한방에서 종자와 포기 전체를 약용으로 쓰인다.

미국실새삼

과명 메꽃과 학명 *Cuscuta pentagona* Engelm 개화기 6~8월

밭둑이나 풀밭에서 자라는 한해살이 기생식물로 길이는 약 50cm다. 1mm내외의 실 같은 덩굴이 자란다. 잎은 어긋나고 비늘 같은 잎이 드문드문 달리며 전체에 털이 없고 왼쪽으로 감으면서 벋는다. 꽃은 흰색으로 가지의 각 부분에 총상꽃차례로 덩어리처럼 달린다. 꽃자루는 짧고 꽃받침잎은 5개이며 넓은 타원형이다. 육질이며 꽃부리보다 짧다. 꽃부리는 종 모양이고 5갈래로 갈라진다. 꽃부리 열편 끝이 뾰족하다. 열매는 삭과로 둥글다. 실새삼이 콩과 식물에 기생하는데 반해 이 풀은 모든 식물에 기생한다.

과명 지치과 학명 *Messerschmidia sibirica* L. 개화기 8월

모래지치

바닷가 모래땅에 자라는 여러해살이풀로 높이는 25~40cm다. 땅속줄기가 옆으로 길게 벋으며 누운 털이 밀생하고 가지가 많이 갈라진다. 잎은 어긋나며 두껍고 주걱 모양으로 가장자리가 밋밋하다. 잎 양면에 털이 많다. 꽃은 흰색으로 가지 끝과 위쪽 잎겨드랑이에 취산꽃차례로 달린다. 꽃받침은 중앙까지 5갈래로 갈라진다. 꽃부리는 겉에 누운 털이 있으며 5개로 갈라진다. 수술은 5개이며 꽃부리 밖으로 나오지 않는다. 열매는 핵과로 둥근 타원형이다. 사인초, 자란초, 구내자초, 구뇨화 등으로도 불린다.

반디지치

과명 지치과
학명 *Lithospermum zollingeri* A. DC. 개화기 5~6월

양지바른 풀밭이나 모래땅에 자라는 여러해살이풀로 높이는 15~25cm다. 원줄기에 퍼진 털이 있고 다른 부분에도 비스듬히 선 털이 있다. 줄기는 꽃이 진 다음에 옆으로 벋는 가지가 자라서 뿌리를 내리며 다음해에 싹이 돋는다. 잎은 어긋나며 긴 타원형이거나 거꾸로 세운 달걀모양으로 밑부분은 좁아져서 잎자루처럼 되며 가장자리는 밋밋하다. 꽃은 푸른빛을 띤 자주색으로 줄기 끝의 잎겨드랑이에 1개씩 달린다. 꽃받침은 5갈래로 깊게 갈라지며 끝은 날카롭다. 꽃부리는 녹자색이고 깔때기 모양이다. 열매는 소견과다.

과명 지치과

학명 *Trigonotis radicans var. sericea* (Maxim.) Hara 개화기 5~7월

참꽃마리

산기슭 습지나 들에서 자라는 여러해살이풀로 높이는 10~15cm다. 줄기는 모여나며 길게 자란 다음 지면을 따라 벋으며 땅에 닿는 마디부분은 뿌리를 내린다. 전체적으로 잔털이 있다. 뿌리잎은 뭉쳐나고 줄기잎은 어긋나며 달걀모양이며 끝이 뾰족하고 밑 부분이 둥글거나 심장모양이다. 꽃은 하늘색이나 연한 보라색으로 줄기 윗부분의 잎겨드랑이에 달린다. 꽃받침잎은 꽃이 진 다음 자라고 바소꼴이다. 참꽃말이, 털개지치, 거센털개지치 등의 속명으로도 불린다. 어린 순은 식용하며 풀 전체가 약용으로 쓰인다.

꽃마리

과명 지치과

학명 *Trigonotis peduncularis* Benth. 개화기 4~7월

산과 들이나 밭에서 자라는 두해살이풀로 높이는 10~30㎝다. 밑부분에서 갈라져 여러대가 한군데에서 나온 것 같으며 전체에 짧은 누운 털이 있다. 잎은 어긋나며 긴 타원형이거나 달걀모양이며 양끝이 좁고 가장자리가 밋밋하다. 꽃은 연한 자주색이나 하늘색으로 줄기나 가지 끝에 총상꽃차례를 이루며 달린다. 꽃차례는 끝부분이 말려 있으며 풀리면서 아래쪽에서부터 차례로 꽃이 핀다. 열매는 분열과다. 부지채, 생조약, 계장초, 꽃말이, 잣냉이라고도 불린다. 어린 순은 식용하며 야뇨증, 이질 등의 약으로 쓰인다.

마편초

과명 마편초과 학명 *Verbena officinalis* L. 개화기 7~8월

남쪽 해안가와 섬에서 자라는 여러해살이풀로 높이는 30~60cm다. 원줄기는 사각형이며 전체에 잔털이 있고 광택이 있으며 곧추 자란다. 잎은 마주나고 3개로 갈라지며 달걀모양이다. 갈래조각은 다시 깃처럼 갈라지고 표면은 잎겨드랑이를 따라 주름이 지며 뒷면은 맥이 튀어나온다. 꽃은 연한 자주색으로 원줄기 끝과 가지 끝에서 수상꽃차례로 달리고 꽃이 밑에서부터 길이는 30cm에 달한다. 열매는 4분과다. 꽃이 지고 난 후 꽃줄기의 모습이 말의 채찍을 닮았다해서 붙여진 이름이다. 봉경초, 용아초라고도 한다. 약용으로 쓰인다.

전라도
야생화

작살나무

과명 마편초과 학명 *Callicarpa japonica* Thunb. 개화기 8월

산기슭에서 자라는 낙엽관목으로 높이는 2~3m다. 잔가지는 둥글며 성모가 있으나 점차 없어진다. 잎은 마주나며 달걀모양이거나 긴 타원형으로 가장자리에 가는 톱니가 있다. 꽃은 연한 자주색으로 잎겨드랑이에 취산꽃차례로 많이 달린다. 꽃받침은 종 모양으로 끝이 4갈래로 얕게 갈라지거나 갈라지지 않는다. 꽃부리는 끝이 4갈래로 갈라진다. 수술은 4개로 암술은 1개다. 열매는 핵과이며 자주색으로 익는다. 생울타리용으로 재배하고 약용으로 쓰인다. 가지가 줄기를 중심으로 양쪽으로 갈라진 모양이 작살 같아 이 같이 불린다.

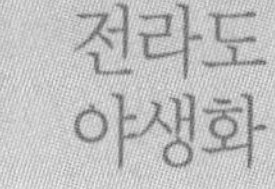

과명 마편초과

학명 *Clerodendron trichotomum* Thunb. 개화기 8~9월

누리장나무

산기슭이나 계곡 또는 바닷가에서 자라는 낙엽관목으로 높이는 2~3m다. 잎은 마주나고 달걀모양이며 끝이 뾰족하다. 밑은 둥글고 가장자리에 톱니가 없으며 양면에 털이 난다. 털이 없으나 뒷면에는 털이 있다. 꽃은 양성화로 엷은 붉은색으로 취산꽃차례로 새가지 끝에 달린다. 꽃받침은 붉은빛을 띠고 5개로 깊게 갈라진다. 열매는 핵과로 둥글다. 식물 전체에서 누린내가 난다 하여 이 같이 불리었다. 개나무, 노나무, 구릿대나무, 누리개나무라는 속명을 갖고 있다. 어린 잎은 나물로 먹고 관상용으로 심으며 약용으로 쓰인다.

순비기나무

과명 마편초과 학명 *Vitex rotundifolia* L. f. 개화기 4~5월

해안가나 섬의 모래땅에서 자라는 상록관목으로 길이는 5m이내다. 줄기가 땅속에 묻히고 옆으로 벋으며 마디에서 많은 뿌리가 생성된다. 잎은 마주나며 달걀모양이며 두껍고 표면에는 잔털이 많이 있으며 회색빛이 돌고 뒷면은 은백색이다. 꽃은 보라색으로 새 가지 끝과 잎겨드랑이에 2~5개씩 달린다. 꽃받침 잎은 술잔 모양이고 암술머리는 연한 자주색으로 2개로 갈라진다. 열매는 핵과로 검은 자주색이다. 단엽만형, 만형자나무, 풍나무라고도 한다. 관상용으로 쓰이며 열매는 약용으로 쓰인다.

과명 마편초과

학명 *Caryopteris divaricata* (S. et Z.) Maxim. 개화기 7~8월

누린내풀

산과 들에서 자라는 여러해살이풀로 높이는 약 1m다. 전체에 짧은 털이 있고 불쾌한 냄새가 난다. 원줄기는 사각형이고 가지가 많이 갈라진다. 잎은 마주나고 넓은 달걀모양이거나 달걀모양이다. 끝이 뾰족하고 밑은 둥글며 가장자리에 둔한 톱니가 있다. 꽃은 하늘색을 띤 자주색으로 원줄기와 가지 끝에 원뿔형으로 달린다. 각 잎겨드랑이의 꽃차례는 긴 꽃자루가 있다. 꽃받침은 종모양이며 녹색이고 5개로 갈라진다. 암술대와 수술대가 반원처럼 둥글게 휘는 모습이 특이하다. 노린재풀이라고도 한다. 약용으로 쓰인다.

층꽃나무

과명 마편초과

학명 *Caryopteris incana* (Thunb.) Miq. 개화기 7~9월

남부지방의 산이나 섬에서 자라는 여러해살이풀로 높이는 30~60cm다. 줄기는 곧게 서고 윗 부분은 겨울 동안 죽으며 어린 가지에 털이 밀생한다. 잎은 마주나고 달걀모양이며 끝이 뾰족하다. 양면에 털이 많고 가장자리에 5~10개의 굵은 톱니가 있다. 꽃은 연한 자주색으로 윗 부분의 잎겨드랑에 꽃자루가 짧은 작은 꽃이 여러 개 조밀하게 줄기를 둘러싸는 모양으로 둥글게 집산꽃차례를 이루어 핀다. 한방과 민간에서는 약재로 쓰이며 밀원식물이다. 흰꽃이 피는 것을 흰층꽃나무라고 한다.

과명 꿀풀과

학명 *Scutellaria indica* f. *albiflora* Y.N.Lee 개화기 5~6월

흰골무꽃

산지의 숲속에서 자라는 여러해살이풀로 20~40cm다. 긴 퍼진 털이 많으며 원줄기는 둔한 사각형이고 비스듬히 자라다가 곧추선다. 잎은 마주나며 원심형이다. 양면에 털이 있고 가장자리에 둔한 톱니가 있다. 꽃은 흰색으로 줄기 끝에 10개 이상이 모여 한쪽으로 치우쳐 2줄로 달린다. 꽃부리는 긴 통 모양이고 밑부분은 구부러진다. 끝이 입술 모양이고 윗입술모양꽃부리는 투구모양이다. 수술은 4개인데 2개는 길다. 어린 순은 나물로 먹는다.

자주광대나물

과명 꿀풀과 학명 *Lamium purpureum* L. 개화기 5월

유럽원산으로 풀밭이나 습한 길가에서 자라는 한해 또는 두해살이풀로 높이는 10~25cm다. 줄기는 곧게 서나 아래쪽은 땅에 누워 가지가 갈라진다. 잎은 마주나며 대가 길며 둥근 달걀모양이다. 가늘고 긴 잎자루가 있다. 꽃은 검붉은 색으로 총상꽃차례를 이루며 위쪽의 잎겨드랑이와 가지 끝에 달린다. 갈래조각은 5개로 바소꼴이며 가장자리에 털이 있다. 판통은 곧고 외부에 털이 있다. 수술은 4개, 암술은 1개이다. 열매는 분과다. 광대꽃으로도 불린다. 잎이 자주색을 띠기 때문에 이 같은 이름으로 불린다.

과명 꿀풀과 학명 *Ajuga decumbens* Thunb. 개화기 3~6월

금창초

길가나 논·밭둑에서 자라는 여러해살이풀로 높이는 5~15cm다. 원줄기가 옆으로 벋고 줄기와 잎에는 털이 있다. 뿌리잎은 방사상으로 퍼지며 넓은 거꾸로 된 바소꼴로 짙은 녹색이지만 흔히 자줏빛이 돌고 밑으로 점차 좁아지며 가장자리에 둔한 물결모양의 톱니가 있다. 꽃은 자주색으로 잎 겨드랑이에 여러 개가 돌려난다. 꽃받침은 5갈래로 털이 난다. 꽃부리의 윗입술은 2갈래, 아랫입술은 3갈래로 갈라진다. 열매는 소견과다. 금란초, 가지조개나물로도 불린다. 어린 잎은 나물로 먹으며 풀 전체가 약용으로 쓰인다.

내장금란초

과명 꿀풀과

학명 *Ajuga decumbens Thunberg* var. *rosa* Y.N.Lee 개화기 5~6월

제주도, 울릉도와 주로 남부지방의 산기슭이나 풀밭에서 자라는 여러해살이풀로 높이는 5~15m다. 뿌리줄기는 짧으며 줄기는 사방으로 나서 땅위를 기지만 마디에서 뿌리는 내리지 않는다. 전체에 흰색의 곱슬털이 있다. 뿌리잎은 방사상으로 퍼지고 넓은 거꾸로 세운 바소꼴로 끝은 둔하며 밑은 점차 좁아지고 가장자리에 둔한 물결모양의 톱니가 있으며 흔히 자줏빛이 돌며 윤기가 난다. 줄기잎은 마주나며 긴 타원형이거나 달걀모양이다. 분홍색 꽃이 피고 내장산에서 최초 발견돼 이 같이 불린다.

조개나물

과명 꿀풀과 학명 *Ajuga multiflora* Bunge 개화기 5~6월

야산이나 들에 나는 여러해살이풀로 높이는 30cm 내외다. 풀 전체에 긴 털이 많이 나 있으며 줄기는 곧추 선다. 잎은 마주나며 타원형이거나 달걀모양이며 양면에 긴 솜털이 있으나 점차 없어지며 가장자리에 물결모양의 톱니가 있다. 꽃은 자주색으로 잎겨드랑이에 총상꽃차례로 달린다. 꽃부리는 긴 통처럼 생긴 입술 모양이다. 열매는 분과로 둥글납작하다. 근골초, 다화근골초라고도 한다. 어린 순은 나물로 먹으며 꽃이 달린 채로 말린 풀 전체가 약용으로 쓰인다. 흰조개나물과 붉은조개나물도 있다.

개곽향

과명 꿀풀과 학명 *Teucrium japonicum* Houtt. 개화기 7~8월

산지 숲 속에서 자라는 여러해살이풀로 높이는 30~70cm다. 털이 적으며 줄기는 곧추 선다. 줄기는 네모지며 가지를 치고 밑으로 굽는 잔털이 있다. 잎은 마주나며 잎몸은 바소꼴이거나 긴 타원형으로 가장자리에 거친 톱니가 있다. 잎 뒷면 맥에 짧은 털이 약간 있다. 꽃은 연한 분홍색으로 줄기 윗부분 잎겨드랑이에서 총상꽃차례로 달린다. 향기가 없다. 꽃부리는 연한 자주색으로 입술 모양이다. 수술 4개 중에서 2개는 길어 화관통 밖으로 나온다. 열매는 소견과이다. 좀곽향, 모수재로도 불린다. 어린 순은 식용으로 쓰이며 풀 전체가 약용으로 쓰인다.

과명 꿀풀과 학명 *Scutellaria indica* L. 개화기 5~6월

골무꽃

산지의 숲속에서 자라는 여러해살이풀로 높이는 30~40cm다. 긴 퍼진 털이 많으며 원줄기는 둔한 사각형이고 비스듬히 자라다가 곧추선다. 잎은 마주나며 심장 모양 또는 원형으로 잎자루가 있으며 가장자리에 둔한 톱니가 있다. 양면에 털이 빽빽이 난다. 꽃은 자주색으로 줄기 끝에 10개 이상이 모여 한쪽으로 치우쳐 2줄로 달린다. 꽃부리는 기부가 구부러져 곧게 선다. 아랫입술의 중앙부에 짙은 붉은색 반점이 있으며 수술은 4개인데 2개는 길다. 골무, 연관초, 편향화라고도 불린다. 어린 잎은 나물로 먹으며 약용으로 쓰인다.

참골무꽃

과명 꿀풀과 학명 *Scutellaria strigillosa* Hemsl. 개화기 7~8월

바닷가 모래땅에서 자라는 여러해살이풀로 높이는 10~40cm다. 뿌리줄기가 길게 옆으로 벋으며 능선에 위를 향한 털이 있다. 줄기는 네모지고 세로 골이 있다. 잔털이 있으며 많은 가지가 갈라지며 곧게 자란다. 잎은 마주나며 끝이 둥근 타원모양 또는 긴 타원모양으로 가장자리에 둔한 톱니가 있다. 잎의 양면에는 털이 조금 있다. 꽃은 자주색으로 줄기 윗부분의 잎겨드랑이에 양쪽으로 2개씩 달린다. 열매는 분과로 반원모양이다. 꽃이 골무꽃에 비해 크고 모양새가 더 뚜렷해 이 같이 불리며 유사종으로 왜골무꽃이 있다.

과명 꿀풀과
학명 *Agastache rugosa* (Fisch. et Meyer.) O. Kuntze 개화기 7~9월

배초향

햇볕이 드는 자갈밭에서 자라는 여러해살이풀로 높이는 40~100cm다. 줄기는 곧게 서고 윗부분에서 가지가 갈라지며 네모진다. 잎은 마주나고 달걀모양이나 심장형이며 끝이 뾰족하고 밑은 둥글며 긴 잎자루가 있으며 가장자리에 둔한 톱니가 있다. 꽃은 자주색 입술 모양으로 가지 끝과 원줄기 끝의 윤산꽃차례에 달린다. 꽃차례는 이삭 모양으로 꽃받침은 5개로 갈라지고 꽃부리는 윗입술 모양이다. 열매는 분열과로 달걀모양의 타원형이다. 어린 순을 나물로 먹는다. 관상용으로 심으며 곽향이라 하며 약용으로 쓰인다.

전라도 야생화

벌깨덩굴

과명 꿀풀과

학명 *Meehania urticifolia* (Miq.) Makino 개화기 5월

산골짜기 그늘에서 자라는 여러해살이풀로 높이는 15~30cm다. 긴 털이 드문드문 있고 옆으로 벋으면서 마디에서 뿌리가 내려 다음해의 꽃줄기로 된다. 5쌍 정도의 잎이 달린다. 잎은 마주나며 잎자루가 있으며 달걀모양 심장형이고 가장자리에 둔한 톱니가 있다. 꽃은 보라색으로 꽃줄기 위쪽 잎겨드랑이에서 한 쪽을 향해 핀다. 꽃받침은 끝이 5갈래로 갈라진다. 꽃부리의 윗입술은 2갈래로 깊게 갈라지며 아랫입술은 3갈래로 갈라진다. 열매는 소견과다. 어린 잎을 식용하며 관상용으로 심는다.

과명 꿀풀과

학명 *Glechoma hederacea Linne* var. *longituba* Nakai 개화기 4~5월

긴병꽃풀

산지의 습한 양지에서 여러해살이풀로 높이는 10~20cm다. 처음에는 곧추 자라다가 옆으로 벋으며 세로 골이 있고 퍼진 털이 있다. 잎은 마주나고 심장모양이며 가장자리에 부드러운 톱니모양이다. 꽃은 보라색으로 잎겨드랑이에 양쪽에 두 개씩 4개가 붙고 한 방향으로 피며 꽃에 긴 털이 많다. 꽃부리는 입술모양이고 아랫입술은 3개로 갈라지며 짙은 보라색 반점이 있다. 열매는 분과로 타원형이다. 장관연전초, 장군덩이라는 속명이 있다. 풀 전체가 해열이나 이뇨제로 쓰이며 밀원식물이다.

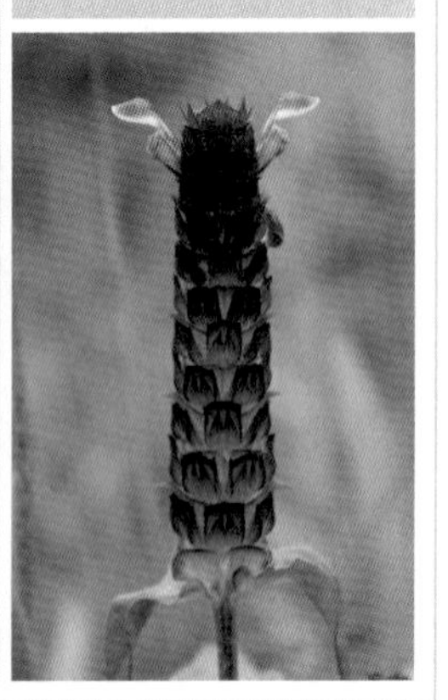

꿀풀

과명 꿀풀과

학명 *Prunella vulgaris* var. *lilacina* Nakai Hara 개화기 5~8월

산과 들에서 자라는 여러해살이풀로 높이는 20~30cm다. 전체에 흰털이 있으며 원줄기는 네모지고 꽃이 진 다음 밑에서 곁가지가 벋는다. 잎은 마주나며 달걀모양이거나 달걀모양의 타원형으로 가장자리가 밋밋하거나 톱니가 조금 있다. 꽃은 자주색이나 흰색으로 줄기 끝에 10개 이상이 모여 한쪽으로 치우쳐 2줄로 달린다. 꽃부리는 아랫입술이 3갈래로 갈라지며 중앙부에 짙은 자색 반점이 있으며 수술은 4개인데 2개는 길다. 꿀방망이, 가지골나물, 가지래기꽃으로도 불린다. 어린 싹은 나물로 먹으며 풀 전체가 약용으로 쓰인다.

과명 꿀풀과 학명 *Leonurus sibiricus* L. 개화기 7~9월

익모초

논·밭둑이나 길가의 빈터, 냇가에서 자라는 여러해살이풀로 50~100cm다. 줄기는 곧게 서고 네모지고 위를 향한 잔털이 밀생하기 때문에 전체가 흰색을 띤 녹색이 돌고 가지가 갈라진다. 뿌리잎은 넓은 달걀모양이고 5~7갈래로 갈라지고 잎자루가 길며 꽃이 필 때 마른다. 줄기잎은 마주나며 잎자루가 짧거나 없고 깃꼴이다. 꽃은 분홍색으로 입술모양의 꽃이 줄기 윗부분의 잎겨드랑이에 조밀하게 달린다. 열매는 소견과이다. 약명은 충위자, 충자이며 곤초, 총조 등 속명만 10여개가 넘는다. 방향성 식물로 밀원용식물이고 약용으로 쓰인다.

전라도 야생화

송장풀

과명 꿀풀과 학명 *Leonurus macranthus* Maxim. 개화기 8월

산과 들의 풀밭에서 자라는 여러해살이풀로 높이는 1m에 달한다. 줄기는 곧추 서고 둔한 사각형이며 전체에 갈색 누운 털이 빽빽이 난다. 잎은 마주나고 달걀 모양이거나 좁은 달걀모양으로 털이 있으며 가장자리에 둔한 톱니가 있다. 밑부분의 잎은 흔히 갈라지고 윗부분의 잎은 점차 작아진다. 꽃은 연한 붉은색으로 윗부분의 잎겨드랑이에 층층으로 달린다. 꽃받침은 5개로 갈라지고 갈래조각은 뾰족하다. 꽃부리는 입술 모양이다. 열매는 골돌과다. 약명은 잠채이며 개속단, 대화익모초라고도 한다.

과명 꿀풀과

학명 *Stachys riederi* var. *japonica* Miq. 개화기 6~9월

석잠풀

산과 들의 습기가 있는 곳에서 자라는 여러해살이풀로 높이는 30~60cm다. 땅속줄기는 희고 길게 옆으로 뻗는다. 줄기는 곧추서며 잎은 마주나며 바소꼴가장자리에 뾰족한 톱니가 있다. 잎은 위로 올라갈수록 작으며 잎자루도 없다. 꽃은 연한 자주색으로 줄기 위쪽의 마디사이에서 6~8개씩 층층이 돌려난다. 꽃받침은 종 모양으로 5갈래로 갈라지고 갈래는 뾰족하다. 열매는 소견과다. 석잠, 송엽초, 황미화라고도 불린다. 관상용으로 심으며 풀 전체가 약용으로 쓰인다.

광대나물

과명 꿀풀과 학명 *Lamium amplexicaule* L. 개화기 3~5월

밭이나 길가에서 자라는 두해살이풀로 높이는 10~30cm다. 밑에서 가지가 많이 갈라져 여러 대가 한군데에서 자라며 원줄기는 가늘고 네모가 지며 자줏빛이 돈다. 잎은 마주나며 아래쪽의 것은 원형으로 잎자루가 길다. 위쪽 잎은 잎자루가 없고 반원형이며 양쪽에서 줄기를 완전히 둘러싼다. 꽃은 붉은 보라색으로 잎겨드랑이에서 여러 개가 핀다. 꽃받침은 5개로 갈라지고 잔털이 있다. 코딱지나물, 보개초, 진주연, 접골초, 작은잎꽃수염풀라고도 한다. 어린 순은 나물로 먹고 풀 전체가 약으로 쓰인다.

과명 꿀풀과

학명 *Lamium album* var. *barbatum* (S. et Z.) Fr. et Sav. 개화기 5월

광대수염

산지의 약간 그늘진 곳에서 자라는 여러해살이풀로 높이는 30~60cm다. 줄기는 곧게 서며 원줄기는 네모지고 마디에 긴털이 있다. 잎은 마주나며 달걀모양이며 끝이 뾰족하고 가장자리에 톱니가 있다. 잎 양면은 맥 위에 털이 드문드문 난다. 꽃은 흰색이거나 연한 노란색으로 잎겨드랑이에서 5~6개씩 층층이 빽빽하게 달린다. 꽃이 달리는 잎에도 잎자루가 있다. 꽃부리의 아랫입술은 넓게 퍼지며 옆에 부속체가 있다. 열매는 소견과다. 야지마, 수모야지마라고도 한다. 밀원식물로 풀 전체를 강장, 대하증 등에 약용으로 쓰인다.

배암차즈기

과명 꿀풀과 학명 *Salvia plebeia* R. Br. 개화기 5~7월

약간 습한 도랑 근처에서 자라는 두해살이풀로 높이는 30~70cm다. 줄기는 네모지고 밑을 향한 잔털이 있다. 뿌리잎은 꽃이 필 때 마른다. 줄기잎은 긴 타원형이거나 넓은 바소꼴로 가장자리에 둔한 톱니가 있다. 꽃은 보라색으로 줄기 끝과 위쪽 잎겨드랑이에서 난 총상꽃차례로 달린다. 꽃부리는 작은 입술 모양이다. 수술은 4개지만 2개만 완전하다. 암술은 1개이며 끝이 2갈래로 갈라지고 꽃부리 밖으로 나온다. 열매는 소견과로 넓은 타원형이다. 곰보배추라 하며 재배하기도 한다.

과명 꿀풀과 학명 *Mosla dianthera* Maxim. 개화기 7~9월

쥐깨풀

약간 습기가 있거나 양지바른 들에 자라는 한해살이풀로 높이는 20~50cm다. 원줄기는 네모가 지며 능선 위에 밑을 향한 짧은 털이 있다. 잎은 마주나며 달걀모양이거나 넓은 달걀모양으로 가장자리에 톱니가 4~6개씩 있다. 꽃은 흰색이거나 붉은빛이 도는 흰색으로 가지 끝에서 2개씩 마주 달려서 이삭꽃차례처럼 달린다. 꽃받침은 끝이 둔하다. 수술은 4개 그 중에서 2개가 길다. 열매는 소견과이다. 들깨풀은 아래 잎은 잎자루가 있고 위의 잎은 잎자루가 없다. 쥐깨풀과 산들깨는 잎자루가 위 아래 모두 있다.

쉽싸리

과명 꿀풀과

학명 *Lycopus ramosissimus var. japonicus* Kitamura 개화기 7~8월

습지 근처에서 자라는 여러해살이풀로 높이는 1m 내외다. 원줄기는 곧게 서고 네모지며 녹색이지만 마디는 검은 빛이 돌고 흰털이 있다. 땅속줄기는 흰색으로 굵고 옆으로 벋으면서 그 끝에 새순이 나온다. 잎은 마주나고 거의 잎자루가 없고 옆으로 퍼지며 가장자리에 날카로운 톱니가 있다. 넓은 바소꼴로 양끝이 좁고 둔하며 밑으로 좁아진다. 꽃은 흰색으로 잎겨드랑이에 작은 크기로 모여 달린다. 꽃부리는 입술 모양이다. 지삼, 택란, 지순, 개조박이, 지과인묘, 쉽사리라고도 한다. 어린 순은 나물로 먹으며 풀 전체가 약용으로 쓰인다.

과명 꿀풀과

학명 *Clinopodium chinense* var. *grandiflora* (Maxim.) Kitag. 개화기 7~8월

꽃층층이꽃

산과 들에 자라는 여러해살이풀로 높이는 15~40cm다. 줄기는 곧추서며 가지가 갈라지며 네모지고 짧은 털이 있다. 잎은 마주나며 달걀모양이거나 긴 달걀모양이며 가장자리에 톱니가 있다. 꽃은 보라색으로 원줄기 끝과 가지 끝에 여러송이의 꽃이 층층으로 빽빽하게 달린다. 꽃받침은 붉은색을 띠며 5갈래로 갈라진다. 꽃부리는 붉은 빛이 돌며 겉에 잔털이 있고 입술모양으로 아랫입술은 깊게 3개로 갈라지며 짙은 반점과 털이 있다. 열매는 소견과로 둥글다. 조선사탁뇌화, 탑풀이라고도 한다. 어린 잎은 식용하고 풀 전체가 약용으로 쓰인다.

박하

과명 꿀풀과

학명 *Mentha arvensis* var. *piperascens* Malinv. 개화기 7~9월

산과 들이나 길가의 습기 있는 풀밭에서 자라는 여러해살이풀로 높이는 20~60cm다. 네모진 줄기는 곧추서며 가지가 갈라지고 털이 드문드문 있다. 잎은 마주나며 긴 타원형으로 가장자리에 날카로운 톱니가 있다. 꽃은 흰색 또는 연한 붉은색으로 위쪽 잎겨드랑이에서 여러 개가 둥근 모양으로 층층이 달린다. 꽃받침은 종 모양으로 5갈래로 갈라진다. 꽃부리는 4갈래로 갈라진다. 열매는 소견과로 달걀모양이다. 야인단초, 인단초, 아식향, 어행초 등으로도 불린다. 식물전체에 향기가 있어 약초로 재배하기도 한다.

과명 꿀풀과

학명 *Elsholtzia ciliata* (Thunb.) Halander 개화기 8~9월

향유

산과 들에서 자라는 한해살이풀로 높이는 30~60cm다. 원줄기는 사각형이며 털이 있고 곧추 자라며 강한 향기가 있다. 잎은 마주나며 긴 달걀모양이며 끝이 뾰족하고 양면에 털이 있으며 가장자리에 톱니가 있다. 꽃은 연한 자줏색으로 원줄기 끝과 가지 끝에 한쪽으로 치우쳐서 이삭 모양으로 달린다. 포는 둥근 부채같이 생기고 꽃받침보다 길거나 같으며 때로 자줏빛이 돈다. 꽃받침과 꽃부리에 털이 있고 꽃부리는 입술 모양이다. 열매는 분과다. 쇄기지심, 산소자, 호유, 노야기라고도 한다. 약용으로 쓰인다.

꽃향유

과명 꿀풀과 학명 *Elsholtzia splendens* Nakai 개화기 9~10월

산과 들에서 자라는 여러해살이풀로 높이는 30~60cm다. 줄기는 곧게 서고 네모지며 윗부분에서 많은 가지가 갈라진다. 잎자루와 더불어 굽은 흰털이 돋아 있다. 잎은 마주나며 달걀모양이거나 좁은 타원형으로 가장자리에 이 모양 톱니가 있다. 꽃은 분홍빛이 도는 자주색으로 줄기와 가지 끝에서 이삭꽃차례로 한쪽 방향으로 달린다. 향유에 비해 꽃이 크다. 꽃받침은 종 모양으로 5갈래로 갈라진다. 열매는 소견과다. 붉은향유, 해주향유라고도 불린다. 관상용으로도 심으며 약용으로 쓰인다.

과명 꿀풀과

학명 *Isodon japonicus* (Burm.) Hara 개화기 8~9월

방아풀

산과 들에서 자라는 여러해살이풀로 높이는 50~100cm다. 줄기는 네모진 능선에 밑을 향한 짧은 털이 있다. 잎은 마주나고 넓은 달걀모양이다. 표면은 녹색이고 뒷면은 연한 색이고 맥위에 잔털이 있다. 가장자리에 톱니가 있고 밑이 갑자기 좁아져서 잎자루의 날개가 된다. 꽃은 연한 자주색으로 원추꽃차례로 달린다. 꽃받침은 5갈래로 갈라지고 그 조각은 삼각형이다. 꽃부리는 입술 모양이다. 수술과 암술이 꽃부리 밖으로 나온다. 열매는 분열과로 납작한 타원형이다. 어린 순은 나물로 먹으며 풀 전체를 약용으로 쓰인다.

산박하

과명 꿀풀과

학명 *Isodon inflexus* (Thunb.) Kudo 개화기 6~8월

산지에서 자라는 여러해살이풀로 높이는 40~100cm다. 가지가 많으며 네모진 능선에 밑을 향한 짧은 흰색 털이 있다. 잎은 마주나고 삼각형 달걀모양이다. 밑은 잎자루의 날개 같이 되고 가장자리에 둔한 톱니가 있다. 양면 맥 위에 드문드문 털이 난다. 꽃은 자주색으로 줄기 위에 취산꽃차례로 달리고 전체가 커다란 꽃이삭이 된다. 꽃받침은 종 모양이며 털이 나고 5갈래로 갈라지는데 갈래조각은 좁은 삼각형이다. 열매는 작은 견과다. 깻잎나물, 깻잎오리방풀이라고도 한다. 어린 순은 나물로 먹는다.

과명 꿀풀과

학명 *Isodon excisus* (Maxim.) Kudo 개화기 6~8월

오리방풀

깊은 산에서 자라는 여러해살이풀로 높이는 50~100cm다. 네모진 능선을 따라 밑으로 향한 짧은 털이 있으며 여러 대가 모여 자란다. 잎은 마주나고 달걀모양의 원형이며 끝이 거북꼬리처럼 갈라지고 중앙갈래조각은 꼬리처럼 길고 가장자리에 톱니가 있다. 꽃은 자주색으로 잎겨드랑이와 끝에서 마주 자라는 취산꽃차례를 이룬다. 꽃받침은 5개로 갈라지고 꽃부리는 양 입술 모양이며 4개의 수술 중 2개가 길다. 열매는 분과다. 어린 순을 나물로 먹는다. 흰색 꽃이 피는 흰오리방풀도 있다.

전라도 야생화

속단

과명 꿀풀과 학명 *Phlomis umbrosa* Turcz. 개화기 7월

산지에서 자라는 여러해살이풀로 높이는 1m에 달한다. 전체에 잔털이 있으며 뿌리에 비대한 덩이뿌리가 5개 정도 달린다. 잎은 마주나며 잎자루가 길며 심장모양의 달걀모양이다. 잎가장자리에는 규칙적이고 둔한 톱니가 있으며 뒷면에 잔털이 있다. 꽃은 붉은색이 돌며 잎겨드랑이에서 자란 가지에 층층으로 달려 전체가 커다란 원추꽃차례가 된다. 꽃받침은 통처럼 생기고 갈래조각은 털 같은 돌기로 된다. 열매는 수과로 넓은 달걀모양이다. 천단, 상산, 등황으로도 불린다. 어린 순은 나물로 먹으며 뿌리는 약용으로 쓰인다.

전라도
야생화

과명 가지과 학명 *Lycium chinense* Mill. 개화기 6~9월

구기자나무

마을 근처의 둑이나 산비탈에서 자라는 낙엽관목으로 높이는 4m정도다. 줄기는 비스듬히 자라면서 끝이 밑으로 처져 다른 물체에 기대어 자란다. 밑에서부터 많은 가지가 갈라진다. 잎겨드랑이에는 짧은 가지가 변한 가시가 있다. 잎은 어긋나고 끝에서는 여러 장이 모여 나고 타원형이거나 긴 타원형으로 가장자리는 밋밋하다. 꽃은 연한 보라색으로 잎겨드랑이에서 3~5개씩 달린다. 열매는 장과다. 어린 잎과 열매는 식용하며, 열매와 뿌리껍질을 고혈압, 기침, 당뇨, 폐결핵 등에 약재로 쓰인다. 진도에서 대량 재배하기도 한다.

미치광이풀

과명 가지과 학명 *Scopolia japonica* Maxim. 개화기 4~5월

깊은 산 계곡에서 자라는 여러해살이풀로 높이는 30~60㎝다. 뿌리줄기에서 털이 없는 원줄기가 나오고 가지가 약간 갈라진다. 줄기가 연하며 성기게 갈라지고 원줄기에는 털이 없다. 잎은 마주나며 잎자루가 있고 타원상 달걀모양이며 양끝이 좁고 연하다. 꽃은 검은 자색으로 잎겨드랑이에 1개씩 달려서 밑으로 쳐지고 꽃받침은 녹색이고 5개로 불규칙하게 갈라진다. 열매는 삭과로 둥근모양이다. 미친풀, 광대작약, 초우성, 낭탕, 독뿌리풀으로도 불린다. 관상용으로 심으며 뿌리와 잎은 약용으로 쓰인다. 유사종으로 노랑미치광이풀이 있다.

과명 가지과

학명 *Physaliastrum japonicum* Honda 개화기 6~8월

가시꽈리

나무 그늘에서 자라는 여러해살이풀로 높이는 50~70cm다. 가지는 두 개씩 갈라지며 전체에 부드러운 털이 있다. 잎은 어긋나고 달걀모양으로 마디에 2장씩 달리며 끝이 뾰족하고 가장자리가 밋밋하며 잎자루가 짧다. 꽃은 중심부는 녹색을 띤 연노란색으로 1~3개씩 잎겨드랑이에 달리며 밑으로 향하여 핀다. 꽃받침은 잔모양으로 가시털이 있으며 끝이 5개로 갈라진다. 갈라진 조각은 세모모양이고 5개의 수술과 1개의 암술로 되어 있다. 열매는 장과로 흰색으로 익으며 가시 같은 돌기가 있다. 가시꼬아리라고도 한다.

까마중

과명 가지과 학명 *Solanum nigrum* L. 개화기 6~7월

길가나 밭, 밭둑 등에서 자라는 한해살이풀로 높이는 30~60cm다. 줄기는 곧게 서고 옆으로 가지가 많이 갈라진다. 잎은 어긋나며 달걀모양이며 가장자리가 밋밋하거나 물결모양의 톱니가 있다. 꽃은 흰색으로 꽃차례는 잎보다 위에서 나오며 꽃자루가 갈라지고 옆으로 퍼지며 여러 개가 산형꽃차례를 이루어 아래를 향해 달린다. 열매는 둥근 모양으로 검게 익는다. 먹때깔, 가마중, 까마종이, 깜뚜라지, 강태라고도 한다. 단맛이 있어 먹을 수 있지만 독성이 있다. 어린 잎을 나물로 먹는다. 풀 전체가 약용으로 쓰인다.

전라도
야생화

과명 가지과 학명 *Solanum lyratum* Thunb. 개화기 8~9월

배풍등

산이나 들, 인가의 울타리 등에서 자라는 덩굴성 여러해살이풀로 길이는 3m에 달한다. 줄기의 기부만 월동한다. 줄기 끝이 덩굴 같고 줄기와 잎에 선상의 털이 있다. 잎은 어긋나며 달걀모양이거나 긴 타원모양으로 밑 부분이 1~2쌍 조각으로 갈라진다. 꽃은 흰색으로 5~7개의 꽃차례를 이루며 잎과 마주난다. 꽃받침은 둔한 톱니가 있으며 꽃부리는 수레바퀴모양으로 5개로 길게 갈라진다. 열매는 장과로 둥글고 붉게 익는다. 청기, 설하홍, 독양천, 산호주 등의 속명을 갖고 있다. 약재로 쓰이지만 유독성식물이다.

참오동나무

과명 현삼과
학명 *Paulownia tomentosa* (Thunb.) Steud. 개화기 5~6월

주로 재배하는 낙엽교목으로 높이는 15m에 달한다. 가지는 굵고 넓게 퍼지며 일년생가지에 털이 빽빽이 난다. 나무 껍질은 회갈색이고 세로로 갈라진다. 잎은 마주나고 넓은 달걀모양이며 가장자리가 밋밋하거나 3~5개로 얕게 갈라지기도 한다. 표면에 털이 밀생하며 뒷면에 대가 있는 연한 갈색털이 밀생하고 가장자리가 밋밋하다. 긴 잎자루가 있다. 꽃은 연한 자주색이며 커다란 원추꽃차례에 달린다. 꽃받침은 5개로 갈라지며 꽃부리는 깔때기 비슷한 통 모양이며 안쪽에 자주색 점선이 있다. 열매는 삭과로 둥글다.

과명 현삼과

학명 *Mimulus nepalensis* var. *japonica* Miq 개화기 6~7월

물꽈리아재비

물가나 습기 많은 곳에서 자라는 여러해살이풀로 높이는 10~30m다. 줄기는 곧추 서거나 연약해서 조금 누워서 자라며 네모지고 털이 없다. 밑에서 가지가 많이 갈라진다. 잎은 마주나며 달걀모양 또는 타원 모양이며 가장자리에 둔한 톱니가 드문드문 있다. 꽃은 노란색으로 잎겨드랑이에서 1개씩 핀다. 꽃받침은 타원형으로 5개의 모서리가 있고 모서리에 날개가 있다. 꽃부리는 위쪽이 입술 모양으로 5갈래로 깊게 갈라진다. 수술은 4개다. 열매는 삭과로 긴 타원형이다. 유사종으로 애기물꽈리아재비가 있다.

토현삼

과명 현삼과 학명 *Scrophularia koraiensis* Nakai 개화기 7월

산지에서 자라는 여러해살이풀로 높이는 1.5m에 달한다. 줄기는 사각형이며 곧게 서고 털이 없다. 잎은 마주나며 잎자루가 짧으며 달걀모양 바소꼴로 끝이 뾰족하고 밑은 둥글며 가장자리에 잘고 뾰족한 톱니가 있다. 꽃은 검은빛을 띤 자주색으로 맨 꼭대기에서 원추꽃차례에 달리고 이 꽃차례는 취산꽃차례로 모여 이뤄진다. 작은 꽃줄기에 선모가 있다. 꽃받침은 5개로 갈라지며 꽃부리는 단지같이 생기며 갈래는 입술 모양이다. 4개의 수술 중 2개는 길다. 열매는 삭과로 달걀모양이다. 뿌리는 약용으로 쓰인다.

과명 현삼과 학명 *Mazus miquelii* Makino 개화기 5~8월

누운주름잎

약간 습기가 있는 곳에서 자라는 여러해살이풀로 높이는 5~10cm다. 밑에서 잎이 모여 나며 꽃이 진 다음 밑에서 기는 가지가 사방으로 번는다. 줄기는 약간 꾸불꾸불하여 털이 없다. 잎은 긴 달걀모양이거나 주걱모양이고 끝이 둔하며 잎자루와 함께 잎의 가장자리에 물결 모양의 톱니가 있다. 잎줄기잎은 마주나며 뿌리잎은 모여난다. 꽃은 자주색으로 총상꽃차례로 피며 작은 꽃대는 꽃받침보다 길다. 꽃받침은 5개로 갈라지고 꽃부리는 입술 모양으로 열매는 삭과로 둥글다. 누운담배풀, 통천초라고 한다.

주름잎

과명 현삼과

학명 *Mazus pumilus* (Burm. f.) Van Steenis 개화기 5~8월

약간 습기가 있는 곳에서 자라는 한해살이풀로 높이는 5~20㎝다. 밑에서 몇 개의 원줄기가 자란다. 잎은 마주나며 거꾸로 세운 달걀모양이거나 긴 타원상 주걱형이고 끝이 둥글며 밑부분이 잎자루로 흘러 가장자리에 둔한 톱니가 약간 있다. 잎의 주름살 때문에 이와 같이 불러졌다. 꽃은 가장자리는 흰색인 연한 자주색으로 원줄기 끝에 몇 개씩 뭉쳐 달린다. 꽃부리는 연한 자주색이며 가장자리가 백색이다. 열매는 삭과로 둥글다. 담배풀, 고추풀, 주름잎풀로도 불린다. 어린 순은 나물로 먹는다.

과명 현삼과

학명 *Lindernia procumbens* Borb. 개화기 7~8월

밭뚝외풀

논·밭둑이나 습지에서 자라는 한해살이풀로 높이는 7~15cm다. 털이 없으며 밑에서부터 가지가 갈라진다. 잎은 마주나고 잎자루가 없으며 긴 타원형으로 끝이 둔하며 가장자리가 밋밋하고 3~5개의 평행한 맥이 있다. 꽃은 연한 홍자색으로에 잎겨드랑이에서 핀다. 꽃받침은 줄모양의 바소꼴이며 5개로 갈라지며 꽃부리는 입술 모양이다. 열매는 삭과로 타원형이거나 긴 타원형이다. 쪽풀, 외풀, 모초, 밭둑외풀로도 불린다. 잎이 갸름하고 가장자리에 편평한 톱니가 있는 논뚝외풀도 있다.

산꼬리풀

과명 현삼과

학명 *Veronica rotundum* var. *subintegra* (Nak.) Yamazaki 개화기 8월

산지의 풀밭에서 자라는 여러해살이풀로 높이는 40~80cm다. 줄기는 곧게 서며 가지가 거의 없으며 굽은 털이 있다. 잎은 마주나며 잎자루가 거의 없으며 좁은 달걀모양이거나 긴 타원형이고 끝은 뾰족하며 밑부분이 좁다. 뒷면 맥 위에만 굽은 털이 약간 있으며 불규칙하고 뾰족한 톱니가 있다. 꽃은 파란빛을 띤 자주색으로 가지와 줄기 끝에 총상꽃차례로 달린다. 꽃받침과 꽃잎은 각 4개이며 수술은 2개이며 꽃밥은 짙은 자주색이다. 열매는 삭과다. 큰산꼬리풀은 가지가 갈라지지만 이 꽃은 거의 갈라지지 않는다.

과명 현삼과 학명 *Veronica persica* Poir. 개화기 3~5월

큰개불알풀

길가나 빈터 풀밭, 논·밭둑에서 자라는 한해살이풀로 높이는 10~30cm다. 부드러운 털이 있으며 밑부분이 옆으로 자라거나 비스듬히 서서 가지가 갈라진다. 잎은 줄기 밑부분에서 마주나고 윗부분에서는 어긋나며 삼각형 또는 달걀모양의 삼각형이다. 꽃은 하늘색으로 짙은 파란색의 줄이 있는 모습으로 잎겨드랑이에 1개씩 달린다. 남부지방에서는 한겨울에도 개화한다. 열매는 삭과로 2개의 모양 때문에 이 같은 이름으로 불린다. 지금, 봄까치꽃, 봄까치지심으로도 불린다. 어린 순은 나물로 먹으며 뿌리는 약용으로 쓰인다.

개불알풀

과명 현삼과

학명 *Veronica didyma* var. *lilacina* (Hera) Yamazaki 개화기 3~5월

길가나 빈터 풀밭, 논·밭둑에서 자라는 한해살이풀로 높이는 5~15cm다. 전체에 부드러운 털이 나며 줄기는 가지가 갈라지며 옆으로 자라거나 비스듬히 선다. 잎은 아래쪽에서는 마주나지만 위쪽에서는 어긋나며 달걀모양의 원형이며 가장자리에 둔한 톱니가 있다. 꽃은 연한 붉은 색을 띤 흰색으로 잎겨드랑이에 1개씩 달린다. 꽃부리는 4개로 갈라진다. 열매는 삭과로 2개의 모양 때문에 이 같은 이름으로 불린다. 큰개불알풀을 이 꽃으로 잘못 아는 이들이 많다.

과명 현삼과

학명 *Melampyrum roseum* Maxim. 개화기 7~8월

꽃며느리밥풀

산지의 숲 가장자리에서 자라는 반기생 한해살이풀로 높이는 30-50cm다. 줄기는 네모지고 능선 위에 짧은 털이 있다. 잎은 마주나고 잎은 좁은 달걀모양이거나 긴 타원모양이며 끝이 뾰족하고 잎의 양쪽 면에는 짧은 털이 있으며 가장자리는 밋밋하다. 꽃은 붉은 보라색으로 가지 끝에 수상꽃차례를 이루며 핀다. 아랫입술 부분에 흰색 무늬가 있으며 점차 붉게 변한다. 열매는 삭과이고 달걀모양이다. 이 꽃은 잎처럼 생긴 포 밑 부분에만 가시 같은 털이 있지는 알며느리밥풀은 포 윗부분까지 가시 같은 털이 있다.

알며느리밥풀

과명 현삼과

학명 *Melampyrum roseum* var. *ovalifolium* Nakai 개화기 8~9월

산지 풀밭에서 자라는 한해살이풀로 높이는 30~70cm다. 줄기는 곧게 서고 가지가 많으며 능선을 따라 굽은 흰색 털이 있다. 잎은 마주나고 달걀모양으로 밑으로 가면서 급하게 좁아진다. 꽃은 붉은 자주색으로 줄기 끝의 꽃대에 여러 개의 꽃이 아래에서 위쪽으로 어긋나게 달리고 끝에 긴 가시털 같은 톱니가 있다. 꽃받침은 잔털이 약간 있으며 꽃받침잎은 바소꼴이고 까락 같은 끝으로 되며 꽃부리는 둥근 돌기가 있다. 열매는 삭과로 달걀모양이다. 심한 시집살이를 겪었던 며느리에 대한 전설이 있는 꽃이다.

과명 현삼과

학명 *Phtheiropermum japonicum* (Thunb.) Kanitz 개화기 8~9월

나도송이풀

산과 들의 양지쪽 풀밭에서 자라는 반기생 한해살이풀로 높이는 30~60cm다. 줄기는 곧게 서며 가지가 많으며 잎과 함께 부드러운 잔털이 빽빽이 난다. 잎은 마주나고 잎자루가 있으며 세모진 달걀모양이며 끝이 뾰족하며 깃꼴로 깊게 갈라진다. 꽃은 붉은 빛을 띤 연한 자주색으로 줄기 위쪽에 있는 잎겨드랑이에 1개씩 달린다. 꽃받침은 5개로 갈라진다. 꽃받침조각은 녹색이고 긴 타원 모양이며 톱니가 있다. 열매는 삭과로 달걀모양이다. 송호, 나호, 토인진이라고도 한다. 풀 전체가 약재로 쓰인다.

송이풀

과명 현삼과 학명 *Pedicularis resupinata* L. 개화기 8~9월

깊은 산 숲속에서 자라는 여러해살이풀로 높이는 30~60cm다. 밑에서 여러 대가 나와 함께 자라며 때로 가지가 약간 갈라진다. 잎은 어긋나거나 마주나며 좁은 달걀모양이고 끝이 뾰족하다. 밑부분이 갑자기 좁아지고 가장자리에 규칙적인 겹톱니가 있다. 꽃은 붉은 빛을 띤 자주색이며 원줄기 끝에 모여 나는 포 같은 잎 사이에 달린다. 꽃받침은 앞쪽이 깊게 갈라지고 뒷면에는 2~3개의 톱니와 함께 짧은 털이 있다. 꽃부리의 윗입술은 새부리처럼 꼬부라지고 아랫입술은 얕게 3개로 갈라진다. 열매는 삭과로 끝이 뾰족한 긴 달걀모양이다. 마뇨소라고도 한다. 어린 순은 나물로 먹는다.

과명 열당과 학명 *Orobanche filicicola* Nakai 개화기 5~6월

백양더부살이

전북 정읍 내장산 일대에서 자라는 반기생 한해살이풀로 높이는 10~30㎝다. 쑥이 있는 곳의 풀숲에서 자란다. 줄기는 갈색빛이 돈다. 잔뿌리가 길다. 뿌리부분은 쉽게 조각조각 떨어진다. 잎은 비늘조각 같은 길쭉한 삼각형으로 어긋나게 달려 있고 잔털이 빽빽이 나 있다. 꽃은 보라색 바탕에 흰 줄무늬의 통꽃이 줄기 밑에서 윗부분까지 1~2㎝ 정도의 꽃들이 모여 달린다. 수술 4개와 암술이 있다. 열매는 갈색으로 달린다. 쑥더부사리라고도 불린다.

야고

과명 열당과 학명 *Aeginetia indica* L. 개화기 9월

주로 억새 뿌리에 기생하는 한해살이풀로 높이는 10~20cm다. 줄기가 짧기 때문에 거의 땅위로 나타나지 않는다. 잎은 어긋나고 비늘 조각 같다. 꽃은 붉은 빛이 진한 자주색으로 잎겨드랑이에서 나온 몇 개의 꽃자루 끝에 옆을 향하여 1개씩 달린다. 꽃받침은 배 모양이며 끝이 뾰족하며 뒷면에 모가 난 줄이 있고 한쪽이 갈라진다. 꽃부리는 가장자리가 5개로 얕게 갈라져서 입술모양과 비슷하며 약간 육질이다. 담배대더부살이라고도 한다. 한라산 억새밭에서 최초로 발견됐다. 열매는 삭과로 관상용으로 쓰인다.

과명 열당과
학명 *Orobanche coerulescens* Steph. 개화기 5~6월

초종용

바닷가 모래땅에서 사철쑥에 기생하는 여러해살이풀로 높이는 10~30cm다. 연한 자줏빛이 돌고 육질 뿌리줄기에 잔뿌리가 사철쑥의 뿌리에 붙는다. 비늘잎은 바소꼴이거나 좁은 달걀모양이고 윗부분이 좁으며 원줄기와 함께 흰색이고 긴 털이 드문드문 있다. 꽃은 연한 자줏빛으로 원줄기 끝에 빽빽하게 달린다. 꽃받침은 5개로 갈라지고 막질이다. 꽃부리는 입술 모양이고 아랫입술은 3개로 갈라지고 털이 많다. 4개의 수술 중 2개가 길다. 열매는 삭과로 좁은 타원형이다. 풀 전체를 신장제로 사용한다.

이삭귀개

과명 통발과 학명 *Utricularia racemosa* Wall. 개화기 8~9월

산지의 습지에서 자라는 여러해살이 식충식물로 높이는 10~30mm다. 뿌리줄기가 가는 실처럼 땅속으로 벋으면서 뿌리에 작은 벌레잡이주머니가 있다. 잎은 땅속줄기의 군데군데에서 모여나고 주걱형이며 녹색이고 꽃줄기는 비늘 같은 잎이 어긋난다. 줄기잎은 원줄기에 붙으며 거꾸로 선 바소꼴이다. 꽃은 자주색으로 피고 꽃줄기에 4~10개가 총상꽃차례로 달린다. 포는 줄기에 달린 잎처럼 생긴다. 꽃잎에는 아랫입술꽃잎 길이의 2배 정도 되는 꿀주머니가 있다. 수술은 2개이다. 열매는 둥근 삭과로 둥글다. 관상용으로 쓴다.

과명 통발과 학명 *Utricularia bifida* L. 개화기 8~9월

땅귀개

산지의 습지에서 자라는 여러해살이 식충식물로 높이는 10cm내외이다. 실같이 가는 땅속줄기가 땅 속으로 벋으면서 벌레잡이주머니가 군데군데 달린다. 잎은 줄 모양이고 땅속줄기의 군데군데에서 땅 위로 나온다. 녹색이고 밑부분에 흔히 1~2개의 벌레잡이주머니가 있다. 꽃줄기는 몇 개의 비늘잎이 어긋나며 곧게 서 있다. 비늘잎은 달걀모양 또는 좁은 달걀모양이고 막질이다. 꽃은 밝은 노란색으로 피고 2~7개가 달린다. 꽃에는 2개의 수술과 1개의 암술이 있다. 열매는 삭과로 둥글다. 땅귀이개, 이알초라고도 한다.

통발

과명 통발과 학명 *Utricularia japonica* Makino 개화기 8~9월

연못이나 논밭에서 자라는 여러해살이 식충식물로 높이는 3~6cm다. 뿌리가 없이 물 위에 떠서 자란다. 잎은 어긋나고 우상으로 실같이 갈라지며 갈래조각은 가시같이 끝나는 톱니가 있고 벌래잡이대가 있어서 작은 벌레를 잡는다. 꽃줄기는 물속줄기보다 가늘다. 꽃은 밝은 노란색으로 꽃자루가 물위로 나와 4~7개의 꽃이 총상꽃차례를 이룬다. 꽃부리는 입술모양으로 아랫입술조각이 더 크며 꽃 가운데에 붉은색의 줄무늬가 있다. 겨울철에는 원줄기 끝에서 잎이 모여나며 둥글게 돼 물속으로 가라앉아 월동한다.

과명 쥐꼬리망초과
학명 *Justicia procumbens* L. 개화기 7~9월

쥐꼬리망초

남부지방의 산기슭이나 빈터, 밭둑에서 자라는 한해살이풀로 높이는 30cm 내외다. 밑 부분이 비스듬히 옆으로 뻗으며 윗 부분은 곧게 서며 마디가 굵고 원줄기는 네모진다. 잎은 마주보며 긴 타원형 바소꼴이며 가장자리가 밋밋하다. 꽃은 연한 보라색으로 줄기와 가지 끝에서 이삭꽃차례로 빽빽하게 달린다. 꽃받침은 5갈래로 깊게 갈라진다. 수술은 2개다. 열매는 삭과다. 꽃차례 모양이 쥐꼬리를 닮았다 하여 붙여진 이름이다. 쥐꼬리망풀, 소청, 야만년청, 호자초, 대압초, 서미초 등으로도 불린다. 약용으로 쓰인다.

파리풀

과명 파리풀과

학명 *Phryma leptostachya* var. *asiatica* Hara 개화기 7~9월

산과 들의 약간 그늘진 곳에서 자라는 여러해살이풀로 높이는 70cm에 달한다. 마디 바로 윗부분이 두드러지게 굵다. 원기둥 모양이며 표면에 털이 많다. 잎은 마주나고 달걀모양이며 잎자루가 길다. 양면, 특히 맥 위에 털이 나며 가장자리에 톱니가 있다. 꽃은 연한 자주색으로 원줄기 끝과 가지 끝에 수상꽃차례로 달린다. 꽃받침은 통처럼 생기고 2개의 입술 모양이다. 열매는 삭과로 끝부분이 갈고리 모양이다. 뿌리를 찧어 종이에 묻혀 파리를 잡기 때문에 붙여진 이름이다. 유독성 식물로 옴이나 종기 치료에 쓰인다.

과명 질경이과 학명 *Plantago asiatca L.* 개화기 6~8월

질경이

길가나 빈터의 풀밭에서 자라는 여러해살이풀로 높이는 15~30cm다. 원줄기가 없으며 많은 잎이 뿌리에서 뭉쳐 나와 비스듬히 퍼진다. 잎자루는 길이가 일정하지 않으나 대개 잎과 길이가 비슷하고 밑부분이 넓어져서 서로 얼싸 안는다. 잎은 타원형이거나 달걀모양이며 평행맥이 있고 가장자리가 물결모양이다. 꽃은 흰색으로 잎 사이에서 꽃자루가 나와 작은 꽃들이 줄기 아랫부분 부터 피며 위쪽으로 올라간다. 길장구, 배부장이, 배합조개, 제기풀, 차전초, 차전자 등의 속명으로 불린다. 어린 잎은 나물로 먹으며 약용으로 쓰인다.

개질경이

과명 질경이과

학명 *Plantago camtschatica* Cham. 개화기 5~6월

바닷가에서 자라는 여러해살이풀로 높이는 15~30cm다. 뿌리에서 잎이 나와서 비스듬히 자라고 흰 털이 있다. 잎은 긴 타원형으로 끝은 둔하며 밑부분은 좁아져서 잎자루가 된다. 가장자리는 밋밋하거나 물결 모양이다. 꽃은 흰색으로 꽃줄기 끝에 이삭꽃차례로 빽빽하게 달린다. 꽃받침은 타원형으로 털이 없고 흰색 막질이다. 꽃부리는 깔때기 모양이고 4개의 수술이 길게 밖으로 나온다. 열매는 삭과로 좁은 달걀모양이다. 차고록채, 개질경이라고도 한다. 어린 잎은 식용으로 쓰이고 풀 전체와 씨는 약용으로 쓰인다.

과명 질경이과 학명 *Plantago lanceolata* L. 개화기 8월

창질경이

유럽 원산의 귀화식물로 해안가나 길가의 풀밭에서 자라는 여러해살이풀로 높이는 30~60cm다. 뿌리줄기는 굵고 육질이다. 잎은 뿌리에서 모여 나며 바소꼴이거나 좁은 달걀모양으로 곧추 서고 양끝이 좁으며 위를 향한 털이 있고 밑부분은 잎자루처럼 된다. 꽃은 흰색으로 자주색 꽃밥이 더욱 뚜렷하며 뿌리에서 꽃줄기 끝의 이삭꽃차례에 달린다. 꽃부리는 막질로 흰색이며 4갈래로 갈라지며 아래쪽으로 휜다. 수술은 흰색으로 꽃부리 밖으로 나온다. 열매는 삭과로 장타원형이다.

계요등

과명 꼭두서니과
학명 *Paederia Scandens* (Lour.) Merr. 개화기 7~8월

산골짜기나 인가 근처 풀밭에서 자라는 덩굴성 여러해살이풀로 길이 5~7m다. 윗부분은 겨울 동안에 죽으며 어린 가지에 잔털이 약간 있다. 잎은 마주나며 달걀모양이거나 달걀모양 바소꼴이며 끝은 길게 뾰족하며 가장자리는 밋밋하다. 꽃은 흰색 바탕에 자줏빛 점이 있으며 안쪽은 자줏빛으로 줄기 끝이나 잎겨드랑이에 원추꽃차례나 취산꽃차례로 달린다. 꽃받침과 꽃부리는 5갈래로 갈라지고 수술은 5개이다. 열매는 핵과로 공 모양이다. 계각등, 계뇨등, 우피도, 구렁내덩굴 등의 속명으로 불린다. 관상용으로 심으며 약용으로 쓰인다.

과명 꼭두서니과 학명 *Rubia akane* Nakai 개화기 7~8월

꼭두서니

산과 들, 인가 부근 울타리에서 자라는 덩굴성 여러해살이풀로 길이는 약 2m다. 원줄기는 네모지며 능선에 밑을 향한 짧은 가시가 있고 뿌리는 굵은 수염뿌리로 노란빛이 도는 붉은색이다. 잎은 심장 모양 또는 긴 달걀모양으로 4개씩 돌려난다. 잎자루와 뒷면 맥 위와 가장자리에 잔가시가 있다. 꽃은 연한 노란색으로 잎겨드랑이와 원줄기 끝에 원추꽃차례로 핀다. 열매는 장과로 둥글다. 천초, 천근초, 홍천, 가삼자리, 여인홍 이라고도 한다. 뿌리는 염료로 쓰이며 약재로도 쓰인다.

솔나물

과명 꼭두서니과

학명 *Galium verum* var. *asiaticum* Nakai 개화기 6~8월

숲 속 풀밭이나 논·밭둑에서 자라는 여러해살이풀로 높이는 70~100cm다. 줄기는 곧게 서고 윗부분에서 가지가 갈라진다. 잎은 8~10개씩 돌려나고 줄 모양이며 끝이 뾰족하다. 뒷면은 마디, 꽃차례와 함께 부드러운 흰털이 밀생한다. 꽃은 노란색으로 잎겨드랑이와 원줄기 끝에서 원추꽃차례를 이룬다. 열매는 분과로 타원형이다. 큰솔나물, 송엽초, 황미화, 봉자채 등의 속명으로 불린다. 어린 순은 나물로 먹는다. 밀원식물이다. 유사종으로 흰솔나물, 털솔나물, 흰털솔나물, 개솔나물, 털잎솔나물 등이 있다.

과명 인동과 학명 *Sambucus latipinna* Nakai 개화기 5월

넓은잎딱총나무

계곡의 습한 곳에서 자라는 낙엽관목으로 높이는 5m에 달한다. 골 속이 갈색이며 잔가지에 털이 없다. 잎은 마주나며 2쌍의 소엽으로 된 홀수깃꼴겹잎이며 작은잎은 달걀모양이고 가장자리에 뾰족한 톱니가 있다. 꽃은 녹색을 띤 노란색으로 가지 끝에 달리며 반원형으로 복산방꽃차례 또는 원뿔모양꽃차례를 이룬다. 꽃부리는 털이 없고 5개로 갈라진다. 수술은 5개이며 꽃밥은 노란색이고 암술머리는 자주색이다. 너른잎땅총나무, 말오좀나무, 오른재나무, 자반나무, 넓은잎땅총으로도 불린다. 관상용으로 심는다. 어린 순은 식용하며 마른가지는 약용으로 쓰인다.

딱총나무

과명 인동과

학명 *Sambucus williamsii* var. *coreana* Nakai 개화기 5월

산골짜기에서 자라는 낙엽관목으로 높이는 4~6m다. 줄기의 골 속이 짙은 갈색이며 잔가지에 털이 없다. 새 가지는 녹색이며 오래된 줄기에는 코르크가 발달한다. 잎은 마주나며 작은 잎 5~9장으로 된 깃꼴겹잎이다. 작은 잎은 바소꼴로 가장자리에 안쪽으로 굽은 톱니가 있다. 잎 앞면은 맥 위에 털이 나고 뒷면은 전체에 털이 있다. 꽃은 노란빛이 도는 녹색으로 가지 끝에서 원추꽃차례로 핀다. 꽃부리는 노란색을 띤 녹색이 돌며 털이 없고 꽃밥은 노란색이다. 열매는 핵과로 붉게 익는다. 관상용으로 심으며 약용으로 쓰인다.

과명 인동과 학명 *Viburnum erosum* Thunb. 개화기 5월

덜꿩나무

산기슭에서 자라는 낙엽관목으로 높이는 2m다. 수피는 회갈색이고 어린 가지에 굵은 털이 밀생한다. 잎은 마주나고 달걀모양, 타원상 긴 달걀모양이거나 거꾸로 세운 달걀모양이다. 가장자리에 치아상의 톱니가 있고 표면에 굵은 털이 드문드문 있으며 뒷면에는 굵은 털이 밀생한다. 잎자루에 털이 있고 뾰족한 턱잎이 있다. 꽃은 흰색으로 한쌍의 잎이 달린 가지 끝에 복산형꽃차례로 자잘하게 모여 핀다. 꽃받침에도 별 모양의 털이 있고, 꽃부리는 깊게 5개로 갈라진다. 열매는 핵과로 붉게 익는다. 어린 순과 열매는 식용한다.

가막살나무

과명 인동과 학명 *Viburnum dilatatum* Thunb. 개화기 5월

숲속에서 자라는 낙엽관목으로 높이는 3m다. 수피는 회갈색으로 어린가지에 굵은 털과 가는 점이 있다. 달걀모양의 겨울눈은 비늘잎으로 덮여 있으며 그 위에 털이 덮여있다. 잎은 마주나고 달걀모양이거나 거꾸로 세운 달걀모양으로 가장자리에 치아모양의 톱니가 있다. 잎 양면에 별 모양의 털이 있다. 잎자루에 턱잎이 없다. 꽃은 흰색으로 짧은 가지 끝에서 복산형꽃차례로 자잘하게 달린다. 꽃받침은 5개로 갈라진다. 열매는 핵과로 붉게 익으며 식용으로 쓰이며 관상수로도 심는다.

과명 인동과 학명 *Viburnum sargentii* Koehne 개화기 5~6월

백당나무

계곡에서 자라는 낙엽관목으로 높이는 3~6m다. 줄기는 껍질에 코르크가 발달하며 골속은 희고 어린 가지는 붉은빛이 도는 녹색이며 털이 없다. 잎은 마주나며 끝이 3갈래로 갈라지고 넓은 달걀모양이고 가장자리에 톱니가 있다. 잎자루는 밑에 턱잎이 2장 있고 끝에 2개의 밀선이 있다. 꽃은 흰색으로 햇가지 끝에서 난 꽃대 끝에 산방꽃차례로 달린다. 꽃차례 가장자리에 지름 2~3cm의 중성꽃이 달린다. 수술은 5개로 꽃부리보다 길다. 열매는 핵과로 둥글고 붉게 익는다. 관상수로 심는다.

붉은병꽃나무

과명 인동과 학명 *Weigela florida* (Bunge) A. DC. 개화기 5월

숲속에서 자라는 낙엽관목으로 높이는 2~3m다. 어린 가지에 2줄의 털이 있다. 잎은 마주나며 타원형이거나 달걀모양이다. 표면 주맥에 잔털이 있으며 뒷면 주맥에 흰털이 밀생하고 잔톱니가 있다. 잎자루는 뚜렷하다. 꽃은 붉은색으로 잎겨드랑이에서 1개씩 달려 전체가 취산꽃차례를 이룬다. 꽃받침은 중앙까지 5갈래로 갈라진다. 꽃부리도 끝이 5갈래로 갈라진다. 열매는 삭과다. 팟꽃나무, 병꽃나무, 조선금대화라고도 한다. 관상용으로 심는다. 유사종으로 좀병꽃, 색병꽃, 흰병꽃, 삼색병꽃 등이 있다.

과명 인동과

학명 *Weigela subsessilis* (Nakai) L. H Bailey 개화기 월

병꽃나무

산지 숲 속에서 자라는 낙엽관목으로 높이는 2~3m다. 나무껍질은 회갈색이며 작은 가지가 녹색이다. 잎은 마주나고 잎자루가 거의 없으며 달걀을 거꾸로 세운 모양의 타원형이거나 넓은 달걀모양으로 끝이 뾰족하다. 양면에 털이 있고 뒷면 맥위에 털이 있으며 가장자리에 잔 톱니가 있다. 꽃은 황록색이 돌지만 적색으로 변하며 1~2개씩 잎겨드랑이에 달리고 꽃받침 조각은 밑부분까지 갈라진다. 열매는 삭과다. 관상용으로 심는다. 종자에 기름이 많아 화장품과 공업용으로도 쓰인다. 한국 특산종이다.

전라도
야생화

인동

과명 인동과 학명 *Lonicera japonica* Thunb. 개화기 5~7월

산기슭이나 길가 풀밭에서 자라는 반상록 덩굴성 관목으로 길이가 5m에 달한다. 줄기는 붉은색을 띤 갈색으로 다른 식물을 오른쪽으로 감고 올라가고 어린 가지는 노란색을 띤 갈색의 털이 많고 속이 비어있다. 잎은 넓은 바소꼴이거나 달걀모양의 타원형이다. 꽃은 흰색으로 잎겨드랑이에 달리며 포는 타원형이거나 달걀모양이다. 꽃이 핀 후 시간이 지나면 노란색으로 변한다. 이 때문에 금은화라는 속명을 갖고 있다. 겨울에도 일부 잎이 남아 겨울을 견디므로 인동이라 불린다. 인동초, 겨우살이덩굴, 능박나무라고도 불리며 약용으로 쓰인다.

과명 인동과 학명 *Lonicera harae* Makino 개화기 4월

길마가지나무

산기슭의 숲 가장자리에 자라는 낙엽관목으로 높이는 1~3m다. 골 속이 꽉 차있으며 흰색이며 수피는 회갈색이며 어린 가지에 굿센 털이 있다. 줄기는 가지가 많이 갈라진다. 잎은 마주나며 타원형이거나 달걀모양의 타원형으로 가장자리에 거친 털이 난다. 잎자루는 짧다. 꽃은 노란빛이 도는 흰색으로 잎보다 먼저 어린 가지의 아래쪽 잎겨드랑이에서 2개씩 핀다. 꽃부리는 입술 모양이다. 꽃부리 아래쪽은 불룩하다. 열매는 장과로 붉게 익는다. 관상용으로 심으며 꽃이 향기가 강해 꽃차로도 마신다.

금마타리

과명 마타리과

학명 *Patrinia saniculaefolia* Hemsl. 개화기 5~6월

고산지대의 바위틈에서 자라는 여러해살이풀로 높이는 30cm다. 뿌리잎은 잎자루가 길고 약간 둥글며 손바닥 모양으로 5~7개로 갈라져 다시 톱니 모양으로 얕게 갈라진다. 줄기잎은 마주나고 잎자루가 매우 짧은데 손바닥 모양이거나 깃 모양으로 갈라진다. 표면에 털이 밀생하지만 뒷면은 털이 거의 없다. 꽃은 노란색으로 원줄기 끝에 산방상으로 달리며 꽃자루와 작은 꽃대 안쪽에 돌기 같은 털이 밀생한다. 꽃부리는 종 모양이고 끝이 5개로 갈라지고 수술은 4개이고 밖으로 길게 나온다. 이 지역에서는 지리산에서 볼 수 있다.

과명 마타리과

학명 *Patrinia scabiosaefolia* Fisch. 개화기 8~9월

마타리

볕이 잘 드는 산기슭이나 풀밭에서 자라는 여러해살이풀로 높이는 60~150cm다. 뿌리줄기는 굵으며 옆으로 벋고 원줄기는 곧게 선다. 윗부분에서 많은 가지가 갈라지고 밑에서 새싹이 갈라져서 번식한다. 잎은 마주나며 깃꼴로 깊게 갈라지며 양면에 누운 털이 있다. 밑부분의 잎은 잎자루가 있으나 위로 올라가면서 없어진다. 꽃은 노란색으로 가지 끝과 원줄기 끝에 산방꽃차례를 이룬다. 꽃부리는 노란색으로 5개로 갈라지며 수술은 4개이며 암술은 1개이다. 패장, 가얌취, 마초, 여랑화, 야황화라고도 불린다. 식용, 약용으로 쓰인다.

뚝갈

과명 마타리과

학명 *Patrinia villosa* (Thunb.) Juss. 개화기 7~8월

산과 들에서 자라는 여러해살이풀로 높이는 1m에 달한다. 흰털이 많으며 밑에서 벋는 가지가 땅속이나 땅위로 자라면서 번식한다. 잎은 마주나고 달걀모양이거나 타원 모양이며 깃꼴로 깊게 갈라지고 갈래조각의 끝은 뾰족하고 가장자리에 톱니가 있다. 표면은 짙은 녹색이고 뒷면은 흰빛이 돈다. 꽃은 흰색으로 가지 끝과 원줄기 끝에 산방상으로 달린다. 열매는 건과로 거꾸로 세운 달걀모양이다. 뚜깔, 백화패장, 석남이라고도 한다. 어린 순을 나물로 먹으며 뿌리는 약재로 쓰인다.

과명 마타리과 학명 *Valeriana fauriei* Briq. 개화기 5~8월

쥐오줌풀

산지의 약간 습한 곳이나 그늘진 곳에서 자라는 여러해살이풀로 높이는 40~80cm다. 밑에서 벋는 가지가 자라서 번식한다. 마디 부근에 긴 흰색 털이 있다. 뿌리잎은 꽃이 필 때가 되면 없어지며 줄기잎은 마주나며 5~7개로 갈라지며 갈래조각에 톱니가 있다. 꽃은 분홍색이거나 흰색으로 줄기 끝에 밀집하여 산방상 원추꽃차례로 달린다. 열매는 수과다. 뿌리에서 쥐오줌 냄새가 나 이같이 불리며 은대가리, 은대가리나물, 힐초, 길초, 길초근 등의 속명으로 불린다. 뿌리는 진정제와 진통제로 쓰인다.

소경불알

과명 초롱꽃과

학명 *Codonopsis ussuriensis* (Rupr. et Maxim.) Hemsl. 개화기 7~9월

숲속에서 자라는 여러해살이 덩굴식물로 길이는 2m다. 덩이뿌리는 둥글거나 더덕과 비슷하지만 전체에 털이 있고 덩이뿌리 끝이 가늘어지지 않는 것이 다르다. 어긋나는 것처럼 보이지만 곁가지에서는 네 개의 잎이 마주나는 것처럼 보인다. 달걀모양이거나 달걀모양의 타원형이고 녹색이다. 꽃은 자주색으로 짧은 가지 끝에 달리며 꽃받침은 5개로 갈라지고 꽃부리는 종모양이며 안쪽은 자주색이며 겉의 윗부분이 더욱 짙은 자주색이다. 알만삼이라고도 한다. 더덕과 같이 재배하기도 하며 뿌리는 식용으로 쓰인다.

과명 초롱꽃과

학명 *Platycodon grandiflorum* (Jacq.) A. DC. 개화기 7~8월

도라지

산기슭의 볕이 잘 드는 풀밭에서 흔히 자라는 여러해살이풀로 높이는 40~100cm다. 뿌리가 굵으며 줄기는 곧게 서고 줄기를 자르면 흰 유액이 나온다. 잎은 돌려나거나, 마주나거나, 어긋나며 긴 달걀모양이거나 넓은 바소꼴이며 끝이 뾰족하다. 꽃은 백색이나 보라색으로 줄기 끝이나 윗부분의 잎겨드랑이에 1~3개가 위를 향해 핀다. 꽃부리는 종모양이고 끝이 5개로 갈라진다. 열매는 삭과로 거꾸로 세운 달걀모양이다. 길경, 도랏, 길경채, 백약, 질경, 산도라지라고도 한다. 뿌리는 식용으로 쓰이고 약용으로 쓰인다.

더덕

과명 초롱꽃과

학명 *Codonopsis lanceolata* (S. et Z.) Trautv. 개화기 8~9월

숲속에서 자라는 덩굴성 여러해살이풀로 길이는 2m정도다. 뿌리는 굵고 비대하며 긴 방추형이다. 줄기는 털이 없고 자르면 유액이 나온다. 잎은 어긋나고 짧은 가지 끝에서는 4개의 잎이 서로 접근하여 마주나기 때문에 모여 달린 것 같고 바소꼴이거나 긴 타원형이며 양끝이 좁다. 꽃은 연한 녹색으로 짧은 가지 끝에 밑을 향해 종모양으로 달린다. 꽃받침은 5개로 갈라지고 꽃받침잎은 달걀모양 긴 타원형이며 끝이 뾰족하고 녹색이다. 안쪽에는 붉은 점이 있다. 사삼, 양유라는 속명을 갖고 있다. 뿌리는 식용이나 약재로 쓰인다.

과명 초롱꽃과

학명 *Wahlenbergia marginata* (Thunb.) A. DC. 개화기 6~8월

애기도라지

남부지방 저지대 풀밭이나 바닷가에서 자라는 여러해살이풀로 높이 20-40cm다. 밑에서 갈라지고 밑부분의 잎과 더불어 퍼진 털이 있다. 잎은 어긋나며 밑부분의 잎은 뿌리잎과 더불어 거꾸로 세운 바소꼴이거나 바소꼴이고 밑부분이 좁으며 가장자리가 흰빛이 돌고 두꺼우며 흔히 물결형으로 되고 윗부분의 잎은 작다. 꽃은 하늘색으로 가지 끝에 1개씩 달린다. 꽃받침은 5갈래다. 꽃부리는 깔때기 모양으로 5갈래로 깊게 갈라진다. 수술은 5개이며 암술머리는 3갈래로 갈라진다. 열매는 삭과로 원뿔 모양이다.

영아자

과명 초롱꽃과 학명 *Phyteuma japonicum* Miq. 개화기 7~9월

산골짜기 낮은 지대에서 자라는 여러해살이풀로 높이는 50~100cm다. 줄기는 곧게 서고 세로로 능선이 있으며 전체에 털이 약간 있다. 잎은 어긋나고 긴 달걀모양으로 양 끝이 좁고 밑부분의 것은 짧은 잎자루가 있으나 위로 올라가면서 없어지며 표면에 털이 약간 있으며 가장자리에 톱니가 있다. 꽃은 보라색으로 잎겨드랑이에 총상으로 달린다. 꽃잎은 깊게 5개로 갈라져서 젖혀지며 갈래꽃같이 보인다. 열매는 삭과로 납작한 공 모양이다. 어린 순은 나물로 먹는다. 관상용으로도 심는다.

전라도
야생화

과명 초롱꽃과

학명 *Adenophora verticillata* Fisch. 개화기 7~9월

층층잔대

산과 들에서 자라는 여러해살이풀로 높이는 1m정도다. 뿌리가 굵으며 줄기는 곧추 서며 털이 있다. 뿌리잎은 잎자루가 길고 원심형이나 꽃이 피면 없어지며 줄기잎은 3~5개씩 돌려나거나 어긋나며 긴 타원형이거나 달걀모양의 타원형, 선상 바소꼴로 양끝이 좁아지고 가장자리에 톱니가 있으며 잎자루는 짧거나 없다. 꽃은 연보라색의 종모양으로 원추꽃차례로 층층이 돌려나며 암술대가 꽃부리 밖으로 뻗어 나온다. 꽃부리는 종모양으로 끝이 강하게 또는 약간 오므라지고 수술은 5개다. 열매는 삭과다. 뿌리는 식용, 약용으로 쓰인다.

도라지모시대

과명 초롱꽃과
학명 *Adenophora grandiflora* Nakai 개화기 8월

산에서 자라는 여러해살이풀로 높이는 70cm정도다. 밑부분의 잎은 위로 올라가면서 짧아져서 없어지고 달걀모양의 바소꼴이며 끝이 뾰족하고 가장자리에 불규칙한 톱니가 있으며 털이 있다. 꽃은 하늘색으로 총상꽃차례에 밑을 향하여 달린다. 포는 바소꼴이고 가장자리가 밋밋하거나 톱니가 약간 있다. 꽃부리는 넓은 종모양이고 끝이 5개로 갈라진다. 모시대와 비슷하지만 꽃이 도라지와 비슷해 불러진 이름이다. 도라지모싯대, 도라지잔대, 길경향삼이라고도 한다. 어린 순은 나물로 먹으며 뿌리는 약용으로 쓰인다.

과명 초롱꽃과
학명 *Adenophora remotiflora* (S. et Z.) Miq. 개화기 8~9월

모시대

숲 속의 약간 그늘진 곳에서 자라는 여러해살이풀로 높이는 40~100cm다. 줄기는 곧게 또는 비스듬히 서고 뿌리가 굵다. 잎은 어긋나며 달걀모양이거나 바소꼴이며 끝은 길게 뾰족하고 밑이 둥글거나 심장형이다. 가장자리에 뾰족한 톱니가 있다. 꽃은 자주색으로 원줄기 끝에서 밑을 향해 엉성한 원추꽃차례를 이루며 핀다. 꽃부리는 종모양으로 얕게 5갈래로 갈라진다. 수술은 5개이며 암술은 1개다. 열매는 삭과다. 모싯대, 모시때, 모시잔대, 오시대, 뭉아지, 향삼이라고도 한다. 어린 잎은 나물로 먹으며 뿌리는 약재로 쓰인다.

숫잔대

과명 숫잔대과 학명 *Lobelia sessilifolia* Lamb. 개화기 7~8월

산의 습기 있는 곳에 자라는 여러해살이풀로 높이는 40~100cm다. 뿌리줄기는 짧으며 굵고 가지와 털이 없다. 줄기는 외대로 곧추 선다. 잎은 어긋나며 잎자루가 없으며 약간 밀생하고 중앙부의 잎은 바소꼴로 끝이 길게 좁아지다가 둔해진다. 꽃은 보라색이나 붉은 빛이 도는 흰색으로 줄기 끝에 총상꽃차례로 달린다. 꽃받침은 5갈래로 갈라지며 갈래는 바소꼴로 끝이 뾰족하다. 꽃부리는 깊게 갈라진 입술 모양이며 윗입술은 2갈래이며 아랫입술은 3갈래다. 열매는 삭과이며 긴 타원형이다. 잎과 줄기는 기관지염 등의 약재로 쓰인다.

전라도
야생화

과명 숫잔대과 학명 *Lobelia chinensis* Lour. 개화기 5~8월

수염가래꽃

논둑이나 습지에서 자라는 여러해살이풀로 높이는 3~15cm다. 전체에 털이 없고 연약하다. 옆으로 벋으며 군데군데에서 뿌리가 내리고 옆으로 선다. 잎은 2줄로 어긋나며 잎자루가 없고 바소꼴이거나 좁은 타원형이며 가장자리에 둔한 톱니가 있다. 꽃은 흰색이나 붉은 빛이 도는 흰색으로 잎겨드랑이에 1개씩 달린다. 꽃부리는 5갈래로 깊게 갈라지며 갈래조각은 한으로 치우치고 좌우대칭이다. 수술은 합쳐져서 암술을 둘러 싼다. 열매는 삭과이다. 가래꽃, 유인풀, 반변연, 세미초, 과인초 등으로 불린다. 약용으로 쓰인다.

나래가막살이

과명 국화과

학명 *Verbesina alternigolia* (L.) Britton ex Kearney 개화기 8~9월

북미원산의 귀화식물로 풀밭이나 빈터에서 자라는 여러해살이풀로 높이는 1~2.5m다. 줄기는 좁은 날개가 달리며 위쪽에서 가지가 갈라진다. 잎은 어긋나며 긴 타원모양으로 잎맥이 뚜렷하고 양면이 거칠며 가장자리에 규칙적인 잔 톱니가 있고 밑 부분이 좁아지면서 자루를 이룬다. 타원모양의 바소꼴이거나 바소꼴로 가장자리에 날카로운 톱니가 있다. 꽃은 노란색으로 가지 끝마다 산방상 원추꽃차례로 한 송이씩 달린다. 열매는 수과다. 줄기에 날개가 있어서 붙여진 이름이다.

과명 국화과

학명 *Ixeris dentata* for. *albiflora* (Nak.) HARA 개화기 5~7월

흰씀바귀

산과 들에서 자라는 여러해살이풀로 높이는 40~70cm다. 뿌리줄기는 짧고 드물게 기는 가지가 난다. 줄기는 곧게 서고 윗부분에서 가지가 갈라지며 자르면 흰 즙이 나온다. 잎은 씀바귀보다 조금 더 넓다. 뿌리잎은 긴 타원형이거나 거꾸로 세운 바소꼴이며 끝이 뾰족하고 밑은 좁아져 잎자루로 이어진다. 꽃은 흰색으로 가지 끝과 원줄기 끝에서 여러 개의 꽃대가 갈라져 나가 여러 송이의 꽃이 뭉쳐 피면서 산방꽃차례로 달린다. 열매는 수과로 검은 갈색이다. 어린 잎과 뿌리를 나물로 먹는다. 씀바귀처럼 약용으로 쓰인다.

향등골나물

과명 국화과

학명 *Eupatorium chinensis* Linne for. *tripartitum* Hara 개화기 7~8월

산지의 풀밭 양지나 반음지로 약간 습한 풀밭에서 자라는 여러해살이풀로 높이는 60cm 내외다. 줄기는 곧게 서고 자줏빛이 도는 점이 있다. 잎은 마주나고 3갈래로 깊게 갈라지고 가장자리에 규칙적인 톱니가 있다. 잎 양면에 털이 있고 뒷면에 가는 점이 있다. 꽃은 연한 자주색이며 두상꽃차례가 줄기 끝에 산방꽃차례를 이루며 핀다. 열매는 수과다. 어린 잎은 식용으로 쓰인다. 풀 전체가 약용으로 쓰인다. 등골나물에 비해 잎은 깊게 3갈래로 갈라지며 맨 위의 갈래잎이 크고 양쪽에 있는 갈래잎은 바소꼴이므로 구분된다.

과명 국화과 학명 *Aster koraiensis* Nakai 개화기 6~10월

벌개미취

습한 곳에서 자라는 여러해살이풀로 높이는 50~60cm다. 뿌리줄기가 옆으로 벋으며 적갈색으로 굵고 단단하며 10cm정도로 짧다. 잔뿌리가 많이 나고 일종의 냄새가 난다. 줄기는 곧추 자라고 파진 홈과 줄이 있으며 뿌리잎은 꽃이 필 때쯤 없어진다. 잎은 어긋나며 바소꼴이며 끝이 뾰족하고 밑부분이 점차 좁아져서 잎자루처럼 되며 질이 딱딱하고 양면에 털이 거의 없으며 가장자리에 잔톱니가 있다. 꽃은 연한 자주색이며 가지 끝과 원줄기 끝에 달리고 총포는 반달형이다. 고려쑥부쟁이라고도 한다. 관상용으로 심으며 어린 순은 식용으로 쓰인다.

참취

과명 국화과 학명 *Aster scaber* Thunb. 개화기 8~10월

산지의 볕이 잘 드는 건조한 곳에서 자라는 여러해살이풀로 높이는 1~1.5m다. 뿌리줄기는 굵고 짧으며 끝에서 가지가 산방상으로 갈라진다. 뿌리잎은 개화시기에 없어지고 잎자루가 길며 심장형으로 어릴 때 나물로 먹는다. 줄기는 잎과 더불어 잔털이 밀생하고 거칠다. 줄기잎은 어긋나고 밑부분의 것은 뿌리잎과 비슷하며 잎자루에 날개가 있으며 거칠고 양면에 털이 있으며 톱니가 있다. 꽃은 흰색이며 두화로 가지 끝과 원줄기 끝에 산방꽃차례를 이룬다. 취나물, 암취, 나물취, 동풍채 등의 속명으로 불린다. 약용으로 쓰인다.

과명 국화과

학명 *Crassocephalum crepidioides* (Benth.) S. Moore 개화기 7~9월

주홍서나물

아프리카 원산으로 과수원이나 밭에서 자라는 한해살이풀로 높이는 30~70cm다. 줄기는 곧게 자라고 위에서 가지가 많이 갈라진다. 연약하고 가는 털이 성기게 달린다. 잎은 어긋나며 아랫잎은 불규칙하게 깃 모양으로 분열하며 달걀모양이거나 긴 타원형으로 가장자리는 크기가 다른 톱니가 있으며 윗잎은 좁은 긴 타원형이며 양 끝이 길게 뾰족하며 성기게 톱니가 있다. 꽃은 주황색으로 줄기나 가지 끝에 머리 모양의 통상화가 총상꽃차례를 이루며 아래를 향해 달린다.

까치고들빼기

과명 국화과

학명 *Youngia chelidoniifolia* Kitamura 개화기 9~10월

깊은 산의 숲 가장자리에서 자라는 한해 또는 두해살이풀로 높이는 20~50cm다. 줄기의 밑에서부터 가지가 갈라진다. 잎은 어긋나며 깃 모양으로 완전히 갈라지며 갈라진 조각은 3~6쌍으로 서로 떨어져 있다. 막질이고 가장자리에 톱니가 있으며 잎자루는 윗부분으로 갈수록 점점 짧아진다. 꽃은 노란색으로 가지의 끝부분과 원줄기의 끝부분에 산방꽃차례로 달린다. 총포는 5개로 선모양이고 바깥포조각은 5개로 긴 타원상 줄모양이며 작은꽃은 5개이다. 열매는 수과다. 어린 순은 나물로 풀 전체는 약재로 쓰인다.

과명 국화과 학명 *Aster hispidus* Thunb. 개화기 8~11월

갯쑥부쟁이

바닷가 건조한 곳에서 자라는 두해살이풀로 높이는 30~100cm다. 줄기는 곧추서며 가지가 갈라진다. 뿌리잎은 거꾸로 세운 바소꼴로 꽃이 필 때 쓰러진다. 줄기잎은 촘촘하게 어긋나며 거꾸로 세운 바소꼴이거나 선형으로 가장자리가 둔하다. 꽃은 연한 보라색으로 가지 끝에 머리모양을 이룬 꽃이 1개씩 달린다. 작은 꽃자루에 잎과 더불어 굽은 털이 많다. 총포는 반구형이고 포는 두 줄로 배열되며 줄 모양 바소꼴이다. 열매는 수과로 거꾸로 세운 달걀모양이다. 섬갯쑥부쟁이라고도 한다. 어린 순은 식용으로 쓰인다.

절굿대

과명 국화과 학명 *Echinops setifer* Iljin 개화기 7~8월

산이나 섬의 햇볕이 드는 풀밭에서 자라는 여러해살이풀로 높이는 1m정도다. 가지가 약간 갈라지며 흰 털로 덮여 있어서 전체에 흰 솜털이 덮여 있는 것처럼 보인다. 잎은 어긋나며 엉겅퀴의 잎처럼 어긋나고 뿌리잎은 잎자루가 길고 표면은 녹색이며 뒷면은 솜털로 덮여 있다. 가시가 달린 뾰족한 톱니가 있다. 꽃은 남자색으로 지름 5cm 정도의 둥근 모양으로 원줄기나 가지 끝에 달린다. 꽃부리는 5개로 깊게 갈라져 뒤로 젖혀진다. 둥둥방망이, 개수리취로, 절구대라고도 한다. 관상용으로 심으며 뿌리는 약용으로 쓰인다.

과명 국화과

학명 *Atractylodes japonica* Koidz 개화기 7~10월

삽주

산지의 건조한 곳에서 자라는 여러해살이풀로 높이는 30~100cm다. 뿌리가 굵으며 마디가 있다. 줄기는 곧게 서고 윗부분에서 가지가 갈라진다. 뿌리잎은 꽃이 필 때 없어진다. 줄기잎은 어긋나고 긴 타원형, 거꾸로 세운 달걀모양이거나 타원형이며 표면에 윤기가 있고 뒷면에 흰빛이 돌며 가장자리에 짧은 바늘 같은 가시가 있다. 꽃은 암수딴그루이고 흰색으로 줄기와 가지 끝에 두상화가 1개씩 달린다. 열매는 수과다. 어린 순은 나물로 먹으며 뿌리줄기는 창출이라 하며 약재로 쓰인다.

지느러미엉겅퀴

과명 국화과 학명 *Carduus crispus* L. 개화기 6~8월

산과 들의 풀밭에서 자라는 두해살이풀로 높이는 70~100cm다. 원줄기에 날개가 달리며 날개의 가장자리에 치아모양의 톱니가 있다. 뿌리잎은 꽃이 필 때 말라 없어지며 긴 타원모양의 바소꼴이며 끝이 뾰족하고 밑부분이 점차 좁아지며 가장자리에 가시가 있다. 줄기잎은 어긋나며 긴 타원 모양의 바소꼴이고 깃꼴로 깊게 또는 얕게 갈라진다. 꽃은 자주색이나 흰색으로 가지 끝에 머리모양의 꽃이 1개씩 달린다. 열매는 수과다. 엉거시, 산계, 비렴, 항갈퀴지심이라고도 한다. 어린 잎과 연한 줄기는 나물로 먹으며 풀 전체를 약용으로 쓰인다.

전라도
야생화

과명 국화과

학명 *Cephalonoplos segetum* (Bunge) Kitamura 개화기 5~8월

조뱅이

밭 가장자리나 빈터에서 자라는 두해살이풀로 높이는 25~50cm다. 뿌리줄기가 길다. 뿌리잎은 꽃이 필 때 쓰러지며 줄기잎은 긴 타원모양의 바소꼴이고 끝이 둔하며 밑부분이 좁고 가장자리에 작은 가시가 있다. 꽃은 자주색으로 가지 끝과 원줄기 끝에 달린다. 총포는 종모양이며 흰털로 덮여 있다. 꽃부리는 좁은 부분과 넓은 부분이 뚜렷하게 구분되며 좁은 부분이 3-4배 길다. 열매는 수과다. 조바리, 자구풀, 자라귀, 조방가새, 소계, 자계, 조병이라고도 한다. 어린 순은 나물로 먹으며 풀 전체는 약재로 쓰인다.

엉겅퀴

과명 국화과

학명 *Cirsium japonicum* var. *ussuriense* Kitamura 개화기 6~8월

산기슭 풀밭이나 논·밭둑, 제방 등에서 자라는 여러해살이풀로 높이는 50~100cm다. 전체에 흰털과 더불어 거미줄 같은 털이 있으며 가지가 갈라진다. 뿌리잎은 꽃이 필때까지 남아 있고 줄기잎보다 크며 타원형이거나 좁은 타원형이다. 꽃은 분홍색이나 흰색으로 줄기 끝이나 윗부분의 잎겨드랑이에 통꽃만으로 이루어진 머리모양의 꽃이 3~4개 달린다. 열매는 수과다. 가시나물, 항가새, 항가꾸나물, 씸배나물, 마자초, 대계라고도 한다. 어린 새싹은 나물로 먹으며 약재로 쓰인다.

과명 국화과

학명 *Cirsium chanroenicum* Nakai 개화기 7~10월

정영엉겅퀴

지리산 등 깊은 산 풀밭에서 자라는 여러해살이풀로 높이는 50~100cm다. 뿌리가 굵으며 깊이 들어가 벋으며 원줄기는 골이 파진 능선이 있으며 가지가 갈라진다. 잎은 어긋나고 뿌리잎은 꽃이 필 때 없어지고 중앙부의 잎은 달걀모양이며 끝이 뾰족하고 밑은 넓은 쐐기 모양이다. 털이 나고 가장자리는 바늘 모양의 톱니가 나거나 밋밋하다. 꽃은 7~10월에 노란빛을 띤 흰색으로 가지와 줄기 끝에 산방꽃차례로 달린다. 꽃자루가 짧으며 총포는 종 모양이고 거미줄 같은 털이 난다. 열매는 수과로 긴 타원형이다. 약재로 쓰인다.

지칭개

과명 국화과 학명 *Hemistepta lyrata* Bunge 개화기 5~9월

길가나 빈터, 밭이나 들에서 자라는 두해살이풀로 높이는 60~80cm다. 줄기는 곧게 서고 가지가 갈라진다. 뿌리잎은 꽃이 필 때까지 남아 있거나 없어진다. 줄기잎은 거꾸로 세운 바소꼴이거나 거꾸로 세운 바소꼴의 긴 타원 모양이며 밑 부분이 좁으며 뒷면에 흰색 털이 빽빽이 있고 가장자리에 톱니가 있다. 꽃은 자주색 머리모양의 꽃으로 통꽃만이 줄기나 가지 끝에 1개씩 위를 향해 달린다. 열매는 수과이고 긴 타원 모양이다. 앉은뱅이지심, 지치광이, 니로채라고도 한다. 식용이며 풀 전체가 약용으로 쓰인다.

과명 국화과

학명 *Saussurea pseudogracilis* Kitamura 개화기 8~9월

가야산은분취

깊은 산에서 자라는 여러해살이풀로 높이는 35~70cm다. 흰털로 덮여 있지만 곧 없어진다. 뿌리잎은 바소꼴로 끝이 뾰족하고 잎의 앞면은 붉은빛이 도는 녹색이고 뒷면은 흰색의 털이 있고 꽃이 필 때까지 남아 있다. 잎자루가 길다. 줄기잎은 바소모양으로 잎자루가 없다. 꽃은 자주색으로 줄기의 끝부분과 가지의 끝부분에 산방꽃차례로 달린다. 총포는 종모양으로 가장자리에 거미줄처럼 된 흰색의 털이 덮고 있으며 꽃부리는 5개로 갈라진다. 어린 순을 나물로 먹는다.

각시서덜취

과명 국화과

학명 *Saussurea macrolepis* (Nak.) Kitamura 개화기 7~9월

깊은 산 숲속에서 자라는 여러해살이풀로 높이는 30~90cm다. 뿌리줄기는 목질이며 밑부분에 붉은빛이 돈다. 뿌리잎은 꽃이 필 때 없어지며 줄기잎은 달걀형 세모모양으로 끝이 뾰족하며 가장자리는 갈라지지 않고 톱니가 있다. 양면에 털이 약간 있으며 가장자리가 갈라지지 않으며 윗부분으로 갈수록 잎이 작아진다. 꽃은 붉은 빛을 띤 자주색으로 줄기의 끝부분에 1개 또는 여러개가 달린다. 총포는 통모양이고 바깥쪽 조각은 달걀모양 바소모꼴이다. 어린 순을 나물로 먹는다. 한국 특산종이다.

과명 국화과

학명 *Synurus deltoides* (Ait.) Nakai 개화기 9~10월

수리취

산지의 햇볕이 잘드는 곳에서 자라는 여러해살이풀로 높이는 40~100cm다. 흰털이 밀생한다. 뿌리잎은 꽃이 필 때 없어지거나 남아 있고 줄기잎은 어긋나며 밑부분의 것은 달걀모양이거나 달걀모양의 긴 타원형이고 끝이 뾰족하다. 밑부분이 둥글며 표면에는 꼬불꼬불한 털이 있으나 뒷면에서는 흰색의 솜털이 밀생한다. 가장자리에는 일그러진 모양의 톱니가 있다. 꽃은 자주색 두화로 원줄기 끝이나 가지 끝에서 옆을 향하여 달린다. 열매는 수과다. 떡취, 산우방, 개취라고도 한다. 어린 잎을 떡에 넣어 먹는다. 약용으로 쓰인다.

전라도
야생화

산비장이

과명 국화과

학명 *Serratula coronata* var. *insularis* Kitamura 개화기 7~10월

산지에서 자라는 여러해살이풀로 높이는 30~140cm다. 뿌리줄기는 목질이 발달한다. 줄기는 곧추 서며 위쪽에서 가지가 갈라진다. 뿌리잎은 꽃이 필 때 없어지거나 남아 있고 달걀모양 타원형으로 끝이 뾰족하며 가장자리가 깃처럼 완전히 갈라진다. 갈래조각은 6~7쌍이며 긴 타원형이며 끝이 뾰족하며 밑부분이 좁아져서 주맥의 날개로 된다. 줄기잎은 점차 작아진다. 꽃은 자주색으로 줄기와 가지 끝에서 머리모양의 꽃이 1개씩 달린다. 열매는 수과로 원통형이다. 조선마화두라고도 한다. 어린 순은 나물로 먹는다.

과명 국화과 학명 *Leibnitzia anandria* Nakai 개화기 5~9월

솜나물

건조한 숲속이나 햇볕이 드는 풀밭에서 자라는 여러해살이풀로 봄에 꽃이 피는 것은 높이가 10~20cm이고 가을에 꽃이 피는 것은 높이가 30~60cm다. 봄형은 뿌리줄기가 짧으며 잎이 갈라지지 않으며 가을형은 잎이 깃처럼 갈라진다. 잎은 뿌리에 붙고 표면에 광택이 있으며 가장자리는 물결모양이며 밋밋하다. 뒷면에 솜털이 많다. 꽃은 흰색이지만 뒷면은 연한 붉은 색으로 꽃자루 끝에 1개씩 달린다. 열매는 수과다. 재정초, 부싯깃나물, 까치취라고도 한다. 어린 순을 나물로 먹으며 관상용으로 심는다.

단풍취

과명 국화과 학명 *Ainsliaea acerifolia* Sch. Bip. 개화기 7~9월

숲속의 반음지에서 자라는 여러해살이풀로 높이는 35~80cm다. 가지가 없으며 긴 갈색 털이 드문드문 있다. 원줄기는 원기둥 모양이며 곧게 서며 표면에 가늘고 긴 털이 많다. 잎은 원줄기 중앙에 4~7개가 돌려나는 것처럼 달린다. 손바닥 모양으로 얕게 갈라지고 갈라진 조각은 다시 3개로 얕게 갈라진다. 꽃은 흰색으로 줄기 끝에 여러 개의 머리모양의 꽃이 총상꽃차례를 이루며 달리며 3개의 관상화로 이루어진다. 열매는 수과로 넓은 타원 모양이다. 색엽일아풍, 괴불딱취라고도 한다. 어린 순은 취나물처럼 식용으로 쓰인다.

과명 국화과 학명 *Gnaphalium affine* D. Don 개화기 5~7월

떡쑥

논·밭둑, 길가에서 자라는 두해살이풀로 높이는 10~40cm다. 전체에 흰 솜털이 많다. 줄기는 곧추 서며 뿌리잎은 꽃이 필 때 시든다. 줄기잎은 어긋나며 주걱 모양이거나 바소꼴로 끝이 둥글거나 뾰족하고 밑부분이 좁아져 원줄기로 흐르며 가장자리가 밋밋하다. 꽃은 노란색이거나 흰색으로 줄기 끝에 머리모양의 꽃이 산방꽃차례로 달리며 가운데에 양성꽃이 피고 주변에 암꽃이 핀다. 총포는 둥근 종모양이다. 열매는 수과다. 서국초라는 약명이나 송곳풀, 야국, 괴쑥, 솜쑥이라고도 한다. 어린 순은 나물로 먹는다.

풀솜나물

과명 국화과

학명 *Gnaphalium japonicum* Thunb. 개화기 5~7월

산지의 풀밭이나 길가에서 자라는 여러해살이풀로 높이는 8~25cm다. 전체가 흰 솜털로 덮여 있고 밑부분에 옆으로 벋는 가지가 있다. 뿌리잎은 모여 나고 꽃이 필 때도 남아 있으며 거꾸로 세운 좁은 바소꼴이다. 잎 뒷면에 흰 털이 밀생한다. 줄기잎은 어긋나고 선형이다. 꽃차례 밑의 잎은 선형으로 3~5장이 별모양으로 달린다. 꽃은 검붉은 색을 띤 갈색으로 머리모양의 꽃이 줄기 끝에 모여 달린다. 총포는 종모양이며 총포편은 3줄로 배열한다. 열매는 수과다. 어린 잎은 식용으로 쓰인다.

과명 국화과
학명 *Inula britannica* var. *chinensis* Regel 개화기 7~9월

금불초

산과 들에서 자라는 여러해살이풀로 높이는 20~60cm다. 뿌리줄기가 벋으면서 번식한다. 줄기는 곧추서며 가지가 갈라진다. 뿌리잎과 줄기 아래쪽 잎은 가운데 잎보다 작으며 꽃이 필 때 쓰러진다. 줄기잎은 어긋나며 넓은 바소꼴로 끝이 뾰족하고 밑이 좁아져서 줄기를 반쯤 감싼다. 잎 가장자리는 밋밋하고 잎자루가 없다. 꽃은 노란색으로 줄기와 가지 끝에서 머리모양의 꽃이 1개씩 달린다. 열매는 수과로 털이 있다. 개들국화, 하국화, 오월국, 유월국이라고도 한다. 어린 순은 나물로 먹으며 이뇨나 구토진정제 등 약용으로 쓰인다.

담배풀

과명 국화과 학명 *Carpesium abrotanoides* L. 개화기 8~9월

숲 가장자리에 자라는 두해살이풀로 높이는 50~100cm다. 뿌리는 방추형이며 목질이다. 뿌리잎은 긴 자루가 있으며 꽃이 필 무렵이면 말라 죽는다. 냄새가 나며 줄기는 곧게 서고 상부에서 가지가 갈라지며 잔털이 밀생한다. 줄기잎은 어긋나며 아래쪽 큰 것은 넓은 타원형이거나 긴 타원형이고 가장자리에 불규칙한 톱니가 있다. 꽃은 노란색으로 통꽃인 머리모양의 꽃이 잎겨드랑이에 1개씩 이삭처럼 달린다. 열매는 수과로 끈적끈적한 샘털이 있다. 천명정이라고도 한다. 어린 잎은 나물로 먹으며 풀 전체는 약용으로 쓰인다.

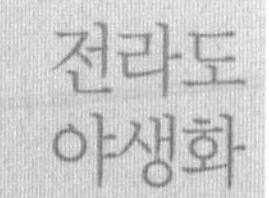

과명 국화과

학명 *Carpesium divaricatum* S. et Z. 개화기 8~10월

긴담배풀

산과 들에서 자라는 여러해살이풀로 높이는 25~150cm다. 뿌리줄기는 짧으며 전체에 가는 털이 빽빽이 난다. 줄기는 곧게 서고 가지를 친다. 잎은 어긋나고 밑부분의 잎은 잎자루가 길고 달걀모양이거나 긴타원형으로 끝이 뾰족하며 뒷면에 점액을 분비하는 점이 있고 가장자리에 불규칙한 톱니가 있다. 잎자루 밑부분에 대부분 날개가 있다. 꽃은 노란색으로 가지 끝과 원줄기 끝에 밑을 향해 달려서 전체가 총상으로 된다. 열매는 수과로 원기둥 모양이다. 어린 순을 나물로 먹는다. 뿌리와 잎은 약용으로 쓰인다.

골등골나물

과명 국화과
학명 *Eupatorium lindleyanum* DC. 개화기 7~10월

산과 들에서 자라는 여러해살이풀로 높이는 70cm정도다. 줄기는 곧추서며 전체에 털이 있다. 잎은 마주나며 밑부분의 것은 꽃이 필 때 쓰러지고 중앙부의 것은 잎자루가 거의 없으며 바소꼴이거나 좁은 바소꼴로 윗부분의 것은 3갈래로 깊게 갈라지기도 하고 끝이 둔하다. 잎 양면에 털이 나며 뒷면에 윤기나는 점이 있고 잎줄 3개가 뚜렷하다. 잎자루는 없다. 꽃은 자주색으로 줄기와 가지 끝에서 두상화가 산방꽃차례로 달린다. 열매는 수과다. 택란이라는 약명으로도 불린다. 어린 순은 식용하며 잎은 약용으로 쓰인다.

과명 국화과

학명 *Eupatorium chinensis* var. *simplicifolium* Kitamura 개화기 7~10월

등골나물

산과 들의 풀밭에서 자라는 여러해살이풀로 높이는 70~150cm다. 가지에 구부러진 털이 있고 원줄기에 자줏빛이 도는 점이 있다. 밑부분의 잎은 작고 꽃이 필 때쯤 없어진다. 중앙부에 큰잎은 마주나고 짧은 잎자루가 있으며 달걀모양 또는 긴 타원형이고 가장자리에 톱니가 있다. 잎의 앞면은 녹색이고 뒷면에는 선점이 있으며 양면에 털이 있다. 꽃은 흰색으로 줄기 끝이나 잎겨드랑이에 두상꽃차례를 이룬다. 총포는 원통형이고 선점과 털이 있다. 열매는 수과다. 어린 순은 식용으로 쓰인다. 풀 전체는 약용으로 쓰인다.

미역취

과명 국화과

학명 *Solidago virgaurea Linne* var. *asiatica* Nakai 개화기 8~10월

산과 들에서 자라는 여러해살이풀로 높이는 35~85cm다. 윗부분에서 가지가 갈라지며 잔털이 있다. 잎은 어긋나고 뿌리잎은 꽃이 필 때 없어지고 줄기잎은 달걀모양, 달걀모양의 긴 타원형이거나 긴타원형의 바소꼴로 표면에 털이 약간 있고 뒷면에 털이 없으며 가장자리에 뾰족한 톱니가 있다. 잎자루에 날개가 있다. 꽃은 노란색으로 꽃줄기 끝이나 잎겨드랑이에 산방상 수상꽃차례를 이룬다. 열매는 수과로 원통 모양이다. 돼지나물, 일지황화라고도 한다. 풀 전체는 약용으로 쓰인다.

과명 국화과 학명 *Solidago serotina* Ait. 개화기 8~9월

미국미역취

아메리카산 여러해살이풀로 높이는 1m에 달한다. 윗부분에서 가지가 갈라지며 털이 없거나 위쪽에 짧은 털이 있다. 잎은 어긋나며 촘촘히 달리며 바소꼴이거나 거꾸로 세운 바소꼴로 양끝이 좁으며 밑부분이 좁아져서 잎자루처럼 되거나 극히 짧은 잎자루가 있다. 가장자리의 위쪽으로 톱니가 있다. 양면과 가장자리에 짧은 잔털이 밀생한다. 꽃은 노란색으로 가지와 원줄기 끝에 자잘한 꽃이 총상으로 빽빽하게 달린다. 꽃자루에 퍼진 짧은 털이 있다. 열매는 수과다. 관상용으로 심었지만 일부 지자체에서는 제거에 나섰다.

쑥부쟁이

과명 국화과 학명 *Kalimeris yomena* Makino 개화기 7~10월

산과 들에서 자라는 여러해살이풀로 높이는 30~100cm다. 뿌리줄기가 옆으로 길게 자라며 처음에 싹이 나올 때는 붉은 빛이 강하지만 녹색 바탕에 자줏빛이 돈다. 윗부분에서 가지가 갈라진다. 잎은 어긋나며 바소꼴이며 굵은 톱니가 있고 넓으며 밑부분의 잎에 3맥이 약간 나타난다. 꽃은 자주색으로 원줄기 끝과 가지 끝에 달린다. 열매는 수과다. 권영초, 계장초, 쑥부장이, 왜쑥부쟁이라고도 한다. 세포학적으로는 가새쑥부쟁이와 남원쑥부쟁이 사이에서 생긴 잡종이라 한다. 어린 순은 나물로 먹는다.

과명 국화과 학명 *Aster ciliosus* Kitamura 개화기 7~10월

개쑥부쟁이

산과 들의 건조한 곳에서 자라는 여러해살이풀로 높이는 35~50cm다. 줄기는 곧게 서고 가지가 많다. 세로줄과 털이 있다. 밑부분의 잎은 꽃이 필 때 쓰러지며 달걀모양이거나 달걀모양의 타원형이고 가장자리에 큰 톱니와 더불어 털이 있으며 잎자루가 길다. 잎은 어긋나고 잎 앞면은 녹색이고 뒷면은 엷은 녹색으로 양면이 모두 거칠고 단단하다. 꽃은 자줏빛으로 두상꽃차례를 이루어 가지 끝과 줄기 끝에 핀다. 열매는 수과로 달걀모양이다. 개쑥부쟁이, 구계쑥부장이, 큰털쑥부장이로도 불린다. 어린 순은 식용으로 쓰인다.

미국쑥부쟁이

과명 국화과 학명 *Aster pilosus* Willd. 개화기 9~10월

북아메리카 원산으로 국내에 관상용으로 도입돼 길가나 빈터의 풀밭에서 자생하는 여러해살이풀로 높이는 30~100cm다. 줄기는 원주형으로 가지가 갈라져 큰 포기를 이루고 줄기의 아래쪽은 목질화 되어 거칠거칠하다. 뿌리잎은 가장자리에 톱니가 있으며 기부가 좁아져 잎자루로 흐른다. 줄기잎은 좁은 선형으로 끝이 뾰족하고 가장자리에 톱니가 없다. 가장자리에 퍼진 털이 있다. 꽃은 흰색으로 가지와 원줄기 끝에 많이 달린다. 열매는 수과다. 중도국화, 털쑥부쟁이라고도 한다. 관상용으로 심는다.

과명 국화과

학명 *Aster sphathulifolius* Maxim. 개화기 7~11월

해국

해안가나 섬에서 자라는 여러해살이풀로 높이는 30~60cm다. 줄기가 비스듬히 자라며 기부에서 여러 갈래로 갈라진다. 잎은 어긋나지만 밑부분의 것은 모여나는 것 같이 보이고 주걱형이거나 거꾸로 세운 달걀모양이며 양면에 털이 있으며 가장자리에 톱니가 없거나 몇 개의 큰 톱니가 있다. 겨울에도 상단부의 잎이 반상록으로 남는다. 꽃은 연한 보라색이거나 흰색이며 가지 끝에 두화가 달린다. 총포는 반구형이며 포 조각은 털이 있고 3줄로 배열한다. 해변국이라고도 한다.

개망초

과명 국화과 학명 *Erigeron annuus* (L.) Pers. 개화기 6~7월

북아메리카 원산으로 길가나 빈터에서 자라는 두해살이풀로 높이는 30~100cm다. 곧게 자라며 거친 털이 있고 가지가 많이 갈라진다. 뿌리잎은 꽃이 필 때 쓰러지고 잎자루가 길며 달걀모양이고 가장자리에 뾰족한 톱니가 있다. 줄기잎은 어긋나고 달걀모양으로 가장자리에 톱니가 드문드문 있고 양면에 털이 덮이며 잎자루에 날개가 있다. 꽃은 흰색이거나 연분홍색으로 줄기와 가지 끝 마다 산방상으로 달린다. 열매는 수과다. 비연, 왜풀, 개망풀이라고도 한다. 어린 잎은 식용으로 쓰이며 약용으로 쓰이기도 한다.

과명 국화과 학명 *Erigeron canadensis* L. 개화기 7~9월

망초

북아메리카 원산으로 길가나 빈터에서 자라는 두해살이풀로 높이는 100~150cm다. 곧게 자라고 전체에 굵은 털이 있다. 뿌리잎은 주걱형으로 방석형태로 퍼져 나가며 꽃이 필 때 없어진다. 줄기잎은 어긋나며 바소꼴로 양끝이 좁고 가장자리에 톱니가 있거나 밋밋하다. 위로 갈수록 작아져 선형으로 가늘어 진다. 꽃은 흰색으로 원줄기 끝에서 벋은 많은 가지에 작은 꽃이 달려 전체적으로 큰 원추꽃차례를 이룬다. 열매는 수과다. 소연자, 잔꽃풀, 꽃털풀, 망풀이라고도 한다. 밑부분의 잎을 나물로 먹는다.

전라도 야생화

머위

과명 국화과

학명 *Petasites japonicus* (S. et Z.) Maxim. 개화기 3~4월

산과 들의 습지 및 인가 부근에서 자라는 여러해살이풀로 높이는 5~45cm다. 뿌리줄기가 사방으로 벋으면서 번식한다. 뿌리잎은 잎자루가 길며 신장모양의 원형이고 표면에 꼬부라진 털과 뒷면에 거미줄 같은 털이 있다가 없어지고 가장자리에 불규칙한 치아모양의 톱니가 있다. 수꽃은 황백색, 암꽃은 백색으로 산방꽃차례로 다닥다닥 달린다. 열매는 수과로 원통형이다. 머굿대, 봉즙채, 사두초, 봉두채, 관동화라는 속명을 갖고 있다. 어린 잎과 잎자루를 나물로 먹으며 대규모로 재배하기도 한다. 어린 순은 약용으로 쓰인다.

과명 국화과

학명 *Syneilesis palmata* (Thunb.) Maxim. 개화기 6~10월

우산나물

숲 속의 그늘진 곳에 자라는 여러해살이풀로 높이는 60~90㎝다. 뿌리줄기는 굵고 짧으며 옆으로 벋는다. 잎은 손바닥 모양으로 7~9개가 원모양으로 끝이 깊게 2갈래로 갈라진다. 이 갈래가 두 번 다시 갈라진다. 작은 갈래조각은 끝이 뾰족하고 털이 있으나 없어지고 뒷면은 흰빛이 돌고 가장자리에 잔 톱니가 있다. 꽃은 분홍빛이 도는 흰색으로 줄기 끝에서 원추꽃차례에 달린다. 꽃부리는 5갈래로 깊이 갈라진다. 총포는 통 모양이다. 열매는 수과이다. 관상용으로 쓰이며 어린 순은 나물로 먹는다.

붉은서나물

과명 국화과 학명 *Erechtites hieracifolia* Raf. 개화기 9~10월

북아메리카 원산으로 산기슭에서 자라는 한해살이풀로 높이는 1~2m다. 곧게 자라며 세로로 줄이 있고 붉은빛이 돈다. 잎은 어긋나며 긴 타원형으로 가장자리에 불규칙한 톱니가 있으며 기부가 좁아져 원줄기가 달리거나 감싼다. 잎에 거친 털이 없다. 위로 갈수록 잎이 작아지지만 꽃차례 밑부분의 잎은 작아지지 않는다. 꽃은 황록색으로 원줄기나 가지 끝에 머리 모양의 통상화가 산방상으로 달린다. 꽃부리는 원통형으로 밑부분이 약간 튀어 나오고 포조각은 1줄로 배열한다. 열매는 수과다.

과명 국화과

학명 *Farfugium japonicum* Kitamura 개화기 9~10월

털머위

해안가나 섬의 바닷가 근처에서 자라는 상록 여러해살이풀로 높이는 35~75cm다. 뿌리줄기는 굵고 끝에서 잎자루가 긴 잎이 무더기로 모여 나온다. 잎은 두꺼우며 신장 모양으로 윤기가 있다. 가장자리에 치아 모양의 톱니가 있거나 밋밋하다. 뒷면에 잿빛을 띤 흰색 털이 난다. 꽃은 노란색으로 산방꽃차례로 달린다. 설상화는 암꽃이고 관상화는 양성화이며 모두 열매를 맺는다. 열매는 수과다. 관상용으로 심고 어린 잎자루는 식용, 풀 전체는 약용으로 쓰인다.

곰취

과명 국화과

학명 *Ligularia fischeri* (Ledeb.) Turcz. 개화기 7~9월

비교적 높은 산에 자라는 여러해살이풀로 높이는 100~200cm다. 줄기는 곧추 서며 뿌리잎은 심장모양이고 가장자리에 규칙적인 톱니가 있으며 잎자루가 길다. 줄기잎은 흔히 3개가 달리고 잎자루 밑부분이 원줄기를 감싼다. 잎 앞면은 짙은 녹색이고 뒷면은 흰빛이 돈다. 꽃은 노란색으로 줄기 끝에서 두상화가 총상꽃차례로 달린다. 두상화는 혀모양 꽃이 5~9개 달린다. 열매는 수과로 갈색이다. 잎은 식용 또는 약용으로 쓰인다.

과명 국화과

학명 *Senecio integrifolius* var. *spathulatus* (Miq.) Hara 개화기 4~5월

솜방망이

산기슭의 양지나 밭둑에서 자라는 여러해살이풀로 20~65cm다. 풀 전체에 거미줄 같은 솜털이 많다. 줄기는 곧추 선다. 뿌리잎은 여러 장이 모여 나며 꽃이 필 때도 남아 있고 타원형이다. 줄기잎은 밑에서는 뿌리잎과 비슷하며 바소꼴로 끝이 둔하고 가장자리에 둔한 톱니가 있으나 위로 올라가면서 점차 작아진다. 꽃은 노란색 두상화로 3~9개가 우산 모양으로 줄기 끝에 위를 향해 달린다. 총포는 통 모양이다. 열매는 수과다. 구설초라고도 한다. 어린 싹은 나물로 먹는다. 꽃 부분은 거담제로 쓰인다.

개쑥갓

과명 국화과 학명 *Senecio vulgaris* L. 개화기 3~12월

도시나 농촌의 길가, 빈터에서 자라는 유럽 원산의 한해 또는 두해살이 풀로 높이는 10~40cm다. 줄기는 곧추서며 가지가 갈라지며 털이 있고 붉은 빛이 돈다. 잎은 어긋나며 육질로 두꺼운 편이고 불규칙하게 깃처럼 갈라지고 갈래조각은 부드러우며 털이 없거나 약간 있고 불규칙한 톱니가 있다. 쑥갓과 모양이 비슷하지만 잎 모양이 작고 가늘다. 꽃은 노란색으로 원줄기와 가지 끝에 산방상으로 달린다. 꽃은 완전히 벌어지지 않으며 꽃부리는 5개로 갈라진다. 열매는 수과로 원통형이다. 구주천리광, 들쑥갓이라고도 한다.

과명 국화과

학명 *Cacalia auriculata* var. *matsumurana* Nakai 개화기 8~9월

박쥐나물

높고 깊은 산에서 자라는 여러해살이풀로 높이는 60~120cm다. 잎은 어긋나며 뿌리잎은 꽃이 필 때 마르며 가운데 잎은 끝이 뾰족한 삼각형의 바소꼴로 밑부분은 심장모양이고 가장자리에 잔 톱니가 있다. 잎의 뒷면에는 짧은 털이 있으며 날개가 있다. 꽃은 흰색으로 줄기 끝에서 머리모양의 꽃이 원추꽃차례로 달린다. 두상화 속에 3~6개의 작은 꽃이 있으며 총포는 통모양으로 5개로 갈라지며 털이 없다. 열매는 수과로 원기둥 모양이다. 산귀박쥐나물이라고도 한다. 어린 잎은 나물로 먹는다.

만수국아재비

과명 국화과 학명 *Tagetes minuta* L. 개화기 5~8월

아메리카 원산으로 쓰레기장 주변이나 빈터에서 자라는 한해살이풀로 20~80cm다. 전체에 털이 없고 강한 냄새가 난다. 잎은 깃꼴겹잎으로 5~15장의 작은잎으로 돼 있고 작은잎은 선상 바소꼴로 끝이 뾰족하거나 둔하다. 잎 가장자리에 규칙적인 톱니가 있고 반투명의 선점이 있다. 잎이 만수국과 많이 닮았는데 꽃이 훨씬 작아서 만수국아재비라고 한다. 꽃은 설상화가 흰색, 통상화는 노란색으로 가시가 없고 꽃부리 길이와 같거나 길다. 열매는 수과로 선형이다. 쓰레기꽃이라고도 한다.

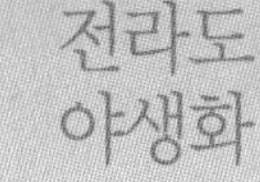

과명 국화과

학명 *Sigesbeckia glabrescens* Makino 개화기 8~9월

진득찰

들이나 밭 근처에서 자라는 한해살이풀로 높이는 40~100㎝다. 줄기는 곧게 서고 원기둥 모양이며 갈색을 띤 자주색이며 잔털이 있으나 털이 없는 것처럼 보이고 가지가 마주난다. 잎은 마주나고 달걀모양의 삼각형이며 끝이 뾰족하며 밑 부분이 좁아져 잎자루로 흐른다. 가장자리에 불규칙한 톱니가 있고 양면에 누운 털이 있으며 잎 뒷면에 선점이 있다. 꽃은 노란색으로 가지와 줄기 끝에 산방꽃차례를 이루며 달린다. 열매는 수과다. 관절염, 중풍 등에 약재로 쓰인다.

한련초

과명 국화과 학명 *Eclipta prostrata* L. 개화기 8~9월

논둑이나 습지에서 자라는 한해살이풀로 높이는 10~60cm다. 곧추 자라고 전체에 거센 털이 있으며 가지는 잎겨드랑이에서 나오기 때문에 마주나며 다시 가지 끝에서 1개의 가지가 자란다. 잎은 바소꼴로 가장자리에 톱니가 있다. 양면에 털이 있다. 꽃은 노란색으로 줄기나 가지 끝에서 머리모양의 꽃이 1~2개씩 붙는다. 두상화의 가장자리에 있는 혀 모양의 암꽃이 있고 가운데에는 관 모양의 양성꽃이 있다. 열매는 수과로 도란형이다. 묵초, 조심초, 한년풀이라고도 한다. 풀 전체는 진통, 지혈제로 약재로 쓰인다.

과명 국화과 학명 *Bidens frondosa* L. 개화기 9~10월

미국가막사리

북아메리카 원산의 한해살이풀로 높이는 1m에 달한다. 줄기는 네모지고 골속이 백색이고 흔히 자줏빛이 돈다. 잎은 마주나고 3~5개로 갈라진 깃꼴겹잎으로 갈래조각은 바소꼴로 가장자리에 톱니가 있다. 꽃은 노란색으로 가지 끝마다 두상화가 원추꽃차례를 이룬다. 두상화 겉에 있는 총포는 잎 모양이고 6~10개로 갈라진다. 두상화에 있는 설상화는 노란색이고 편평하고 가장자리에 있는 것은 넓고 안쪽에 있는 것은 좁다. 열매는 수과다. 가막사리와 다르게 잎자루에 날개가 없다.

가막사리

과명 국화과 학명 *Bidens tripartita* L. 개화기 8~10월

습지에서 자라는 한해살이풀로 높이는 20~150cm다. 곧게 자라며 전체에 털이 없다. 잎은 마주나고 밑부분의 것은 바소꼴이지만 중앙부의 잎은 타원모양의 바소꼴로 깊게 3~5갈래로 갈라지며 갈래조각의 가장자리에 톱니가 있다. 잎자루에 날개가 있으며 위쪽으로 갈수록 잎이 작아진다. 꽃은 노란색으로 가지와 원줄기 끝의 잎겨드랑이에서 두상화가 달린다. 열매는 수과로 거꾸로 된 가시가 있어서 다른 물체에 잘 붙는다. 가막살이, 귀자, 차두풀, 넓적닥싸리, 차두초라고도 한다. 어린 잎은 나물로 먹으며 풀 전체는 약재로 쓰인다.

과명 국화과 학명 *Bidens bipinnata* L. 개화기 8~9월

도깨비바늘

산과 들에서 자라는 한해살이풀로 높이는 25~85cm다. 원줄기는 네모지며 털이 약간 있다. 잎은 마주나며 가운데 것은 양면에 털이 약간 있고 2회 깃털 모양으로 갈라진다. 위로 갈수록 작아진다. 밑부분의 것은 3회 깃꼴로 갈라진다. 작은 잎은 긴 타원 모양이며 가장자리에 톱니가 있다. 잎자루는 위로 갈수록 짧아진다. 꽃은 노란색으로 줄기와 가지 끝에서 두상화로 달린다. 열매는 수과로 우산털에 아래를 향해 난 가시 같은 털이 있어 동물의 몸을 비롯한 물체에 잘 붙는다. 어린 잎은 나물로 먹으며 풀 전체는 약재로 쓰인다.

톱풀

과명 국화과 학명 *Achillea sibirica* Ledeb 개화기 7~10월

산과 들에서 자라는 여러해살이풀로 높이는 50~110cm다. 뿌리줄기가 옆으로 길게 벋으면서 여러 대가 한군데에 모여 나오고 윗부분에 털이 많고 밑부분에 털이 없다. 잎은 어긋나고 잎자루가 없으며 밑부분이 줄기를 얼싸안고 잎몸은 빗살처럼 약간 깊게 갈라지고 갈래조각에 톱니가 있다. 꽃은 흰색 양성화로 줄기와 가지 끝에 산방꽃차례로 달린다. 총포는 둥근 종 모양이며 털이 약간 난다. 열매는 수과다. 신초, 가새나물, 가새풀, 산톱풀, 거초, 유연초라고도 한다. 어린 순을 나물로 먹으며 약용으로 쓰인다.

과명 국화과

학명 *Chrysanthemum zawadskii* var. *latilobum* Kitagawa 개화기 8~10월

구절초

산기슭 풀밭에서 자라는 여러해살이풀로 높이는 50cm다. 줄기는 곧게 서고 위에서 여러 개의 가지가 갈라진다. 잎은 어긋나며 달걀모양이거나 넓은 달걀모양으로 흰 털이 빽빽하고 가장자리가 얇게 갈라진다. 꽃은 흰색 또는 연보라색 두상화로 줄기나 가지 끝에서 한 송이씩 피고 한 포기에서는 다섯 송이 정도 핀다. 처음 꽃대가 올라올 때는 분홍빛이 도는 흰색이고 개화하면서 흰색으로 변한다. 열매는 타원형 수과다. 산구절초, 구일초, 선모초, 들국화라고도 한다. 관상용으로 재배하기도 하며 풀 전체는 약용으로 쓰인다.

산국

과명 국화과

학명 *Chrysanthemum boreale* Makino 개화기 9~11월

숲가나 인가주변에서 자라는 여러해살이풀로 높이는 1~1.5m다. 뿌리줄기가 짧고 줄기는 곧게 서며 가지가 많이 갈라지며 흰 털이 많다. 잎은 어긋나며 밑부분의 잎은 꽃이 필 때 없어지며 중앙부의 것은 긴 타원형 달걀모양이고 깃꼴로 깊게 갈라지고 가장자리에 날카로운 톱니가 있다. 꽃은 노란색으로 줄기와 가지 끝에서 두상화가 모여서 산형꽃차례를 이루며 핀다. 열매는 수과다. 황엽국, 개국화, 야국, 고의 등의 속명으로 불린다. 한방과 민간에서 강심, 거담, 두통 등에 약재로 쓰인다. 꽃은 향료와 약재로 쓰인다.

과명 국화과

학명 *Chrysanthemum indicum* L. 개화기 10~12월

감국

산과 들에 자라는 여러해살이풀로 높이는 60~90cm다. 뿌리줄기가 옆으로 길게 벋는다. 줄기는 여러 대가 모여 나며 가늘고 길어 아래쪽이 쓰러져 땅에 닿고 보통 검은 자주색을 띤다. 꽃이 필 무렵 목질화된다. 잎은 어긋나며 짙은 녹색이고 잎자루가 있고 달걀모양인데 보통 깃꼴로 깊게 갈라지며 끝이 뾰족하다. 갈라진 조각은 긴 타원형이고 가장자리가 패어 들어간 모양의 톱니가 있다. 꽃은 노란색으로 줄기와 가지 끝에서 두상화가 모여서 느슨한 산방꽃차례처럼 달린다. 열매는 수과다. 관상용이나 식용, 약용으로 쓰인다.

쇠서나물

과명 국화과
학명 *Picris hieracioides* var. *glabrescens* Ohwi 개화기 6~9월

반그늘이나 양지에서 자라는 두해살이풀로 높이는 90cm다. 줄기가 곧게 서고 가지가 갈라지며 붉은 빛을 띤 갈색의 굳은 털이 있다. 뿌리잎은 로제트형으로 퍼지고 꽃이 필 때 없어진다. 줄기잎은 어긋나며 밑부분의 것은 거꾸로 세운 바소꼴로 끝이 뾰족하다. 윗부분 잎은 줄 모양 바소꼴로 밑부분이 원줄기를 얼싸안는다. 꽃은 노란색으로 줄기와 가지 끝에서 달린다. 총포는 종 모양으로 녹색 바탕에 검은 빛이 돈다. 열매는 수과다. 모련채, 쇠세나물이라고도 한다. 어린 잎은 나물로 먹는다. 풀 전체는 약용으로 쓰인다.

과명 국화과

학명 *Taraxacum coreanum* Nakai 개화기 4~5월

흰민들레

길가나 인가의 양지에서 자라는 여러해살이풀로 높이는 10~15㎝다. 원줄기가 없고 모든 잎이 뿌리에서 나와 비스듬히 자란다. 잎은 양면에 털이 약간 있고 거꾸로 세운 바소꼴이고 밑이 좁아지며 양쪽가장자리는 무잎처럼 갈라진다. 갈래조각은 5~6쌍이며 가장자리에 톱니가 있다. 꽃은 흰색으로 잎보다 짧은 꽃줄기가 1개 또는 여러 개 자라며 끝에 1개씩 달리고 꽃이 핀 다음 꽃줄기는 잎보다 훨씬 길어진다. 열매는 수과다. 주로 관상용으로 심으며 잎과 뿌리는 식용으로도 쓰인다.

민들레

과명 국화과
학명 *Taraxacum mongolicum* H. Mazz. 개화기 4~5월

산과 들의 풀밭에서 자라는 여러해살이풀로 높이는 30cm내외다. 잎은 총생하며 옆으로 퍼지며 거꾸로 세운 바소꼴이고 무잎처럼 길게 갈라지고 갈래조각은 털이 약간 있으며 가장자리에 톱니가 있다. 꽃은 노란색으로 잎보다 약간 짧은 꽃자루가 나와 끝에 1개씩 달린다. 꽃이 지면 연한 백색의 관모가 달린 씨앗이 맺어져 봄바람을 타고 흩어져 번식한다. 꽃피기 전의 식물체를 포공영이라는 약재로 쓴다. 안질방이라고도 한다. 이 꽃은 꽃받침이 뒤로 말리지 않지만 서양민들레는 뒤로 말리며 뒤틀린 점이 다르다.

과명 국화과 학명 *Taraxacum officinale* Weber 개화기 3~9월

서양민들레

유럽이 원산지인 귀화식물로 도시 잔디밭이나 농촌의 길가와 빈터에서 자라는 여러해살이풀로 10~25㎝다. 뿌리가 땅속 깊이 들어가고 줄기는 없다. 잎은 뿌리에서 뭉쳐나고 사방으로 퍼지며 타원 모양이고 끝이 예리하게 뾰족하며 깃 모양으로 깊게 갈라지고 가장자리가 밋밋하다. 꽃은 노란색으로 잎이 없는 꽃줄기 끝에 1개씩 위를 향해 달린다. 열매는 수과로 양끝이 뾰족한 원기둥 모양이다. 관모가 달린 씨앗이 맺어져 봄바람을 타고 흩어져 번식한다. 약포공영, 약민들레라고도 한다. 잎과 어린 뿌리는 식용으로 쓰인다.

조밥나물

과명 국화과 학명 *Hieracium umbellatum* L. 개화기 7~9월

산과 들의 풀밭이나 길가에서 자라는 여러해살이풀로 높이는 30~100cm다. 줄기는 곧추서며 윗부분에서 가지가 약간 갈라지고 단단하며 위쪽에 털이 많다. 뿌리잎과 줄기잎은 꽃이 필 때 말라 버리고 중앙부의 잎은 좁은 바소꼴이거나 바소꼴로 약간 두껍고 거칠며 끝이 뾰족하고 밑부분이 좁아져서 원줄기에 달리며 가장자리에 뾰족한 톱니가 약간 있다. 꽃은 노란색으로 줄기와 가지 끝에서 두상화가 산방꽃차례나 원추꽃차례처럼 달린다. 열매는 수과다. 유포공영, 산화산류국이라고도 한다. 민간에서 약으로 쓰인다.

과명 국화과 학명 *Ixeris japonica* Nakai 개화기 5~7월

벋음씀바귀

논둑같이 약간 습기가 있는 곳에서 자라는 여러해살이풀로 높이는 10~30cm다. 뿌리줄기는 땅 위를 기면서 마디마다 새로운 싹이 자라나 사방으로 퍼져 땅을 덮는다. 뿌리잎은 로제트상으로 퍼지며 꽃이 필 때까지 남아 있고 거꾸로 세운 바소꼴이거나 주걱모양의 타원형으로 가장자리가 밋밋하다. 꽃은 노란색으로 꽃줄기 끝에 두상화가 1~6개 달린다. 꽃줄기는 잎이 없거나 1장이 달린다. 열매는 수과다. 줄씬나물, 해변씀바귀라고도 한다. 어린 잎은 나물로 먹으며 풀 전체를 약용으로 쓰인다.

좀씀바귀

과명 국화과 학명 *Ixeris stolonifera* A. Gray 개화기 5~6월

산과 들의 양지 바른 곳에서 자라는 여러해살이풀로 높이는 10cm다. 줄기는 연약하고 가지가 갈라지면서 땅 위를 기고 마디에서 수염뿌리가 난다. 잎은 뿌리에서 모여 나거나 줄기에 어긋나는데 잎자루가 길며 달걀모양이거나 타원형으로 양 끝이 둥글고 가장자리는 대부분 밋밋하다. 꽃은 노란색 두상화가 꽃줄기에 1~3개정도 달린다. 꽃줄기에는 보통 잎이 없으며 끝에서 가지가 조금 갈라진다. 열매는 수과로 방추형이다. 만고과채, 고채라고도 한다. 어린 잎은 나물로 먹으며 잎은 약재로 쓴다.

전라도 야생화

과명 국화과
학명 *Ixeris dentata* (Thunberg) Nakai 개화기 5~7월

씀바귀

산지나 볕이 잘 드는 풀밭이나 밭 가장자리에서 자라는 여러해살이풀로 높이는 25~50cm다. 윗부분에서 가지가 갈라진다. 잎이나 줄기를 자르면 흰 유액이 나온다. 뿌리잎은 꽃이 필 때까지 남아 있고 거꾸로 세운 바소꼴이거나 거꾸로 세운 바소꼴의 긴 타원형이며 끝이 뾰족하고 밑부분이 좁아져서 긴 잎자루와 연결되며 가장자리에 치아모양의 톱니가 있다. 꽃은 노란색 두상화로 여러 개 산방꽃차례로 줄기 끝에 달린다. 열매는 수과다. 씸배나물, 고채, 황고채, 치연고채라고도 한다. 나물로 먹으며 약재로도 쓰인다.

선씀바귀

과명 국화과

학명 *Ixeris chinensis* var. *strigosa* (Lev. et Vnt.) Ohwi 개화기 5~6월

길가나 풀밭에서 자라는 여러해살이풀로 높이는 20~50cm다. 줄기는 밑에서 여러 대가 나온다. 뿌리잎은 꽃이 필 때까지 남아 있으며 로제트상으로 퍼지고 거꾸로 세운 바소꼴이거나 거꾸로 세운 바소꼴 긴 타원형이며 가장자리에 치아모양의 톱니가 있거나 깃처럼 갈라지며 밑부분이 좁아져서 잎자루가 된다. 꽃은 흰색이지만 가장자리에 아주 연하게 붉은 색을 띠어 줄기 끝에 20개 정도의 두상화가 산방꽃차례를 이루며 달린다. 열매는 수과다. 뿌리와 어린 순은 나물로 먹는다.

과명 국화과

학명 *Lactuca indica* var. *laciniata* (O. Kuntze) Hara 개화기 7~9월

왕고들빼기

산과 들, 길가, 논·밭둑에서 자라는 한해살이 또는 두해살이풀로 높이는 1~2m다. 윗부분에서 가지가 갈라진다. 뿌리잎은 꽃이 필 때 없어지며 줄기잎은 어긋나고 타원형의 바소꼴로 밑부분이 직접 원줄기에 달린다. 앞면은 녹색이며 뒷면은 분백색이고 깃처럼 갈라진다. 갈래조각에 톱니가 있다. 줄기를 자르면 흰 유액이 나온다. 꽃은 흰색이나 연한 노란색으로 두상화가 원추꽃차례를 이루며 위를 향해 핀다. 산호거, 산생채, 씬나물, 사라구, 수애똥, 왕고즐빼기라고도 한다. 어린 잎은 식용하며 풀 전체가 약용으로 쓰인다.

사데풀

과명 국화과

학명 *Sonchus brachyotus* A.P. DC. 개화기 8~10월

바닷가나 밭, 길가에서 자라는 여러해살이풀로 높이는 30~100cm다. 줄기는 곧추서고 가지가 갈라지며 속이 비어 있다. 뿌리잎은 꽃이 필 때 없어진다. 줄기잎은 잎 사이가 짧고 긴 타원형이며 끝이 둔하고 밑부분이 좁아져서 원줄기를 감싼다. 가장자리는 큰 톱니가 있거나 밋밋하다. 치아상의 톱니가 있거나 불규칙하게 깃처럼 갈라진다. 꽃은 노란색으로 두상화가 줄기 끝에서 산형꽃차례로 달린다. 열매는 수과다. 어린 순은 나물로 먹으며 자르면 하얀 유액이 나온다. 풀 전체는 해열이나 지혈 등 약용으로 쓰인다.

과명 국화과 학명 *Sonchus oleraceus* L. 개화기 5~9월

방가지똥

들에서 자라는 한해살이 또는 두해살이풀로 높이는 30~100cm다. 줄기는 속이 비어 있다. 세로로 능선이 있으며 어릴 때는 흰색의 가루로 덮여있다. 뿌리잎은 꽃이 필 때 쓰러지거나 남아 있고 밑부분의 잎보다 작다. 밑부분의 잎은 긴 타원형이거나 넓은 거꾸로 세운 바소꼴이며 깃처럼 거의 완전히 갈라지고 가장자리에 불규칙한 치아모양의 톱니 끝이 바늘처럼 뾰족하다. 잎자루에 날개가 있다. 꽃은 노란색 두화로 줄기 끝에 여러개가 달린다. 열매는 수과다. 고거채, 고마채, 고호마, 방가지풀이라고도 한다. 식용, 약용으로 쓰인다.

큰방가지똥

과명 국화과 학명 *Sonchus asper* (L.) Hill 개화기 6~7월

유럽 원산으로 길가나 빈터에서 자라는 한해살이 또는 두해살이풀로 높이는 40~120cm다. 줄기는 곧추서며 털이 없으며 속은 비어 있다. 줄기잎은 어긋나며 끝 부분은 뾰족하고 밑부분은 넓어져 줄기를 반쯤 감싼다. 가장자리는 큰 톱니가 있거나 깃 모양으로 깊이 갈라지고 거센 가시가 있다. 꽃은 노란색으로 두상화가 줄기나 가지 끝에서 산방꽃차례를 이룬다. 열매는 수과이고 납작하다. 방가지똥에 비해 전체가 대형이고 줄기잎의 밑이 둥근 귀 모양으로 줄기를 감싸며 윤기가 나고 톱니 끝이 굵은 가시 모양이어서 쉽게 구분된다.

과명 국화과 학명 *Youngia japonica* DC. 개화기 5~6월

뽀리뱅이

들에서 자라는 두해살이풀로 높이는 15~100cm다. 줄기에 부드러운 털이 있으며 밑부분에서부터 갈라진다. 뿌리잎은 로제트형으로 비스듬히 자라며 거꾸로 세운 바소꼴이며 가장자리가 무잎처럼 갈라진다. 끝의 갈라진 조각은 가장 크며 삼각상 달걀모양이고 양쪽의 갈라진 조각은 밑으로 갈수록 점점 작아진다. 꽃은 노란색으로 가지의 끝부분과 원줄기의 끝부분에 원추꽃차례로 달린다. 열매는 수과다. 보리뺑이, 씬나물, 쪼가리나물, 황암채, 황과채, 산개채, 박주가리나물이라고도 한다. 어린 순은 나물로 먹으며 약용으로 쓰인다.

이고들빼기

과명 국화과

학명 *Paraixeris denticulata* Kitamura 개화기 8~9월

산과 들의 건조한 곳에서 자라는 한해살이 또는 두해살이풀로 높이는 30~70cm다. 줄기는 가늘고 자줏빛이 돌며 가지가 퍼지며 자르면 유액이 나온다. 뿌리잎은 주걱 모양이며 꽃이 필 때 쓰러지고 줄기잎은 어긋나며 잎자루가 없으며 끝은 둔하다. 밑부분은 귀처럼 되어 줄기를 반쯤 감싸고 가장자리에 이 모양의 톱니가 드문드문 있다. 꽃은 노란색으로 산방꽃차례로 달린다. 꽃이 필 때는 곧게 서고 진 다음 밑으로 처진다. 열매는 수과로 갈색이나 검은색이다. 고매채, 추고매채라고도 한다. 어린 순은 나물로 먹는다.

과명 국화과 학명 *Youngia sonchifolia* Maxim 개화기 5~7월

고들빼기

산과 들에서 자라는 두해살이풀로 20~80cm다. 줄기는 가지가 많이 갈라지며 자줏빛이 돌며 털이 없다. 뿌리잎은 잎자루가 없고 꽃이 필 때 남아 있거나 없어지며 긴 타원형이다. 줄기잎은 어긋나며 달걀모양이거나 달걀모양의 긴 타원형이다. 밑이 넓어져서 줄기를 크게 감싸고 가장자리에 불규칙한 톱니가 있다. 꽃은 노란색으로 줄기와 가지 끝에서 두상화가 산방꽃차례처럼 달린다. 열매는 수과로 검은색 원추형이다. 씬나물, 본씨호거라고도 한다. 김치나 나물로 식용하며 약용으로 쓰인다.

부들

과명 부들과 학명 *Typha orientalis* Presl 개화기 7월

연못 가장자리와 도랑 등 습지에서 자라는 여러해살이풀로 높이는 1~1.5m다. 뿌리줄기는 옆으로 벋고 흰색이며 수염뿌리가 있다. 원줄기는 원주형이고 털이 없고 밋밋하다. 잎은 줄 모양으로 줄기의 밑부분을 완전히 둘러싼다. 비교적 얕은 물에서 살며 뿌리만 흙에 있으며 잎과 꽃줄기는 물 밖으로 드러나 있다. 꽃은 노란색으로 단성화이며 원주형의 꽃이삭에 달린다. 위에는 수꽃이삭 밑에는 암꽃이삭이 달리며 두 꽃 이삭 사이에 꽃줄기가 보이지 않는다. 향포, 포초, 포채, 포황이라고도 한다. 관상용으로 심으며 약용으로 쓰인다.

과명 부들과

학명 *Typha angustata* Bory et Chaub 개화기 6~7월

애기부들

습지에서 자라는 여러해살이풀로 높이는 1~1.5m다. 땅속줄기는 옆으로 길게 뻗는다. 줄기는 곧추서며 원기둥 모양이다. 잎은 줄 모양으로 줄기의 밑부분을 완전히 둘러싼다. 비교적 얕은 물에서 살며 뿌리만 흙에 있으며 잎과 꽃줄기는 물 밖으로 드러나 있다. 꽃은 노란색으로 단성화이며 원주형의 꽃이삭에 달린다. 부들과 달리 암꽃이삭과 수꽃이삭은 서로 떨어져 있어 구별된다. 열매이삭은 긴 기둥 모양으로 붉은 갈색으로 익는다. 좀부들이라고도 부른다. 관상용으로 심으며 약용으로 쓰인다.

가래

과명 가래과

학명 *Potamogeton distinctus* A. Benn. 개화기 7~8월

연못이나 논에서 자라는 여러해살이 수생식물이다. 뿌리줄기가 땅 속 깊이 박혀 있으며 옆으로 벋으면서 마디에서 뿌리를 내리고 무리를 지어 자란다. 물 속의 잎은 바소꼴로 잎자루가 길고 양끝이 좁으며 가장자리의 세포가 톱니처럼 도드라진다. 물 위의 잎은 긴 달걀모양으로 광택이 있고 물에 젖지 않는다. 꽃은 황록색으로 물 위에 솟은 7cm 정도의 수상꽃차례로 달리는데 꽃잎은 4개로 끝에 암술대가 있다. 수술은 4개이다. 열매는 핵과다. 풀 전체를 약용으로 쓰인다.

과명 택사과

학명 *Alisma plantago-aquatica* var. *orientale* Samuels. 개화기 7~8월

질경이택사

연못가나 습지에서 자라는 여러해살이풀로 높이는 60~90cm다. 뿌리줄기는 짧고 수염뿌리가 나온다. 잎은 모두 뿌리에서 뭉쳐 나오고 잎자루가 길며 달걀모양의 타원형이다. 나란히 맥이 있고 끝이 뾰족하며 밑 부분이 둥글다. 꽃은 흰색으로 피고 잎 사이에서 나온 꽃줄기의 가지 끝에 산형꽃차례를 이루며 달린다. 꽃줄기는 가지가 돌려나며 가지에 작은 가지가 다시 돌려나고 가지 밑에는 3개의 포가 있다. 약명으로 택사이며 택지, 수사라고도 한다. 이뇨, 방광염, 신장염, 고혈압 등의 약재로 쓰인다.

벗풀

과명 택사과 학명 *Sagittaria trifolia* L. 개화기 8~10월

연못이나 도랑, 논에서 자라는 여러해살이풀로 높이는 30~100cm다. 옆으로 벋는 줄기 끝에 작은 덩이줄기가 달린다. 어린 잎은 선형으로 잎자루, 잎몸이 구별되지 않는다. 성숙한 잎은 잎자루가 있으며 잎몸은 좁거나 넓은 세모꼴의 창 모양이다. 잎 가장자리는 밋밋하고 잎맥은 3~5개이다. 꽃은 흰색으로 꽃줄기에 층을 이루어 꽃자루가 3개씩 돌려난다. 꽃차례의 위쪽에 수꽃, 아래쪽에 암꽃이 달린다. 열매는 수과로 달걀모양이다. 이 풀은 잎겨드랑이에 주아가 없다는 점과 보풀보다 잎이 넓고 크다는 점이 다르다.

과명 택사과 학명 *Sagittaria aginashi* Makino 개화기 7~9월

보풀

연못이나 논, 습지에서 자라는 여러해살이풀로 높이는 80cm내외다. 뿌리줄기는 짧고 잎겨드랑이에서 작은 덩이줄기가 생기며 옆으로 벋는 땅속줄기가 없다. 잎은 잎자루가 길고 화살모양으로 윗부분이 보다 길며 윗부분은 바소꼴이거나 선형으로 끝이 뾰족하다. 잎 끝이 뾰족하고 뒷면에 잎맥이 튀어 나온다. 꽃은 흰색으로 피고 층층으로 달리며 꽃줄기는 돌려나는 총상꽃차례이다. 암꽃은 꽃차례 밑부분에 달리는데 꽃받침잎과 꽃잎은 각 3개이다. 열매는 연한 녹색이다. 큰골이라고 한다. 관상용으로 심으며 약용으로 쓰인다.

물질경이

과명 자라풀과 학명 *Ottelia alismoides* (L.) Pers. 개화기 9월

연못이나 논, 도랑 등의 물속에서 자라는 한해살이풀이다. 원줄기가 없으며 잎이 뿌리에서 모여난다. 뿌리는 수염뿌리이고 줄기가 없으며 꽃줄기의 길이가 25~50cm다. 잎은 넓은 달걀모양 또는 달걀모양의 심장형이다. 어린 잎은 거꾸로 세운 바소꼴이다. 잎 가장자리에 주름살과 더불어 톱니가 있다. 꽃은 양성화이고 흰색바탕에 분홍색으로 꽃줄기 끝에 1개씩 달린다. 꽃받침잎과 꽃잎은 각각 3개다. 포는 통 모양이고 겉에 닭의 볏 같은 날개가 있다. 한방에서는 뿌리를 제외한 식물체 전체는 용설초라는 약재로 쓰인다.

과명 자라풀과

학명 *Hydrocharis dubia* (Bl.) Backer 개화기 8~10월

자라풀

연못에서 자라는 여러해살이풀이다. 원줄기가 길게 벋고 마디에서 뿌리가 내리며 마디에는 처음에 2개의 얇은 턱잎만이 있다. 턱잎은 달걀모양 바소꼴이고 잎겨드랑이에서 뜬잎이 돋는다. 줄기는 연한 녹색으로 길게 옆으로 벋으며 마디에서 뿌리를 내린다. 잎 뒤에 볼록한 스펀지 같은 공기주머니가 있는데 이것이 자라등을 닮았다고 해서 붙여진 이름이다. 꽃은 암수한그루며 물 위에서 피는데 흰색 바탕에 가운데는 노란색이다. 수별, 지매, 모근으로도 불린다. 관상용으로 심는다.

갯강아지풀

과명 벼과

학명 *Setaria viridis* var. *pachystachys* Makino et Nemoto 개화기 8~11월

바닷가 모래땅에 자라는 한해살이풀로 20~70cm다. 밑부분에서 가지가 갈라져 심하게 굽으며 털이 없고 마디가 약간 높다. 어린 가지는 센털이 밀생한다. 잎은 어긋나며 밑부분이 엽초로 되며 엽초의 가장자리에 엽설과 더불어 줄로 돋은 털이 있다. 꽃은 연한 녹색이거나 자주색으로 꽃차례는 원기둥 모양으로 곧추 선다. 작은이삭은 달걀모양이다. 좀강아지풀이라고도 한다. 강아지풀과 달리 바닷가에 자라고 가지가 많이 갈라지며 이삭자루에 붙은 가시털이 길고 꽃밥이 연한 갈색이므로 구분된다.

조릿대

과명 벼과 학명 *Sasa borealis* (Hack.) Makino 개화기 4월

산 중턱 이하의 숲이나 개활지에서 자라는 상록 관엽 식물로 높이는 1~2m다. 포는 2~3년간 줄기를 싸고 있으며 털과 더불어 끝에 바소꼴의 잎조각이 있다. 잎은 긴 타원상 바소꼴로 길이 10~25cm이고 끝으로 갈수록 뾰족하거나 꼬리처럼 길다. 잎 양면에 털이 없거나 뒷면 밑동에 털이 있고 가장자리에 가시 같은 잔 톱니가 있으며 잎집에 털이 있다. 꽃은 자주색으로 포에 싸여 있고 2~5개의 꽃이 원추꽃차례에 달리며 5년마다 한 번씩 핀다. 꽃이 핀 다음 지상부는 죽고 없어진다. 산죽, 갓대라고도 한다. 관상용으로 심는다. 열매는 식용하며 잎과 줄기는 해열, 이뇨 등에 약용으로 쓰인다.

띠

과명 벼과

학명 *Imperata cylindrica* var. *koenigii* (Retz.) Durand et Schinz 개화기 4~6월

강가나 논둑, 산기슭의 볕이 잘드는 풀밭에서 무리지어 자라는 여러해살이풀로 높이는 30~80cm다. 뿌리줄기는 땅속 깊숙이 벋으며 마디에 털이 있다. 잎은 주로 뿌리에서 나오고 편평하며 줄 모양이고 길이 10~20cm로 끝이 뾰족하고 밑부분도 점차 좁아지며 잎집에 털이 있는 것도 있으며 잎혀는 짧다. 꽃은 흰색으로 피고 줄기 끝에 수상꽃차례 모양의 원추꽃차례를 이루며 달린다. 꽃차례는 길이가 10~20cm이고 은백색의 긴 털로 덮인다. 약명이 백모근이며 띠풀, 삐비, 삐빗꽃이라고도 한다. 뿌리줄기는 약용으로 쓰인다.

과명 벼과 학명 *Miscanthus sinensis* Anderss. 개화기 9월

억새

산과 들에서 자라는 여러해살이풀로 높이는 1~2m다. 뿌리줄기는 굵으며 옆으로 뻗는다. 잎은 밑부분이 원줄기를 완전히 둘러싸고 선형이며 가장자리의 잔톱니가 딱딱하고 표면은 녹색이며 주맥은 흰색이고 털이 있는 것도 있다. 뒷면은 연한 녹색 또는 흰빛을 띠고 잎혀는 흰색 막질이다. 꽃은 흰색으로 줄기 끝에 부채꼴이나 산방꽃차례로 달리며 작은 이삭이 촘촘히 달린다. 적, 패자초, 산제초, 드렁새라고도 한다. 뿌리는 약으로 쓰고 줄기와 잎은 가축사료나 지붕 잇는 데 쓴다. 억새군락을 관광자원화한 지자체가 많다.

수크령

과명 벼과
학명 *Pennisetum alopecuroides* (L.) Spreng. 개화기 8~10월

길가나 제방, 들의 양지쪽에서 자라는 여러해살이풀로 30~80cm다. 뿌리줄기에서 억센 뿌리가 사방으로 퍼지며 뭉쳐 나온다. 잎은 길이가 30~60cm다. 주방용 솔 모양의 줄기 끝에 검은 보라색의 원기둥 모양의 꽃이삭이 복슬복슬하게 달린다. 작은 이삭은 한 개의 양성화와 수꽃으로 이루어지며 3개의 수술이 있다. 황미초, 괴초, 랑미초, 길갱이, 기랭이, 말밥이라고도 한다. 관상용으로 심기도 하며 잎을 공예품 재료로 이용하기도 한다. 사료용으로 사용하고 약용으로도 쓰인다.

과명 벼과 학명 *Setaria viridis* (L.) Beauv. 개화기 8~9월

강아지풀

산과 들에서 자라는 한해살이풀로 높이는 40~70cm다. 줄기는 밑에서부터 가지가 갈라져 곧게 자라고 가장자리에 털이 있다. 잎은 길이 10~20cm 정도로 어긋나게 달린다. 표면은 녹색이거나 자주색으로 가장자리에 털이 있다. 꽃은 연한 녹색이거나 자주색으로 줄기 끝에 원추꽃차례로 피는데 곧게 서는 게 특징이다. 작은 이삭은 1개의 꽃으로 이루어지며 작은 꽃줄기 밑에 뻣뻣하고 억센 털이 있다. 열매는 영과로 종자는 구황식물로 이용된다. 개꼬리풀, 구미초, 가라지, 여우꼬리풀이라고도 한다. 풀 전체는 약용으로 쓰인다.

금강아지풀

과명 화본과 학명 *Setaria glauca* (L.) Beauv. 개화기 7~8월

들에서 자라는 한해살이풀로 높이는 20~50cm다. 밑 부분에서 가지가 갈라지며 위 끝에 잔털이 있다. 잎은 줄기에 어긋나며 긴 바소꼴로 약간 흰빛이 도는 녹색을 띤다. 가장자리에 잔 톱니가 있고 잎집은 털이 없으며 윗 가장자리에 긴 털이 있고 잎혀는 퇴화해 털이 줄로 돋는다. 꽃은 황금색으로 줄기 끝에 원통형으로 달리며 중축과 작은 가지에 털이 있다. 잔 이삭의 까끄라기가 황금색인 것이 강아지풀과의 다르다. 금구미초, 황모유, 금가라지풀이라고도 한다. 농가에서 가축의 사료로 이용한다. 한국 특산종이다.

과명 벼과 학명 *Zizania latifolia* Turcz. 개화기 8~9월

줄

강이나 하천, 연못이나 물웅덩이 주변에서 자라는 여러해살이풀로 높이는 80~200cm다. 진흙 속에서 굵고 짧은 뿌리줄기와 줄기가 옆으로 벋으면서 모여난다. 잎은 밑 부분이 잎집으로 되며 잎집은 둥글고 부들 같으며 잎혀는 희고 긴 삼각형으로 끝이 뾰족하다. 꽃은 황록색으로 원추꽃차례에 윗부분에는 암꽃이, 아래에는 수꽃이 달린다. 수꽃 작은 이삭은 바소꼴이며 수술은 6개이다. 암꽃 작은 이삭에는 까락이 있다. 교초, 줄풀, 고실이라고도 한다. 가축먹이로 쓰며 빈혈, 이뇨제 등으로 약용으로 쓰인다.

왕쌀새

과명 벼과 학명 *Melica nutans* L. 개화기 6~7월

산지의 풀밭에서 자라는 여러해살이풀로 높이는 30~60cm다. 줄기는 몇 개씩 모여 나며 곧게 자란다. 줄기 밑 부분의 잎집은 자주색을 띤다. 꽃은 총상꽃차례에 작은이삭 5~15개가 아래쪽 한 방향으로 늘어져 듬성듬성하게 붙는다. 작은이삭은 보통 늘어지며 타원형이고 붉은 자주색이거나 흰색을 띤 녹색이며 양성화 2개와 퇴화한 낱꽃이 있다. 포영은 긴 타원형이며 막질이다. 외영은 달걀모양이고 용골에 털이 있다. 쌀새에 비해서 키가 작고 원추꽃차례는 거의 총상으로 보이며 5~15개의 작은 이삭이 듬성하게 달리므로 구분된다.

전라도
야생화

과명 벼과 학명 *Dactylis glomerata* L. 개화기 6~7월

오리새

유럽과 서아시아 원산으로 목초로 들어와 길가나 풀밭으로 퍼져 자라는 여러해살이풀로 높이는 1m 정도다. 곧게 자라며 잎은 어긋나며 편평하고 선형으로 뿌리에서 모여나서 커다란 포기로 되고 줄기에도 달린다. 꽃은 옅은 녹색으로 줄기 윗부분에 원추꽃차례로 달리는데 작은 이삭 안에 2~4개의 꽃이 들어있다. 그 끝에 붙는 작은이삭에 4~5개의 작은꽃이 마치 새의 발가락 모양으로 벌어져서 달린다. 포영은 막질로 털이 있으며 호영은 끝이 까락처럼 된다.

갈대

과명 벼과 학명 *Phragmites communis* Trin. 개화기 9월

습지나 갯가, 갯벌, 호수 주변의 모래 땅에서 자라는 여러해살이풀로 높이는 1~3m다. 군락을 이루고 뿌리줄기는 길게 벋으면서 마디에서 수염뿌리가 내리며 원줄기는 속이 비고 마디에 털이 있는 것도 있다. 잎은 가늘고 긴 바소꼴이며 끝이 뾰족하다. 잎집은 줄기를 둘러싸고 털이 있다. 꽃은 자주색이나 연한 흰색으로 수많은 작은 꽃이삭이 줄기 끝에 원추꽃차례로 달린다. 열매는 영과다. 줄여서 갈이라고도 불리며 한자로 노 또는 위라 한다. 어린 순은 식용으로 사용하며 이삭은 빗자루를 만든다. 약용으로 쓰이기도 한다.

과명 사초과 학명 *Carex kobomugi* Ohwi 개화기 6~8월

통보리사초

바닷가 모래 땅에서 무리지어 자라는 여러해살이풀로 높이는 10~20cm다. 목질의 단단한 땅속줄기는 갈색 섬유로 덮인다. 줄기는 단면이 삼각 모양이고 거칠거칠하다. 잎은 뿌리에서 나오며 가장자리에 잔톱니가 있고 잎집은 약간 갈색이며 섬유처럼 갈라진다. 꽃은 노란색으로 꽃이삭 끝에 수상꽃차례로 1개씩 달린다. 2가화이지만 때로 1가화인 것도 있다. 열매는 수과로서 긴 거꾸로 세운 달걀모양의 타원형이다. 이삭이 보리를 닮아 이같은 이름으로 불리며 큰보리대가리라고도 한다. 관상용이나 사구보호용으로 심기도 한다.

밀사초

과명 사초과
학명 *Carex boottiana* Hook. et Arn. 개화기 4~5월

남부지방 해안이나 섬의 바닷가 모래땅에서 자라는 여러해살이풀로 높이는 30~40cm다. 짧은 뿌리줄기에서 모여 난다. 잎은 딱딱하고 녹색이나 황록색으로 광택이 있으며 질감이 단단하다. 가장자리는 뒤로 젖혀진다. 꽃은 짙은 갈색으로 3~6개의 꽃이삭이 달린다. 수꽃이삭은 줄기 끝에 달리고 암꽃이삭은 줄기 옆에 달리며 짧은 원기둥 모양이다. 열매는 수과로 도란형이다. 갯사초, 수염사초라고도 한다. 다도해해상국립공원 칠발도에서는 쇠무릎이 번성, 제비오리 등 물새들의 번식을 방해한다고 해 이 풀을 이식하고 있다.

과명 사초과

학명 *Scirpus wichurai* var. *asiaticus* (Beetle) T. Koyama ex Ohwi 개화기 8~9월

방울고랭이

산기슭 습지에서 자라는 여러해살이풀로 높이는 1~1.5m다. 뿌리줄기는 짧다. 꽃줄기에 달려 있는 잎은 편평하며 줄기 단면은 모서리가 둥근 삼각형이다. 꽃은 줄기 끝에서 나온 겹산방꽃차례에 핀다. 꽃대 1개에 난상 타원형의 작은이삭 1~5개가 달린다. 작은이삭은 대가 있는 것도 있고 2~5개씩 모여 달리거나 1개씩 달린 것도 있으며 공 모양 비슷하고 붉은 갈색으로 된다. 비늘조각은 좁은 달걀모양이고 끝에 돌기가 있다. 수술은 2개, 암술머리는 3개다. 열매는 수과로 타원형 또는 거꾸로 세운 달걀모양이다.

방동사니

과명 사초과 학명 *Cyperus Amuricus* Maxim 개화기 8~10월

들이나 밭 근처에서 자라는 한해살이풀로 높이는 10~60cm다. 수염뿌리가 있고 잎이 뿌리에서 나온다. 꽃줄기도 뿌리에서 모여나며 꽃줄기에 달리는 잎은 넓이 2~6mm 정도로 어긋나게 달리며 기부가 줄기를 감싼다. 꽃은 붉은 갈색으로 잎 사이에서 꽃줄기가 나와 가지가 갈라져 많은 갈색의 작은 이삭이 달린다. 작은 이삭은 줄 모양으로 10~20개의 꽃이 달린다. 2개의 수술과 끝이 3개로 갈라진 암술대가 있다. 열매는 수과로 검은색 반점이 있다. 차방동사니, 검정방동사니, 왕골지심, 왕골풀이라고도 한다.

과명 사초과 학명 *Cyperus difformis* L. 개화기 8~10월

알방동사니

논이나 습지에서 자라는 한해살이풀로 높이는 25~60cm다. 줄기는 뭉쳐나고 세모지며 전체가 녹색이다. 잎집은 노란빛이 도는 갈색이다. 꽃은 줄기 끝에 둥근 모양의 꽃차례를 이루며 작은 이삭이 빽빽이 달린다. 작은이삭은 줄 모양이고 비늘 조각이 2줄로 배열하며 흑갈색이고 10~20개의 꽃이 달린다. 비늘 조각은 달걀을 거꾸로 세운 모양이고 끝이 파지며 녹색의 모가 난 줄이 있다. 열매는 수과이고 거꾸로 세운 달걀모양의 세모형이다.

넓은잎천남성

과명 천남성과
학명 *Arisaema robustum* (Engl.) Nakai 개화기 5~7월

산지의 그늘진 습지에서 자라는 여러해살이풀로 높이는 20~35cm다. 구형의 뿌리는 납작하고 수염뿌리가 사방으로 퍼지고 2~3개의 작은 구경이 달린다. 줄기는 끝에 한 개의 잎이 난다. 작은잎은 넓은 달걀모양으로 양끝이 좁으며 가장자리에 파상의 주름이 있다. 1개의 잎자루가 나와 5장의 작은잎이 달리는 점이 천남성과 다르다. 암수딴그루로 육수꽃차례로 달린다. 꽃차례는 녹색의 불염포에 싸여있다. 열매는 장과로 옥수수알처럼 생겨 붉게 익는다. 약재로 쓰이지만 독성이 있다.

과명 천남성과

학명 *Acorus calamus* var. *angustatus* Bess. 개화기 5~8월

창포

못가나 도랑가에서 자라는 여러해살이풀로 높이는 30cm내외다. 굵은 뿌리줄기가 옆으로 벋으면서 자라며 마디가 많고 마디에서 밑으로 수염뿌리가 내린다. 꽃줄기는 잎과 같이 생기고 중앙 상부 한쪽에 1개의 육수꽃차례가 달린다. 꽃이삭은 길이 5cm 정도이며 황록색 꽃이 밀생한다. 꽃은 양성화이고 화피갈래조각은 달걀을 거꾸로 세운 모양이다. 열매는 장과로 긴 타원형이며 붉은색이다. 뿌리줄기를 창포라 한다. 포근, 쟁피, 백창포이라고도 한다. 단오날 창포를 넣어 끓인 물로 머리를 감았던 풍습이 있다. 약용으로 쓰인다.

석창포

과명 천남성과 학명 *Acorus graminens* Soland 개화기 6~7월

산지나 들판의 냇가에서 자라는 여러해살이풀로 높이는 30~50cm다. 뿌리줄기가 옆으로 벋고 마디가 많으며 밑부분에서 수염뿌리가 돋는다. 땅 속에서는 마디 사이가 길고 흰색이지만 땅 위에 나온 것은 마디 사이가 짧고 녹색이다. 잎은 뿌리줄기에서 뭉쳐나며 줄 모양이고 끝이 뾰족하다. 꽃은 양성화이고 노란색으로 피며 잎처럼 생긴 꽃줄기에 수상꽃차례를 이루며 많은 수가 빽빽이 달린다. 열매는 삭과다. 수창포, 백창포, 석향포, 석장포로도 불린다. 관상용으로 심기도 하며 뿌리는 약용으로 쓰인다.

과명 천남성과

학명 *Symplocarpus renifolius* Schott. 개화기 3~5월

앉은부채

산골짜기 그늘에서 자라는 여러해살이풀로 높이는 30~40cm다. 뿌리줄기는 짧고 긴 끈 모양의 뿌리가 나와 사방으로 퍼지며 줄기는 없다. 잎은 뿌리에서 뭉쳐 나오고 둥근 심장 모양이며 끝이 뾰족하고 가장자리가 밋밋하며 잎자루가 길다. 꽃은 양성화이고 잎사이에서 꽃줄기가 나와 보트와 같은 생김새의 포엽으로 둘러싸인 꽃이 핀다. 포엽은 갈색을 띤 자주색이고 같은 색의 반점이 있다. 수술은 4개이며 암술은 1개이다. 열매는 둥글며 모여 달리고 붉은 색으로 익는다. 잎은 묵나물로 먹으며 줄기와 잎은 약용으로 쓰인다.

애기앉은부채

과명 천남성과
학명 *Symplocarpus nipponicus* Makino **개화기** 7~8월

중부 이북의 깊은 산지에서 자라는 것으로 알려졌지만 전남 장성 등지에서 자라는 여러해살이풀로 높이는 10~20cm다. 짧고 굵은 뿌리줄기에서 잎이 모여 나오고 잎자루가 길며 달걀모양 타원형이다. 잎의 끝은 둔하고 밑부분은 심장 모양이며 가장자리가 밋밋하다. 이른 봄철에 곰이 눈을 헤치고 이 잎을 뜯어먹는다고 하여 곰치라고도 부른다. 꽃은 여름철 잎이 스러진 후 핀다. 보트모양의 검은 자갈색의 포로 싸여 있는데 넓은 타원형이다. 열매는 장과다. 뿌리줄기와 잎은 약용으로 쓰인다.

전라도 야생화

과명 천남성과

학명 *Pinellia ternata* (Thunb.) Breit. 개화기 6~8월

반하

밭이나 정원 풀밭에서 자라는 여러해살이풀로 높이는 30cm내외다. 땅속에 지름 1cm 덩이줄기가 있고 1~2개의 잎이 나온다. 잎자루는 밑부분 안쪽에 1개의 살눈이 달리며 위 끝에 달리는 수도 있다. 작은잎은 3개이고 잎자루가 거의 없으며 가장자리가 밋밋하고 달걀모양 타원형에서 긴타원형, 좁은 바소꼴 등 여러 형태가 있으며 털이 없다. 꽃은 녹색으로 잎보다 위에 달린다. 끼무릇이란 속명을 갖고 있다. 땅구슬, 끼무릇, 꿩의밥, 꿩의무릇이라고도 한다. 덩이줄기는 약용으로 쓰인다.

섬천남성

과명 천남성과 학명 *Arisaema negishii* Makino 개화기 5~6월

거문도, 완도, 진도 등 섬지역 숲속 반음지의 비옥한 토양에서 자라는 여러해살이 풀로 높이는 60cm정도다. 윗부분에서 수염뿌리가 사방으로 퍼진다. 줄기는 원기둥모양이며 가는 줄 모양의 반점이 많다. 잎은 2개이며 잎자루가 길고 작은잎은 바소꼴이며 끝이 뾰족하다. 꽃은 흑자색으로 육수꽃차례로 달린다. 꽃자루는 뿌리에서 나오고 끝에 1개가 붙는다. 꽃줄기는 꽃이 핀 다음에도 계속 자란다. 꽃차례의 연장부는 약간 자색을 띠는 녹색으로 끝이 실같이 가늘고 길이 10~15㎝로 포 밖으로 나온다. 덩이줄기는 약용으로 쓰인다.

과명 천남성과

학명 *Arisaema heterophyllum* Bl. 개화기 5~6월

두루미천남성

섬이나 산지의 풀밭에서 자라는 여러해살이풀로 높이는 50cm정도다. 덩이줄기는 편평한 구형이고 윗부분에서 수염뿌리가 사방으로 퍼지고 옆에 몇 개의 작은 덩이줄기가 달린다. 헛줄기는 서고 원기둥 모양으로 녹색이다. 잎은 헛줄기 끝에서 1개가 나오는데 잎자루가 길고 잎몸은 새발 모양으로 갈라진다. 꽃은 녹색에 자줏빛을 띠며 달걀모양으로 올라가다 끝은 구부러지고 차츰 뾰족해지며 꼬리처럼 위로 솟구친다. 열매는 장과로 꽃대에 옥수수알처럼 모여 빨갛게 익는다. 덩이줄기는 약용으로 쓰이지만 독성이 강하다.

천남성

과명 천남성과

학명 *Arisaema amurense* var. *serratum* Nakai 개화기 5~7월

산지 숲 속 그늘에서 자라는 여러해살이풀로 높이는 30~50cm다. 덩이줄기는 편평한 공모양이며 윗부분에서 수염뿌리가 사방으로 퍼진다. 덩이줄기 위의 조각은 얇은 막질이고 원줄기의 겉은 녹색이며 때로는 자주색 반점이 있고 1개의 잎이 달린다. 꽃은 흰 녹색으로 육수꽃차례를 이루어 피며 포 윗 부분이 모자처럼 앞으로 구부러지며 달걀모양의 긴 타원형이고 끝이 뾰족하다. 암수 그루가 다르다. 열매는 옥수수모양으로 붉은색으로 익는다. 청사두초, 남성, 치엽천남성이라고도 한다. 덩이줄기가 약재로 쓰이지만 유독성 식물이다.

과명 천남성과 학명 *Arisaema ringens* Schott 개화기 4~5월

큰천남성

산골짜기나 남부지방 섬에서 자라는 여러해살이풀로 높이는 60㎝정도다. 덩이줄기는 편평한 공 모양이며 윗부분에서 수염뿌리가 사방으로 퍼진다. 잎은 연한 녹색으로서 잎자루가 있으며 2개가 마주나며 작은잎은 3개로 끝이 실처럼 가늘며 표면은 윤기가 있는 녹색이며 뒷면은 흰빛이 돈다. 꽃은 암수딴그루로 육수꽃차례다. 포는 짙은 자주색이거나 연한 녹색이고 윗부분은 주머니같이 되며 끝은 짧은 꼬리처럼 길어진다. 열매는 장과로 옥수수알처럼 달리며 붉게 익는다. 덩이줄기가 약재로 쓰이지만 유독성 식물이다.

나도생강

과명 닭의장풀과 학명 *Pollia japonica* Thunb. 개화기 8~9월

제주도와 흑산도의 숲속에서 자라는 여러해살이풀로 높이는 30~80cm다. 뿌리줄기는 가늘고 길며 옆으로 벋으며 각 마디에서 수염뿌리가 나온다. 잎은 10개가 어긋나고 밑부분으로 원줄기를 감싸면서 긴 타원 모양이며 양끝이 좁고 표면이 거칠며 뒷면에 때로는 잔털이 있고 밑부분의 잎은 잎새가 없다. 꽃은 흰색으로 줄기 끝에 5~6층으로 돌려나는데 전체적으로 원뿔 모양의 집산꽃차례로 이룬다. 각 층에는 5~6개의 포가 있으며 꽃차례의 가지는 수평으로 퍼진다. 열매는 삭과로 둥글며 남자색으로 익는다.

과명 닭의장풀과

학명 *Streptolirion cordifolium* (Griff.) O. Kuntze 개화기 7~8월

덩굴닭의장풀

산기슭의 습지에서 자라는 한해살이 덩굴식물로 길이는 3m정도다. 줄기는 뭉쳐나고 가지를 치며 연하다. 잎은 어긋나고 잎자루가 길며 가장자리가 밋밋하고 때로는 표면에 털이 있으며 가장자리에도 털이 있다. 잎 밑부분은 심장 밑 모양인데 끝은 매우 날카롭고 가장자리는 밋밋하다. 꽃은 흰색으로 가지 끝과 줄기 끝에 2~3개씩 핀다. 꽃받침은 1~3개의 맥이 있고 수술대에 꼬불꼬불한 털이 있다. 열매는 삭과로 타원형이다. 어린 줄기와 잎은 식용으로 쓰인다.

자주닭개비

과명 닭의장풀과

학명 *Tradescantia reflexa* Rafin 개화기 5월

북아메리카 원산이며 관상용으로 심는 여러해살이풀로 높이는 50cm정도다. 줄기는 여러 대가 모여나며 원줄기는 둥글며 푸른빛이 도는 녹색이다. 잎은 어긋나고 넓은 선형이며 밑부분이 원줄기를 감싸고 윗부분은 수채처럼 홈이 파지며 뒤로 젖혀진다. 꽃은 자주색으로 가지 끝에서 피고 꽃은 가는 꽃줄기에 모여 달리며 자줏빛이 돌고 당일 쓰러진다. 꽃받침조각과 꽃잎은 3개씩이고 수술은 6개이며 수술대에 청자색 털이 있다. 꽃은 아침에 피어 오후에 시든다. 양달개비, 양닭의씻개, 자주달개비, 달개비, 압척초라고도 한다.

과명 닭의장풀과 학명 *Aneilema keisak* Hassk. 개화기 8~9월

사마귀풀

연못이나 냇가 주변, 논 등 습지에서 자라는 한해살이풀로 높이는 10~30cm다. 줄기 밑부분이 옆으로 비스듬히 기면서 뿌리가 내리고 가지가 많이 갈라지며 연한 녹색이지만 붉은빛이 섞인 자줏빛을 띠는 줄기에 털이 돋은 1개의 줄이 있다. 잎은 어긋나고 좁은 바소꼴이며 끝이 점차 뾰족해지고 윤이 난다. 꽃은 연한 붉은 빛을 띤 자주색으로 잎겨드랑이에 1개씩 달린다. 열매는 삭과로 타원 모양이다. 되사리지심, 산이매풀, 사마귀약풀, 애기닭의밑씻개라고도 한다. 풀 전체는 말려 약용으로 쓰인다.

닭의장풀

과명 닭의장풀과 학명 *Commelina communis* L. 개화기 7~9월

산이나 들, 인가 근처, 길가의 풀밭에서 자라는 한해살이풀로 높이는 15~50cm다. 줄기 밑 부분이 옆으로 비스듬히 자라며 땅을 기고 마디에서 뿌리를 내리며 많은 가지가 갈라진다. 잎은 어긋나고 마디가 굵고 달걀모양의 바소꼴이며 잎 끝은 점점 뾰족해지고 밑 부분은 막질로 된 잎집으로 된다. 꽃은 짙은 하늘색으로 잎겨드랑이에서 나온 꽃줄기 끝의 포에 싸여 취산꽃차례로 달린다. 압착초, 야적초, 계관채, 달개비, 달래개비라고도 한다. 어린 순은 나물로도 먹는다. 잎과 줄기는 약용으로 쓰인다.

과명 골풀과
학명 *Juncus effusus* var. *decipiens* Buchen. 개화기 5~6월

골풀

들이나 냇가의 습지에서 자라는 여러해살이풀로 높이는 50~100cm다. 뿌리줄기는 옆으로 벋고 마디사이가 짧고 원줄기는 원주형이며 뚜렷하지 않은 세로줄이 있고 잎은 원줄기 밑부분에 달리며 비늘같다. 줄기는 속이 사람의 뼈처럼 희다. 꽃은 녹갈색으로 줄기 윗부분에서 총상꽃차례로 옆으로 1개씩 달린다. 맨 밑에 있는 포는 원기둥 모양이고 곧게 서며 끝이 날카롭고 줄기에 이어서 길이 20cm 정도 자라므로 줄기 끝처럼 보인다. 열매는 삭과로 세모난 달걀모양이다. 등심초라고도 한다. 원줄기로 돗자리를 만들고 약용으로 쓰인다.

꿩의밥

과명 골풀과 학명 *Luzula capitata* (Miq.) Miq. 개화기 4~5월

산기슭이나 풀밭에서 자라는 여러해살이풀로 높이는 10~30cm정도다. 땅속줄기에서 모여나며 뿌리잎은 가장자리에 긴 흰색털이 있으며 끝이 굳다. 줄기잎은 2~4개가 어긋나게 달린다. 꽃은 갈색이며 두상꽃차례로 줄기 끝에 1개씩 달리고 꽃줄기에는 2~3개의 잎이 달린다. 화피조각은 6개이고 바소꼴이며 끝이 뾰족하다. 붉은 빛을 띤 갈색이며 가장자리가 흰색이다. 수술은 6개이고 수술대는 매우 짧다. 꽃밥은 긴 타원형이다. 암술대는 끝이 3개로 갈라진다. 열매는 삭과로 모난 달걀모양이다.

전라도
야생화

과명 물옥잠과

학명 *Eichhornia crassipes* (Mart.) Solms 개화기 8~9월

부레옥잠

논이나 연못에서 자라는 여러해살이 수초로 높이는 20~30cm다. 밑에서 잔뿌리가 많이 돋고 잎이 많이 달린다. 잔뿌리들은 수분과 양분을 빨아들이고 몸을 지탱하는 구실을 한다. 잎자루는 10~20cm로 가운데가 부풀어 마치 부레같이 되며 수면으로 떠다니며 자란다. 잎은 달걀모양의 원형으로 많이 돋으며 밝은 녹색에 털이 없고 윤기가 있다. 꽃은 연한 보라색으로 수상꽃차례를 이루고 밑부분은 통으로 되며 윗부분이 깔때기처럼 퍼진다. 꽃은 하루만 피었다가 시든다. 풀 전체와 뿌리는 수호로라고 하며 약용으로 쓰인다.

물옥잠

과명 물옥잠과

학명 *Monochoria korsakowii* Regel et Maack. 개화기 9월

도랑이나 논과 늪의 물 속에서 자라는 한해살이풀로 높이는 20~40cm다. 잎은 밑부분에서 돋은 것은 잎자루가 길고 위로 올라갈수록 짧아지며 줄기는 스펀지 같이 구멍이 많고 밑부분이 넓어져서 원줄기를 감싼다. 잎몸은 심장 모양이고 가장자리가 밋밋하고 끝이 뾰족하다. 꽃은 청색을 띤 자주색으로 줄기 끝에 총상꽃차례를 이루며 달린다. 꽃 밑 부분에 잎집같은 포가 있다. 열매는 삭과로 달걀모양의 긴 타원형이다. 우구, 부광, 물달래개비, 압설초, 수미채, 달구개비, 팔개비라고도 한다. 약용으로 쓰인다.

과명 물옥잠과

학명 *Monochoria vaginalis var. plantaginea* Solm. 개화기 9월

물닭개비

논이나 연못에서 자라는 여러해살이 수초로 높이는 20cm내외다. 뿌리에서 5~6개가 한군데에서 나오는 원줄기에 각각 1개의 잎이 달린다. 잎은 넓은 바소꼴이거나 3각상 달걀모양이다. 짙은 녹색을 하고 있으며 두꺼운 편이며 가장자리가 밋밋하다. 꽃은 청보라색으로 꽃차례는 잎보다 짧고 한쪽에 3~7개의 꽃이 달린다. 이 꽃은 위를 향하여 반쯤 피지만 물옥잠은 긴 꽃자루가 나와 끝에서 옆을 향해 꽃을 활짝 피는 것이 다르다. 압설초, 곡채. 영, 흑채, 무우지심, 풀달개비, 나도닭개비, 달구개비라고도 한다. 관상용, 약용으로 쓰인다.

금강애기나리

과명 백합과

학명 *Streptopus ovalis* (Ohwi) F.T.Wang & Y.C.Tang 개화기 4~6월

지리산, 덕유산, 소백산, 한라산 등과 같은 고산지역에서 자라는 여러해살이풀로 높이는 10~30㎝다. 땅속줄기는 옆으로 벋고 기는 줄기가 있다. 줄기는 하나가 곧게 서고 아래쪽에는 막질의 입집모양으로 된 잎에 싸인다. 잎은 어긋나며 잎자루가 없고 긴 달걀모양으로 끝이 매우 뾰족하며 밑은 둥근 모양이다. 꽃은 연한 황백색으로 자주색의 반점이 있으며 원줄기 윗부분의 가지 끝에서 산형으로 통상 2~4개 정도가 달린다. 열매는 둥글고 붉게 익는다. 진부애기나리라고도 한다. 관상용으로 심는다.

과명 백합과

학명 *Hemerocallis hongdoensis* Makino 개화기 8~9월

홍도원추리

홍도를 비롯한 남부 다도해 바닷가에서 무리지어 자라는 여러해살이풀로 높이는 70cm다. 끈 같은 굵은 뿌리가 뿌리줄기에서 사방으로 퍼지고 덩이뿌리가 발달하며 옆으로 땅속줄기로 벋으면서 번식한다. 잎은 뿌리줄기에서 나오고 2줄로 배열되며 털이 없고 윗부분이 뒤로 처진다. 뒷면에 능선이 있고 두꺼우며 월동한다. 꽃은 노란색으로 잎 사이에서 꽃줄기가 나와 끝이 2~3개로 갈라지고 밑에서부터 총상꽃차례로 핀다. 열매는 삭과로 달걀모양이다. 관상용으로 심으며 홍도에서 처음 발견되었으므로 홍도원추리라고 한다.

처녀치마

과명 백합과

학명 *Heloniopsis orientalis* (Thunb.) C. Tanaka 개화기 4월

산지의 약간 습기 많은 곳에서 자라는 여러해살이풀로 높이는 10~30cm다. 뿌리줄기는 짧고 곧다. 잎은 무더기로 나와서 방석처럼 퍼지며 거꾸로 세운 바소꼴이고 끝이 뾰족하며 털이 없다. 녹색으로 혁질이고 윤기가 난다. 꽃은 연한 홍색에서 자주 빛 녹색으로 3~10개가 총상꽃차례로 달린다. 꽃줄기는 잎 중앙에서 나와 꽃이 진 후에는 60cm 내외로 자란다. 꽃받침 갈래조각과 수술은 6개다. 암술머리에 3개의 돌기가 있다. 열매는 삭과다. 치맛자락풀이라고도 한다. 주로 관상용으로 심는다.

과명 백합과

학명 *Veratrum nigrum* L. var. *ussuriense* Loes. f. 개화기 9월

참여로

산지의 숲속에서 자라는 여러해살이풀로 높이는 1~1.5m다. 뿌리줄기는 짧고 밑에서 굵은 수염뿌리가 돋으며 윗부분은 원줄기의 밑부분과 더불어 잎집이 썩어서 남은 섬유로 덮여 있다. 잎은 어긋나며 가장 아래에 있는 잎은 넓은 타원형이고 밑은 좁아져서 잎집으로 된다. 꽃은 자주색으로 원줄기 끝의 원추꽃차례에 빽빽하게 달린다. 꽃대에는 흰색 털이 밀생한다. 수술은 6개, 암술머리는 3개로 갈라진다. 열매는 삭과로 타원형이다. 큰여로, 왕여로라고도 한다. 뿌리는 약용으로 쓰이지만 유독식물이다.

주걱비비추

과명 백합과
학명 *Hosta clausa* var. *normalis* F. Maekawa 개화기 7~8월

주로 중·북부지방의 산지에서 자라는 여러해살이풀로 높이는 10~25cm다. 잎이 모두 뿌리에서 돋아 비스듬히 퍼지고 장타원형이며 양끝이 좁고 잎자루와 더불어 밑으로 흘러 잎자루의 좁은 날개처럼 된다. 꽃은 연한 자색으로 피고 잎 사이에서 나온 화경 끝에 이삭꽃차례로 한쪽으로 치우쳐 달리며 포는 달걀모양으로 끝이 뾰족하다. 꽃부리는 깔때기 모양이고 끝이 6개로 갈라져서 젖혀지고 6개의 수술과 1개의 암술은 길게 밖으로 나온다. 열매는 삭과다. 어린 순은 나물로 먹는다.

과명 백합과

학명 *Allium schoenoprasmum* var. *orientale* Regel 개화기 7~8월

산파

높은 산의 양지에서 자라는 여러해살이풀로 높이는 20~30cm다. 뿌리줄기는 짧고 비늘줄기는 좁은 달걀모양이며 외피는 막질로 회갈색이고 딱딱해져서 세로줄이 생기며 약간 갈라진다. 잎은 2~3개이고 반원통형으로 안쪽이 편평하며 꽃줄기보다 짧고 흰빛이 도는 녹색으로 밑 부분이 잎집이 되어 꽃줄기를 감싼다. 꽃은 붉은빛이 강한 자주색으로 꽃줄기 끝에 산형꽃차례를 이루며 달린다. 꽃받침은 6개로 갈라지고 갈라진 조각은 긴 타원 모양의 바소꼴이거나 넓은 바소꼴이다. 비늘줄기와 어린 순은 식용으로 쓰인다.

맥문동

과명 백합과
학명 *Liriope platyphylla* Wang et Tang 개화기 7~8월

산지의 나무 그늘에서 자라는 여러해살이풀로 뿌리줄기는 굵고 딱딱하며 옆으로 번지 않고 수염뿌리는 군데군데 비대하여 굵은 덩어리를 이룬다. 짧고 굵은 뿌리줄기에서 잎이 모여 나와서 포기를 형성한다. 잎은 짙은 녹색을 띠고 선형이며 밑부분이 잎집처럼 된다. 난초 잎과 비슷하며 끝이 약간 뭉뚝하다. 꽃은 자색으로 수상꽃차례의 마디에 3~5개씩 달린다. 꽃이삭은 작은 꽃가지에 마디가 있다. 열매는 삭과로 둥글다. 겨우살이풀, 맥동, 토맥동, 야구채라고도 한다. 관상용으로 심으며 뿌리는 약용으로 쓰인다.

전라도 야생화

과명 백합과

학명 *Ophiopogon japonicus* (L.f.) KerGawl 개화기 5월

소엽맥문동

남부지방 산지의 나무그늘에서 자라는 여러해살이풀로 높이는 10~30cm다. 뿌리줄기가 옆으로 벋으면서 새순이 나오고 수염뿌리 끝이 땅콩처럼 굵어지는 것도 있다. 잎은 밑부분에서 뭉쳐나고 선형이고 끝이 둔하다. 꽃은 연한 자주색이나 흰색이며 10개 정도가 총상으로 달린다. 가장자리가 막질이고 바소꼴인 포 사이에 1~2개씩 난다. 꽃줄기는 편평하며 예리한 능선이 있다. 꽃잎과 수술은 6개씩이다. 겨우살이맥문동, 좁은잎맥문동이라고도 한다. 열매는 하늘색으로 둥글다. 덩이뿌리는 맥문동과 같이 약용으로 쓰인다.

삿갓나물

과명 백합과 학명 *Paris verticillata* Bieb. 개화기 6~7월

산지의 숲 속에서 자라는 여러해살이풀로 높이는 20~40cm다. 길게 옆으로 뻗는 뿌리줄기 끝에서 높이 원줄기가 나와 자라며 끝에서 6~8개 잎이 둘러나며 자루가 없다. 잎은 바소꼴이거나 긴 타원 모양, 넓은 바소꼴로 끝이 뾰족하며 3개의 맥이 있고 가장자리가 밋밋하다. 꽃은 녹색으로 돌려 난 잎 중앙에서 1개의 꽃자루가 나와 끝에 달린 1개가 위를 향해 핀다. 열매는 장과로 둥글다. 삿갓풀이라고도 불린다. 어린 순은 나물로 먹으며 한방에서는 뿌리줄기를 조휴라 하며 약으로 쓰이지만 유독성식물이다.

과명 백합과 학명 *Convallaria keiskei* Miq. 개화기 4~5월

은방울꽃

산기슭에서 무리지어 자라는 여러해살이풀로 높이는 25~35cm다. 뿌리줄기가 옆으로 길게 벋으며 군데군데에서 지상으로 새순이 나오며 밑부분에 수염뿌리가 있다. 밑 부분에서는 칼집 모양의 잎이 있고 그 가운데에서 2개의 잎이 나와 마주 감싼다. 끝이 뾰족하고 가장자리가 밋밋하며 잎자루가 길다. 꽃은 흰색으로 종 모양을 하고 잎의 밑동에서 곧게 선 꽃줄기에 총상꽃차례로 달린다. 이밖에 초롱꽃, 녹제초, 초옥령, 영란, 오월화, 녹령초, 향수화라고도 한다. 관상용으로 심으며 어린 잎은 식용, 약용으로 쓰인다.

풀솜대

과명 백합과 학명 *Smilacina japonica* A. GRAY 개화기 5~7월

산지의 숲속에서 자라는 여러해살이풀로 높이는 20~50cm다. 뿌리줄기는 육질이고 옆으로 벋고 원줄기는 비스듬히 자라고 위로 올라갈수록 털이 많아진다. 밑부분은 흰색 막질의 잎집으로 싸여 있다. 잎은 어긋나고 5~7개가 두 줄로 배열되고 긴 타원형, 타원형 또는 달걀모양으로 세로맥이 있으며 양면에 털이 있다. 잎끝은 뾰족하며 밑은 둥글고 잎자루가 짧다. 꽃은 흰색으로 원줄기 끝의 원추꽃차례로 달린다. 열매는 장과로서 둥글다. 솜대, 솜죽대, 녹약이라고도 한다. 어린 순을 나물로 먹는다. 약용으로 쓰인다.

윤판나물

과명 백합과 학명 *Disporum Sessile* D. Don 개화기 4~6월

숲 속에서 자라는 여러해살이풀로 높이 30~60cm다. 뿌리줄기는 짧으며 때로는 옆으로 벋으면서 자라고 원줄기는 윗부분에서 크게 갈라진다. 잎은 어긋나고 긴 타원형이며 끝이 뾰족하고 밑부분은 둥글며 잎자루가 없고 3~5맥이 있다. 꽃은 노란색과 흰색으로 가지 끝에 1~3개씩 밑을 향해 달린다. 꽃받침 갈래조각과 수술은 6개씩이고 암술은 1개이며 끝이 3개로 갈라진다. 열매는 장과로 둥글다. 석죽근, 보탁초, 큰가지애기나리, 대애기나리라고도 한다. 관상용으로 심으며 어린 순을 나물로 먹는다. 뿌리와 줄기는 약용으로 쓰인다.

애기나리

과명 백합과

학명 *Disporum smilacinum* A. Gray 개화기 4~5월

숲 속 그늘에서 무리 지어 자라는 여러해살이풀로 높이는 15~40cm다. 뿌리줄기가 옆으로 벋으며 가지가 없거나 1~2개로 갈라지고 원줄기 밑부분을 알집 같은 3~4개의 잎이 둘러 싼다. 잎은 어긋나며 달갈모양 긴 타원형이며 끝이 뾰족하며 밑부분은 둥글고 갑자기 좁아져서 원줄기에 달리며 가장자리가 밋밋하다. 꽃은 흰색으로 줄기 끝에 1~2개가 밑을 향해 달린다. 열매는 장과로 둥글며 검은 색으로 익는다. 보주초, 아백합, 어린 순은 나물로 먹는다. 뿌리줄기는 약용으로 쓰인다.

과명 백합과

학명 *Disporum viridescens* (Maxim.) Nakai 개화기 5~6월

큰애기나리

산지의 숲 속에서 자라는 여러해살이풀로 높이는 30~70cm다. 뿌리줄기가 옆으로 벋으며 밑부분이 잎집같은 잎으로 둘러싸인다. 잎은 어긋나고 긴 타원형이며 3~5맥이 발달하며 가장자리와 뒷면 맥 위에 반달형이거나 작은 돌기가 있다. 꽃은 연한 녹색으로 가지 끝에 1~3개가 밑을 향해 달린다. 꽃잎은 6개로 6개의 수술은 꽃잎 밑에 달린다. 열매는 장과로 둥근 공 모양이며 검게 익는다. 큰애기나물, 녹화보탁초라고도 한다. 어린 잎은 식용으로 쓰인다.

죽대

과명 백합과

학명 *Polygonum lasianthum* var. *coreanum* Nakai 개화기 5~6월

지리산 등 남부지방 높은 산 숲 속의 풀밭에서 자라는 여러해살이풀로 높이는 30~70cm다. 뿌리줄기는 길게 옆으로 벋으며 잔뿌리가 많다. 원줄기는 둥글며 윗부분이 비스듬히 옆으로 자라고 세로줄이 있다. 잎은 어긋나며 2줄로 배열되며 긴 타원모양 바소꼴로 양끝이 좁으며 위로 올라갈수록 점차 작아지고 표면은 녹색이다. 꽃은 녹색이 도는 흰색으로 잎겨드랑이에서 난 꽃대 끝에 1~2개씩 달린다. 열매는 장과로 둥글며 검푸른 색으로 익는다. 어린 순은 나물로 먹으며 뿌리줄기는 약용으로 쓰인다.

과명 백합과

학명 *Polygonatum odoratum* var. *pluriflorum* Ohwi 개화기 5~6월

둥굴레

숲속 그늘이나 들의 풀밭에서 자라는 여러해살이풀로 높이는 30~60cm다. 6줄의 능각이 있고 끝이 처지며 육질의 뿌리줄기는 점질이고 옆으로 벋는다. 잎은 어긋나게 나며 한쪽으로 치우쳐서 퍼지고 긴 타원형이며 잎자루는 없다. 꽃은 밑부분은 흰색, 윗부분은 녹색으로 긴 종모양이 잎겨드랑이에 1~2개씩 달린다. 장과는 둥글고 흑색으로 익는다. 옥죽, 외유, 괴불꽃이라고도 불린다. 어린 순은 식용하며 뿌리는 말려 차로 먹는다. 유사종으로 산둥굴레, 큰둥굴레, 맥도둥굴레, 왕둥굴레 등이 있다.

왕둥굴레

과명 백합과

학명 *Polygonatum robustum* (Korsh.) Nakai 개화기 5~6월

산지의 풀밭에서 자라는 여러해살이풀로 높이는 50~90cm다. 뿌리줄기는 옆으로 길게 벋으며 매우 굵게 자란다. 마디가 있으며 줄기는 곧게 서며 위쪽이 비스듬하게 자라며 겉에 능선이 있다. 잎은 어긋나며 좁은 타원형이거나 달걀모양으로 잎자루는 짧고 양끝이 둔하며 뒷면이 분백색이다. 꽃은 녹색이 도는 흰색으로 잎겨드랑이에서 난 꽃대에 2~5개가 피며 녹색이 도는 흰색이다. 꽃부리는 긴 종모양이다. 열매는 장과로 둥글며 검게 익는다. 큰둥굴레라고도 한다. 어린 잎은 식용, 뿌리줄기는 약용으로 쓰인다.

전라도
야생화

과명 백합과

학명 *Polygonatum involucratum* Maxim. 개화기 5~6월

용둥굴레

산지에서 자라는 여러해살이풀로 높이는 20~60cm다. 뿌리줄기는 굵으며 줄기는 능각이 있으며 밑으로 처진다. 잎은 어긋나며 2줄로 배열되며 좁은 달걀모양이거나 달걀모양의 타원형이고 양끝이 좁으며 짧은 잎자루가 있는 것도 있고 가장자리가 밋밋하며 표면은 녹색이고 뒷면은 분백색이다. 꽃은 백록색으로 잎겨드랑이에서 2장의 커다란 포엽 속에 꽃이 2개씩 들어 있다. 꽃줄기는 털이 없고 수술은 6개로 꽃밥보다 길다. 열매는 장과로 검은색으로 익는다. 위유. 여위, 지절, 옥죽, 옥출, 이포황정이라고도 한다.

선밀나물

과명 백합과 학명 *Smilax nipponica* Miq 개화기 5~6월

산과 들에서 자라는 여러해살이풀로 높이는 1m에 달한다. 뿌리줄기는 옆으로 벋는다. 줄기는 곧게 서지만 윗부분이 약간 휘고 노란 색을 띤 녹색이다. 잎은 어긋나고 넓은 타원형이거나 달걀모양의 타원형이며 끝이 뾰족하며 밑 부분이 둥글거나 심장 모양이고 가장자리가 밋밋하다. 잎 표면은 녹색이며 잎 뒷면은 약간 흰빛이 도는 녹색이다. 잎자루 밑에는 턱잎이 변한 1쌍의 덩굴손이 있다. 꽃은 암수딴그루이고 노란색을 띤 녹색으로 잎겨드랑이에서 나온 꽃대에 산형꽃차례를 이루며 달린다. 어린 순을 나물로 먹는다.

과명 백합과 학명 *Smilax china* Linne 개화기 5~6월

청미래덩굴

산기슭이나 숲 속에서 자라는 덩굴성 낙엽관목으로 길이는 3m 내외다. 굵고 딱딱한 뿌리줄기는 땅속에서 길게 옆으로 벋는다. 많은 가지가 갈라지며 거센 가시가 있다. 잎은 어긋나고 원형이거나 넓은 달걀모양 또는 넓은 타원형이며 두껍고 윤기가 난다. 꽃은 황록색으로 산형꽃차례를 이루어 핀다. 열매는 둥글며 적색으로 익는다. 뿌리줄기는 토복령, 열매는 명감, 망개라고 한다. 이 밖에 맹감나무, 매발톱가시, 청열매덤불, 팥청미래덩굴 등의 속명으로 불린다. 어린 순은 나물로 먹으며 뿌리는 이뇨, 거풍 등의 약용으로 쓰인다.

뻐꾹나리

과명 백합과 학명 *Tricyrtis dilatata* Nakai 개화기 7월

남부지방의 숲속에서 자라는 여러해살이풀로 높이는 50cm내외다. 한 포기에서 여러 대가 자란다. 잎은 어긋나고 거꾸로 세운 달걀모양의 타원형이며 끝이 뾰족하며 원줄기를 거의 둘러싸며 가장자리가 밋밋하지만 양면과 더불어 굵고 짧은 털이 있다. 꽃은 자주색으로 가지 끝과 끝에 가까운 잎겨드랑이에서 자라나는 꽃대에 2~3송이가 피어난다. 꽃자루에 짧은 털이 많고 꽃받침 갈래조각은 6개로 겉에 털이 있으며 자줏빛 반점이 있다. 열매는 삭과로 바소꼴이다. 뻑꾹나리라고도 한다. 어린 순은 나물로 한다. 한국 특산종이다.

과명 백합과 학명 *Veratrum oxysepalum* Turcz. 개화기 7~8월

박새

깊은 산 습지에서 무리를 지어서 자라는 여러해살이풀로 높이는 1.5m다. 뿌리줄기는 굵고 짧으며 밑에서 굵고 긴 수염뿌리가 사방으로 퍼진다. 원줄기는 원뿔형으로 속이 비어 있다. 잎은 어긋나고 밑부분의 것은 잎집만으로써 원줄기를 둘러싸고 중앙부의 것은 넓은 타원형으로 세로로 주름이 진다. 꽃은 연한 노란빛을 띤 흰색으로 단성화이고 원추꽃차례에 달린다. 꽃차례에는 꼬불꼬불한 털이 빽빽이 난다. 포는 달걀모양이다. 열매는 삭과다. 관상용으로 쓰이며 뿌리는 약용으로 쓰인다.

흰여로

과명 백합과 학명 *Veratrum versicolor* Nakai 개화기 7~8월

산지에 자라는 여러해살이풀로 높이는 1m정도다. 뿌리줄기는 짧으며 밑부분에 굵은 수염뿌리가 있다. 뿌리줄기 윗부분과 원줄기 밑부분은 잎집이 썩어서 남은 섬유로 덮여있다. 줄기 아래에 달리는 잎은 어긋나며 긴 타원형이고 끝은 뾰족하다. 줄기 윗부분에 달리는 잎은 실 모양이다. 꽃은 노란빛이 도는 흰색으로 줄기 끝의 원추꽃차례에 달린다. 꽃차례 길이는 15~25cm다. 열매는 삭과로 타원형이고 여로에 비해 꽃은 백색이다. 꽃받침 조각은 넓은 바소꼴이며 끝은 둔한 편이다. 뿌리는 약용으로 쓰인다.

과명 백합과 학명 *Hosta plantaginea* Aschers. 개화기 8~9월

옥잠화

숲속의 약간 습한 지역 반음지에서 자라는 여러해살이풀로 높이는 80cm다. 굵은 뿌리줄기에서 잎이 모여난다. 잎은 자루가 길고 녹색이며 달걀모양의 원형으로 가장자리는 물결 모양이고 8~9쌍의 맥이 있다. 꽃은 흰색으로 향기가 있고 총상으로 달린다. 6개의 꽃잎 밑 부분은 서로 붙어 통모양이 된다. 저녁에 활짝 피어 아침에 진다. 꽃부리는 깔때기처럼 끝이 퍼지고 길이 11 cm 내외이며 수술은 화피의 길이와 비슷하다. 열매는 삭과로 세모진 원뿔 모양이다. 옥비녀꽃, 백학석이라고도 한다. 향기가 많아 향수를 만든다.

비비추

과명 백합과

학명 ***Hosta longipes*** **(Fr. et S.) Matsumura** 개화기 **7~8월**

산지에서 자라는 여러해살이풀로 높이는 40cm내외다. 잎이 모두 뿌리에서 돋아 비스듬히 퍼진다. 잎은 타원형이며 끝이 뾰족하고 7~9맥이 있다. 꽃은 연한 보라색으로 한쪽으로 치우쳐서 총상으로 달린다. 포는 얇은 막질이고 자줏빛이 도는 흰색이며 작은꽃자루의 길이와 거의 비슷하다. 꽃부리는 끝이 6개로 갈라져서 갈래조각이 약간 뒤로 젖혀지고 6개의 수술과 1개의 암술이 길게 꽃 밖으로 나온다. 열매는 삭과로 긴 타원형이다. 장병옥잠, 장병백합, 바위비비추라는 속명을 갖고 있다. 관상용으로 심으며 어린 잎은 식용으로 쓰인다.

과명 백합과 학명 *Hosta capitata* Nakai 개화기 8~9월

일월비비추

숲속의 약간 습하고 비옥한 토양에서 자라는 여러해살이풀로 높이는 50~60cm다. 줄기는 곧게 선다. 잎은 뿌리에서 모여 나고 넓은 달걀모양이며 끝은 뾰족하다. 잎자루는 길며 아래 홈 부분에 자줏빛 점이 있고 가장자리는 물결 모양이다. 꽃은 자주색으로 잎 가운데에서 나온 꽃줄기 끝에 두상꽃차례로 달린다. 꽃부리는 끝이 6갈래로 갈라진다. 열매는 삭과다. 산지보, 방울비비추, 비녀비비추라고도 한다. 관상용으로 심으며 어린 잎은 식용한다. 비비추에 비해 잎이 약간 둥근 모양이며 꽃이 주먹처럼 뭉쳐서 핀다.

전라도 야생화

원추리

과명 백합과 학명 *Hemerocallis fulva* L. 개화기 6~7월

산지 풀밭에서 자라는 여러해살이풀로 높이는 1m내외다. 뿌리가 방추형으로 굵어지는 덩이뿌리가 있다. 잎은 밑에서 두줄로 마주나고 끝이 둥글게 뒤로 젖혀지며 조금 두껍고 흰빛이 도는 녹색이다. 꽃은 주황색으로 꽃줄기 끝에서 짧은 가지가 갈라지고 6~8개의 꽃이 총상으로 달리며 포는 좁은 바소꼴이고 윗부분의 것은 가장자리가 얇다. 열매는 삭과다. 의남초, 넘나물, 금침채, 등황옥잠, 등황훤초, 훤초라고도 한다. 관상용으로 심으며 어린 순은 나물로 먹으며 뿌리는 이뇨, 지혈, 이뇨제 등 약재로 쓰인다.

과명 백합과

학명 *Hemerocallis fulva* var. *kwanso* Regel 개화기 8월

왕원추리

산지의 풀밭에서 자라며 중국 원산의 관상용인 여러해살이풀로 높이는 1m내외다. 뿌리에 방추형의 덩이뿌리가 있으며 때로 땅속줄기가 나기도 한다. 잎은 마주나며 얼싸 안고 선형으로 끝은 활처럼 뒤로 굽는다. 꽃은 등황색이나 등적색으로 꽃줄기 끝이 2개로 갈라져 많은 꽃이 총상으로 달린다. 꽃줄기는 잎 사이에서 나와 1m 내외로 자란다. 수술의 전부 또는 일부가 꽃받침으로 되어 겹꽃이다. 열매를 맺지 못한다. 훤초근, 원초, 의남, 가지원추리, 겹원추리, 수넘너물이라고도 한다. 어린 잎은 식용, 뿌리는 약용으로 쓰인다.

홑왕원추리

과명 백합과

학명 *Hemerocallis fulva* var. *longituba* (Miq.) Maxim 개화기 7월

산지의 풀밭에서 자라는 여러해살이풀로 높이는 1m내외다. 뿌리는 방추형으로 괴근이 있다. 잎은 얇고 선형으로 밑에서 2줄로 마주나며 끝이 둥글게 뒤로 젖혀지며 흰빛이 도는 녹색으로 단단하다. 꽃은 주황색으로 짧은 꽃대축 끝에 6~8송이씩 총상으로 달리며 포는 줄모양 바소꼴이다. 내꽃덮이는 긴 타원형으로 끝이 둔하고 가장자리는 막질이다. 수술은 6개로 화관통 위쪽에 달린다. 열매는 삭과로 넓은 타원형이며 세모지고 씨는 검은색이다. 관상용으로 심는다. 어린 잎은 식용, 뿌리는 약용으로 쓰인다.

과명 백합과
학명 *EHemerocallis lilioasphodelus* L. 개화기 7월

골잎원추리

산과 들에서 자라는 여러해살이풀로 높이는 60cm내외다. 뿌리가 사방으로 퍼지며 꽃줄기는 곧게 선다. 잎은 마주나고 겉에 깊은 골이 지며 끝이 활처럼 뒤로 젖혀진다. 빛깔은 짙은 녹색이다. 꽃은 노란색으로 꽃줄기 끝에서 꽃이 2~6송이씩 총상꽃차례로 달린다. 꽃 안쪽에는 짙은 붉은색 반점이 있다. 수술은 6개로 꽃받침보다 짧고 꽃밥은 노란색이다. 암술대가 수술보다 길다. 열매는 삭과다. 휜초, 골잎넘나물이라고도 한다. 어린 순을 나물로 먹고 뿌리는 약용으로 쓰인다. 관상용으로 심는다. 한국 특산종이다.

쥐꼬리풀

과명 백합과 학명 *Aletris spicata* (Thunb.) Fr. 개화기 6~7월

바닷가 양지의 약간 건조한 토양에서 자라는 여러해살이풀로 높이는 15~30cm다. 뿌리줄기는 짧고 굵으며 잎은 여러 개가 모여서 난다. 선형이고 3맥이 뚜렷하고 끝이 뾰족하며 가장자리가 밋밋하고 밑 부분에는 묵은 잎의 섬유가 남아 있다. 줄기는 원기둥 모양이고 표면에 분백색 털이 많다. 꽃은 흰바탕에 끝은 붉은색으로 수상꽃차례로 달리고 포는 선형이다. 꽃은 윗부분이 6개로 갈라지고 수술은 6개로 꽃받침 보다 훨씬 짧다. 꽃이 피어있는 모습이 쥐꼬리를 닮아 이 같이 불린다. 열매는 삭과다.

과명 백합과
학명 *Allium victorialis* var. *platyphyllum* Makino 개화기 5~7월

산마늘

지리산, 설악산 및 울릉도의 숲속에서 자라는 여러해살이풀로 높이는 20~30cm다. 비늘줄기는 바소꼴이며 약간 굽고 외피는 그물같은 섬유로 덮여 있으며 갈색이 돈다. 잎은 넓고 2~3개씩 달린다. 잎몸은 타원형이거나 좁은 타원형이고 가장자리는 밋밋하다. 밑부분은 통으로 되어 서로 얼싸 안는다. 꽃은 흰색이거나 노란색으로 꽃줄기 끝에 산형꽃차례로 달린다. 포(苞)는 달걀모양이고 2개로 갈라진다. 열매는 삭과로 거꾸로 된 심장 모양이다. 멩이, 맹이, 명이라고도 한다. 울릉도의 유명한 산나물 중에 하나다.

산부추

과명 백합과 학명 *Allium thunbergii* G. Don 개화기 8~9월

산지에서 자라는 여러해살이풀로 높이는 30~60cm다. 비늘줄기는 달걀모양 바소꼴이며 줄기 밑부분과 더불어 말라버린 잎집으로 싸여 있고 외피는 약간 두꺼우며 갈색이 돈다. 잎은 가늘고 길며 2~3개가 위로 퍼지며 흰빛이 도는 녹색이고 단면이 삼각형이다. 꽃은 붉은 보라색으로 꽃자루는 속이 비어 있으며 끝에 여러 송이가 산형으로 달린다. 포는 갑자기 끝이 뾰족해지며 넓은 달걀모양이다. 수술은 6개이고 꽃받침 보다 길다. 열매는 삭과다. 비늘줄기와 어린 순은 식용으로 쓰인다.

과명 백합과 학명 *Erythronium japonicum* Decne. 개화기 4월

얼레지

산골짜기 숲속의 부엽토에서 자라는 여러해살이풀로 높이는 25~30cm다. 비늘줄기는 땅속 깊이 들어 있고 한쪽으로 굽은 바소꼴에 가깝다. 길이 25cm의 꽃줄기가 봄에 나오고 그 밑부분에 2개의 잎이 땅에 퍼진다. 잎은 잎자루가 있으며 좁은 달걀모양이거나 긴 타원형으로 녹색바탕에 자주색 얼룩 무늬가 있고 가장자리가 밋밋하다. 꽃은 연한 보라색으로 꽃줄기 끝에 1개의 꽃이 밑을 향하여 달린다. 꽃잎은 바소꼴이고 6개이며 뒤로 말린다. 열매는 삭과로 넓은 타원형이거나 구형이다. 가재무릇, 미역취라고도 한다. 관상용으로도 심으며 잎을 나물로 먹으며 비늘줄기는 약용으로 쓰인다.

나도개감채 과명 백합과 학명 *Lloydia triflora* Bak. 개화기 5~6월

산지의 볕이 잘 드는 풀밭에서 자라는 여러해살이풀로 높이는 10~25cm다. 비늘줄기는 넓은 타원 모양이고 겉껍질이 갈라지지 않으며 세로줄도 없다. 비늘줄기에서 잎과 줄기가 각각 1개씩 나와 곧게 선다. 줄기는 연약하고 곧게 서며 가지가 갈라지지 않는다. 뿌리잎은 보통 1개이고 세모진 선형이다. 줄기잎은 바소꼴이고 잎의 크기는 위로 올라갈수록 점점 작아진다. 꽃은 흰색바탕에 녹색 줄이 있으며 줄기 끝에 3~5개가 달린다. 열매는 삭과로 거꾸로 세운 달걀모양이다. 주로 관상용으로 쓰인다.

전라도
야생화

산자고

과명 백합과 학명 *Tulipa edulis* Bak. 개화기 4~5월

산과 들의 풀밭에서 자라는 여러해살이풀로 높이는 15~30cm다. 비늘줄기는 달걀모양의 원형으로 연한 갈색의 섬유질에 싸여 있다. 비늘조각은 안쪽에 갈색 털이 빽빽이 난다. 뿌리잎은 선형으로 흰녹색이며 털이 없다. 꽃줄기는 곧게 서고 잎은 2장이 밑동에서 나온다. 꽃은 꽃잎의 바깥쪽에 진한 보라색의 가느다란 줄이 나 있으며 줄기 끝에 1~3송이가 달리며 넓은 종 모양이며 위를 향해 벌어진다. 열매는 삭과로 세모나고 둥글다. 자고, 산자고 또는 광고라고도 한다. 어린 순은 나물로 먹으며 비늘줄기는 약용으로 쓰인다.

하늘말나리

과명 백합과 학명 *Lilium tsingtauense* Gilg 개화기 7~8월

산지 풀밭에서 자라는 여러해살이풀로 높이는 1m 내외다. 비늘줄기는 지름이 2~3cm이고 둥근 달걀모양이다. 잎은 돌려나거나 어긋나며 돌려난 잎은 바소꼴이거나 거꾸로 세운 달걀모양의 타원형이다. 꽃은 노란빛을 띤 붉은색으로 원줄기 끝과 바로 그 가지 끝에서 위를 향하여 핀다. 꽃받침 갈래조각은 바소꼴이고 노란빛을 띤 붉은색 바탕에 자주색 반점이 빽빽하며 끝이 약간 뒤로 굽는다. 열매는 삭과다. 우산말나리, 산채, 소근백합이라고도 한다. 관상용으로 심으며 어린 잎의 줄기와 비늘줄기는 식용으로 쓰인다.

과명 백합과 학명 *Lilium distichum* Nakai 개화기 7월

말나리

높은 산지에서 자라는 여러해살이풀로 높이는 80cm정도다. 둥근 비늘줄기에서 원줄기가 1개씩 나와 곧게 선다. 잎은 어긋나기도 하고 돌려나기도 한다. 줄기 중간의 잎은 돌려나며 4~9개씩 달리지만 10~20개 달리는 것도 있다. 잎은 긴 타원형이나 달걀모양의 타원형이고 끝이 뾰족하다. 꽃은 노란빛을 띤 빨간 꽃으로 여러 송이가 옆을 향하여 피며 안쪽에 짙은 갈색이 섞인 자줏빛 반점이 있다. 열매는 삭과로 달걀처럼 생긴 타원형이다. 산경미, 윤엽나리라고도 한다. 관상용으로 심으며 비늘줄기와 줄기, 어린 잎은 식용으로 쓰인다.

하늘나리

과명 백합과

학명 *Lilium concolor* var. *partheneion* Bak. 개화기 6~7월

산지에서 자라는 여러해살이풀로 높이는 30~80m다. 비늘줄기는 작고 달걀모양이다. 줄기는 곧게 선다. 잎은 어긋나고 다닥다닥 달리고 선형이거나 넓은 선형이며 잎에 털이 없고 가장자리에 작은 돌기가 있다. 잎자루가 없다. 꽃은 붉은색이거나 노란빛을 띤 붉은색으로 윗부분에 1~5개가 위를 향하여 달린다. 꽃받침 갈래조각의 안쪽에 짙은 잔 점이 있고 겉에 솜털이 있다. 열매는 삭과로 달걀모양의 긴 타원형이다. 산단, 뇌백합, 산연화, 하눌나리라고도 한다. 관상용으로 심으며 비늘줄기는 식용으로 쓰이거나 약용으로 쓰인다.

과명 백합과 학명 *Lilium amabile* Palibin 개화기 6~8월

털중나리

산지의 풀밭에서 자라는 여러해살이풀로 높이는 50~100cm다. 줄기에는 털이 있고 가지는 윗부분이 약간 갈라지고 전체에 잔털이 있다. 비늘줄기는 달걀모양 타원형이다. 잎은 어긋나고 바소꼴이며 잎자루가 없고 가장자리가 밋밋하며 둔한 녹색이고 양면에 털이 밀생한다. 꽃은 황적색으로 가지 끝에 한 개씩 전체로 3~4개가 밑을 향해 달린다. 짙은 자색 반점이 있다. 털종나리, 조선나리, 조선백합, 미백합이라고도 한다. 관상용으로 심으며 비늘줄기는 식용이나 약용으로 쓰인다. 한국 특산식물이다.

솔나리

과명 백합과 학명 *Lilium cernuum* Kom. 개화기 7~8월

남덕유산 등 높은 산지에서 자라는 여러해살이풀로 높이는 70cm정도다. 비늘줄기는 달걀모양의 타원형이다. 잎은 어긋나고 다닥다닥 달리며 위로 갈수록 작아지며 털이 없고 잎자루는 없다. 꽃은 붉은색을 띤 자주색으로 1~4개가 밑을 향해 피고 안쪽에 자줏빛 반점이 있으며 꽃받침은 뒤로 말린다. 6개의 수술과 1개의 암술은 길게 밖으로 나온다. 열매는 삭과로 거꾸로 세운 넓은 달걀모양이다. 솔잎나리라고도 한다. 관상용으로 심으며 비늘줄기는 식용, 약용으로 쓰인다.

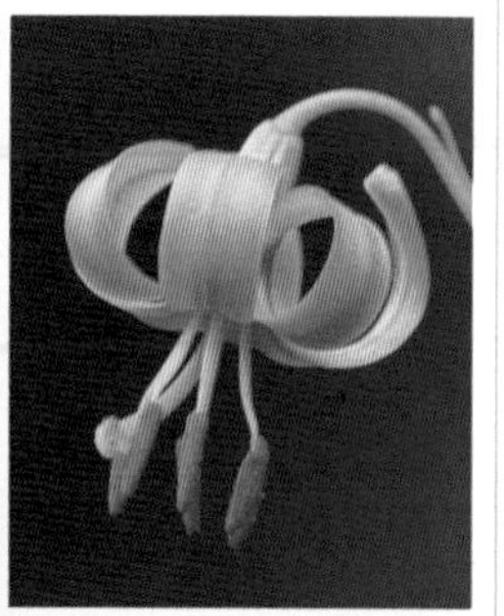

과명 백합과 학명 *Lilium callosum* S. et Z. 개화기 7월

땅나리

산과 들의 양지바른 곳에서 자라는 여러해살이풀로 높이는 30~100cm다. 비늘줄기는 작고 인편은 적으며 비늘줄기 위의 원줄기에서 뿌리가 나온다. 줄기는 곧게 서고 광택이 있다. 잎은 어긋나고 다닥다닥 달리며 줄 모양이거나 넓은 줄 모양이고 털이 없으며 양끝이 좁고 가장자리가 밋밋하다. 때로는 반원형의 돌기가 있다. 꽃은 황적색으로 줄기 끝에 1~8송이가 땅을 향해 달린다. 포는 줄 모양이며 끝부분이 단단하다. 열매는 삭과로 긴 달걀모양이다. 애기중나리라고도 한다. 영광, 신안의 섬에서 자란다. 노란색 꽃도 있다.

참나리

과명 백합과 학명 *ELilium lancifolium* Thunb. 개화기 7~8월

산지 풀밭이나 인가 주변에서 자라는 여러해살이풀로 높이는 1~2m다. 비늘줄기는 둥글고 원줄기 밑에서 뿌리가 나온다. 줄기는 곧게 서고 전체에 흑자색 반점이 있고 어릴 때는 흰털로 덮여 있다. 잎겨드랑이에 광택이 있는 흑자색의 살눈이 한 개씩 달린다. 잎은 어긋나며 다닥다닥 달리고 바소꼴이다. 꽃은 적홍색으로 4~20개가 밑을 향해 달린다. 열매를 맺지 못하고 잎 밑 부분에 있는 살눈이 땅에 떨어져 발아한다. 나리, 당개나리, 알나리, 야백합, 호피백합, 호랑나리, 권단이라고도 한다. 관상용으로 심으며 약용으로 쓰인다.

과명 백합과 학명 *Gagea lutea* KerGawl. 개화기 4~5월

중의무릇

산기슭에서 자라는 여러해살이풀로 높이는 15~20cm다. 비늘줄기는 달걀모양이고 노란색이며 줄기와 잎이 각각 1개씩 나온다. 잎은 줄 모양이며 약간 안쪽으로 말리고 밑 부분이 줄기를 감싼다. 꽃은 노란색으로 피고 줄기 끝에 산형꽃차례를 이루며 4~10개가 달린다. 어두워지면 꽃을 오므리고 햇볕이 많은 한낮에는 꽃을 피운다. 꽃받침 조각은 6개이고 줄 모양의 바소꼴이며 끝이 둔하고 뒷면에 녹색이 돈다. 열매는 삭과로 둥글다. 비늘줄기를 정빙화라는 약명으로 부른다. 관상용으로 심기도 한다.

무릇

과명 백합과

학명 *Scilla scilloides* (Lindl.) Druce 개화기 8~10월

높지 않은 산이나 들에서 자라는 여러해살이풀로 높이는 30~50cm다. 원줄기가 없고 비늘줄기는 달걀모양의 구형이며 외피는 흑갈색이다. 잎은 봄과 가을에 걸쳐 발생하며 약간 두꺼우며 표면은 수채처럼 파지고 끝이 뾰족하며 털이 없다. 꽃은 분홍색으로 꽃줄기 끝에 다수의 꽃이 조밀하게 총상꽃차례를 이루어 핀다. 꽃받침 갈래조각과 수술은 각각 6개이며 암술은 1개이다. 물구지, 야자고, 천산, 면조아라고도 한다. 식용으로도 쓰이며 민간에서는 꽃 몸 전체가 약으로 쓰인다.

과명 수선화과

학명 *Lycoris chinensis* var. *sinuolata* 개화기 7~8월

진노랑상사화

전라도 지역의 10여곳에서 제한적으로 자라는 여러해살이풀로 높이는 40~70cm다. 짧은 줄기 둘레에 많은 양분이 있는 두꺼운 잎이 촘촘히 나 있는 비늘줄기이다. 비늘줄기는 깊이 약 10cm의 땅 속에 묻혀 있으며 목이 길고 달걀모양이다. 잎은 녹색으로 털이 없으며 4~8장이 나온다. 꽃은 진한 노란색으로 잎이 다 쓰러진 뒤 꽃줄기가 나온다. 꽃줄기는 녹색으로 곧게 자란다. 꽃줄기에 4~7송이가 피며 6장의 꽃받침 조각이 있다. 잎이 마른 뒤 꽃이 피는 상사화 종류다. 개상사화라고도 한다. 한국 고유종으로 보호대상종이다.

백양꽃

과명 수선화과

학명 *Lycoris sanguinea* var. *koreana* (Nakai) T. Koyama 개화기 8~9월

내장산국립공원 백양사 인근지역에서 자라는 여러해살이풀로 높이는 30~40cm다. 비늘줄기는 달걀모양이며 겉이 흑갈색이다. 잎은 뿌리에서 뭉쳐서 이른 봄에 나오며 끝이 뭉뚝하다. 꽃은 적갈색으로 뿌리에서 나온 줄기 윗부분에서 5~7개 정도가 산형꽃차례로 달린다. 꽃잎은 6장이고 수술과 암술은 밖으로 돌출되어 있다. 꽃자루는 납작한 원기둥 모양이며 밑부분은 붉은 갈색이지만 위로 올라갈수록 녹색이 되기도 한다. 가재무릇이라고도 한다. 관상용으로 심으며 알뿌리는 약용으로 쓰인다.

과명 수선화과 학명 *Lycoris radiata* Herb. 개화기 9~10월

석산

산기슭이나 논·밭둑에 무리지어 자라는 여러해살이풀로 높이는 30~50cm다. 비늘줄기는 넓은 타원형이고 외피는 검은색이다. 잎은 광택이 나는 짙은 녹색이며 꽃은 붉은색으로 잎이 없는 비늘줄기에서 나온 꽃줄기 끝에 산형꽃차례를 이루며 달린다. 수술은 6개이며 꽃 밖으로 훨씬 나온다. 열매를 맺지 못한다. 꽃무릇, 붉은상사화, 노아산, 산두초라고도 한다. 약용으로 쓰이지만 유독성식물이다. 사찰이나 정원에 심기도 한다. 고창 선운사, 영광 불갑사, 함평 용천사 고창 선운사 등지에서 이 꽃을 소재로 한 축제가 열린다.

상사화

과명 수선화과 학명 *Lycoris squamigera* Maxim. 개화기 8월

반 그늘진 곳이나 양지의 부엽토에서 자라는 여러해살이풀로 높이는 50~70cm다. 비늘줄기는 넓은 달걀모양이고 겉은 검은 갈색이다. 잎은 봄철에 비늘줄기 끝에서 뭉쳐나고 선형으로 연한 녹색이고 6~7월에 마른다. 그 이후에 꽃대가 나오기 때문에 잎과 꽃이 서로 만나지 못해 이와 같이 불린다. 꽃은 연한 보라색으로 꽃대가 올라와 4~8개의 꽃이 산형꽃차례로 달린다. 열매를 맺지 못한다. 개난초라고도 한다. 비늘줄기를 약재로 쓰며 관상용으로 심는다. 석산을 상사화라고 잘못 알고 있지만 같은 이름으로 불리기도 한다.

과명 수선화과

학명 *Narcissus tazetta* var. *chinensis* Roem. 개화기 12~3월

수선화

제주도, 거문도, 가거도 등 남쪽 섬에서 자라는 여러해살이풀로 높이는 20~40cm다. 비늘줄기는 넓은 달걀모양이며 껍질이 검은색이다. 잎은 늦가을부터 자라기 시작하고 줄 모양이며 끝이 둔하고 녹색빛을 띤 흰색이다. 꽃은 노란색으로 꽃자루 끝에 5~6개의 꽃이 옆을 향하여 핀다. 꽃받침 갈래조각은 6개이고 흰색이며. 열매를 맺지 못하고 비늘줄기로 번식한다. 설중화, 수선이라고도 한다. 수선화의 생즙을 갈아 부스럼을 치료하고 비늘줄기는 거담·백일해 등에 약용으로 쓰인다.

마

과명 마과 학명 *Dioscorea batatas* Decne. 개화기 6~7월

산지에 자생하기도 하며 재배하는 덩굴성 여러해살이풀이다. 자줏빛이 돌고 뿌리는 육질이며 땅 속 깊이 들어간다. 잎은 마주나거나 돌려난다. 삼각형이거나 달걀모양의 세모형으로 끝이 뾰족하다. 잎자루는 잎맥과 더불어 자줏빛이 돌고 잎겨드랑이에 살눈이 생긴다. 꽃은 단성화로 흰색으로 잎겨드랑이에서 1~3개씩 수상꽃차례를 이룬다. 수꽃이삭은 곧게 서고 암꽃이삭은 밑으로 처진다. 열매는 삭과다. 산우, 서여라고도 한다. 덩이뿌리는 식용, 약용으로 쓰인다.

과명 붓꽃과 학명 *Iris rossii* Bak. 개화기 4~5월

각시붓꽃

산지 풀밭에서 자라는 여러해살이풀로 높이는 30cm내외다. 뿌리줄기는 약간 모여나며 갈색 섬유로 덮여 있다. 땅속줄기와 수염뿌리가 발달했으며 잎은 칼 모양이며 꽃이 필 때 잎은 꽃줄기와 거의 같지만 꽃이 지고나면 더 자란다. 주맥이 뚜렷하지 않고 뒷면은 흰색을 띤 녹색이다. 꽃은 자주색으로 4~5개의 포가 있고 맨 위의 포에 1개만 핀다. 꽃밥은 황색이며 수술대보다 짧고 암술대는 3개로 갈라진 다음 다시 2개씩 갈라진다. 열매는 삭과로 둥글다. 애기붓꽃으로도 불린다. 관상용으로 심으며 약용으로 쓰이기도 한다.

노랑붓꽃

과명 붓꽃과 학명 *Iris koreana* Nakai 개화기 5~6월

나무가 많은 숲속의 그늘에서 자라는 여러해살이풀로 높이는 15cm정도다. 뿌리줄기는 가늘며 옆으로 길게 벋고 원줄기가 드문드문 나온다. 뿌리줄기에서 자란 잎은 맥이 있으며 밑부분이 꽃줄기를 둘러싸고 겉에 마른잎이 남아 있으며 꽃이 핀 다음 자라서 꽃줄기보다 길어지고 꽃줄기에 달려 있는 잎은 짧다. 꽃은 노란색으로 긴 꽃대 끝에 2송이씩 핀다. 수술 3개는 암술머리 뒤쪽에 있고 암술대는 줄 모양의 꽃잎처럼 생겼다. 열매는 삭과로 약간 둥글다. 금붓꽃은 1개의 꽃대에 꽃이 하나지만 이 꽃은 2개가 붙는다.

과명 붓꽃과

학명 *Iris ensata var. spontanea* (Mak.) Nakai 개화기 6~8월

꽃창포

산과 들의 습지나 물가에서 자라는 여러해살이풀로 높이는 60~120cm다. 털이 없고 때로는 가지가 갈라지며 뿌리줄기는 갈색 섬유로 덮여 있고 갈라진다. 잎은 주맥이 뚜렷하다. 꽃은 홍자색으로 원줄기 또는 가지 끝에 달리고 녹색의 칼집 모양 포 2개가 씨방을 둘러싼다. 겉에 있는 꽃받침은 3개이고 맥이 있으며 밑 부분이 노란색이다. 안쪽에 있는 꽃받침은 3개이고 겉에 있는 꽃받침과 어긋나며 곧게 선다. 들꽃창포, 창포붓꽃, 옥선화, 화창포라고도 한다. 관상용으로 심는다.

붓꽃

과명 붓꽃과 학명 *Iris sanguinea* Horn 개화기 5~6월

산기슭 건조한 곳에서 자라는 여러해살이풀로 높이는 60cm다. 뿌리줄기가 옆으로 벋으면서 새싹이 나오며 잔뿌리가 많이 내린다. 원줄기는 모여나며 밑부분에 붉은빛을 띤 갈색 섬유가 있다. 잎은 곧추 서며 융기한 맥이 없고 밑부분이 잎집 같으며 붉은빛이 도는 것도 있다. 꽃은 자색으로 지름 8cm 정도로 꽃줄기 끝에 2~3개씩 달린다. 포는 잎처럼 생기고 녹색이며 작은포가 포보다 긴 것도 있다. 열매는 삭과다. 계손, 수창포, 창포붓꽃이라고도 한다. 뿌리줄기는 약용으로 쓰인다.

과명 난초과 학명 *Orchis cyclochila* Maxim 개화기 4~6월

나도제비란

지리산이나 한라산 숲의 나무 밑에서 자라는 여러해살이풀로 높이는 10~20cm다. 같은 뿌리에 크고 작은 개체가 함께 붙어 있다. 줄기는 곧게 서며 잎은 좌우로 편평하고 긴 타원 모양 또는 바소꼴이다. 꽃은 연분홍색으로 피고 꽃대 끝에 길이 2~8cm의 이삭꽃차례를 이루며 2~3송이가 달린다. 포는 꽃줄기에 돌려나고 막질이며 삼각형이다. 입술꽃잎은 달걀을 거꾸로 세운 모양이고 끝이 3개로 갈라진다. 열매는 삭과로 거꾸로 세운 달걀모양이다. 관상용이다.

섬사철란

과명 난초과

학명 *Goodyera maximowicziana* Makino 개화기 9~10월

섬지방의 숲속에서 자라는 여러해살이풀로 높이는 5~10cm다. 밑부분이 옆으로 길게 벋는다. 잎은 어긋나고 타원형이거나 달걀모양 타원형이며 무늬가 없고 잎자루가 있다. 잎자루의 밑부분이 잎집처럼 되어 원줄기를 감싼다. 꽃은 연한 자홍색이나 유백색으로 3~7개가 원줄기 끝에 총상으로 달린다. 꽃줄기가 없고 포의 가장자리와 씨방의 능선에 따라 돌기 같은 털이 있다. 꽃차례는 곧추 서고 중축 포의 가장자리 및 자방의 능선에 돌기상의 털이 있다. 유사종으로 붉은사철란이 있다.

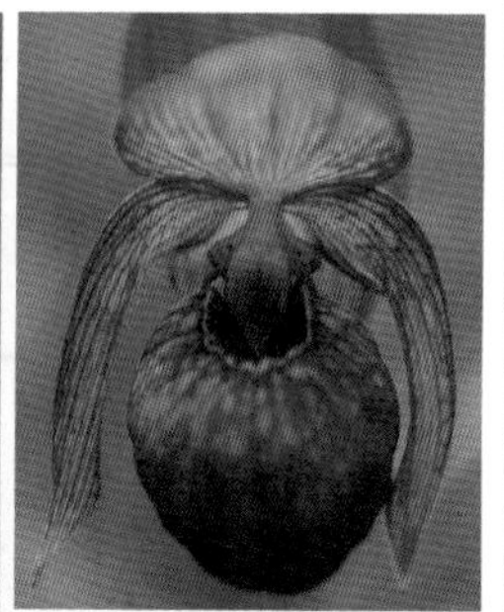

전라도 야생화

과명 난초과

학명 *Cypripedium macranthos* Sw. 개화기 5~7월

복주머니란

산기슭 그늘이나 산 위 양지쪽 풀밭에서 자라는 여러해살이풀로 높이는 20~40cm다. 뿌리줄기가 옆으로 벋으며 마디에서 뿌리가 내린다. 줄기는 곧게 서고 높이 20~40cm이며 다세포의 털이 있다. 잎은 어긋나며 3~5개이고 타원형이며 털이 약간 있고 줄기는 짧은 잎을 이루어 줄기를 감싸며 밑부분에 달린 2~3개의 잎은 잎집같다. 꽃은 연한 홍자색으로 원줄기 끝에 1개씩 달리며 포는 잎과 같다. 복주머니꽃, 개불알꽃, 요강꽃, 작란화, 포대작란화, 복주머니라고도 한다. 멸종위기 II급 식물이다. 관상용으로 심는다.

광릉요강꽃

과명 난초과
학명 *Cypripedium japonicum* Thunb. 개화기 4~5월

산지의 숲속에서 자라는 여러해살이풀로 높이는 20~40cm다. 뿌리땅속줄기가 옆으로 뻗고 마디에서 뿌리가 내린다. 원줄기는 곧추 자라고 털이 있으며 밑 부분이 3~4개의 초상엽으로 싸이고 윗부분은 2개의 큰 잎이 마주나기 한 것처럼 원줄기를 완전히 둘러싸며 사방으로 퍼진다. 꽃은 연한 녹색이 도는 적색으로 원줄기 끝에서 1개가 밑을 향해 달린다. 광릉복주머니란, 치마난초, 큰복주머니란, 부채잎작란화, 광능요강꽃, 큰복주머니, 광릉요강이라고도 한다. 멸종위기 I급 식물이다. 덕유산국립공원 자생지는 보전, 관리 중이다.

과명 난초과

학명 *Habenaria linearifolia* Maxim. 개화기 7~8월

잠자리난초

햇볕이 잘 드는 습지에서 자란다. 땅속에 타원형의 알줄기가 있고, 원줄기는 높이 40~70cm로 자란다. 줄기는 곧게 서고 뿌리는 타원형인 것과 수염뿌리가 있다. 2~3개의 잎이 달린다. 잎은 줄 모양이며 점점 작아져서 포엽과 연결된다. 꽃은 흰색으로 꽃줄기 끝에 총상꽃차례로 달린다. 위쪽의 꽃받침 조각은 서고, 양쪽 옆의 것은 달걀모양이며 퍼진다. 열매는 삭과로 원기둥 모양이다. 선엽옥풍화, 잠자리란, 십자란, 큰잠자리란이라고도 한다. 관상용으로 심는다.

제비난초

과명 난초과

학명 *Platanthera metabifolia* F. Maekawa 개화기 7~8월

제주도를 제외한 산지의 숲속에서 자라는 여러해살이풀로 높이는 20~50cm다. 뿌리의 일부분이 방추형으로 커진다. 잎은 타원형이고 끝이 둔하며 기부가 좁아지면서 엽초모양으로 줄기를 감싸고 큰 잎 위에 포가 달려 있다. 위쪽에는 바소꼴 선형의 작은 잎이 드문드문 달린다. 꽃은 흰색으로 이삭꽃차례에 빽빽하게 달리며 향기가 있다. 포는 바소꼴로 꽃보다 짧다. 입술꽃잎은 넓은 선형으로 갈라지지 않는다. 열매는 삭과이다. 향난초, 제비난, 쌍두제비란이라고도 한다. 관상용으로 심는다.

과명 난초과 학명 *Gastrodia elata* Bl. 개화기 6~7월

천마

부식질이 많은 산지의 숲 속에서 자라는 여러해살이풀로 높이는 60~100cm다. 잎이 없고 감자 모양의 덩이줄기가 있다. 덩이줄기는 긴 타원형이며 뚜렷하지 않은 테가 있다. 줄기에 조그만 잎이 듬성듬성 난다. 잎집 같은 잎은 막질이며 잔 맥이 있고 밑 부분이 줄기를 둘러싼다. 꽃은 황갈색으로 총상꽃차례를 이루어 많이 달린다. 포는 막질이며 바소꼴 또는 줄 모양의 긴 타원형이고 잔 맥이 있다. 열매는 삭과로 거꾸로 세운 달걀모양이며 겉에 꽃받침이 남아 있다. 수자해좃, 적전이라고도 한다. 풀 전체는 약용으로 쓰인다.

금난초

과명 난초과
학명 *Cephalanthera falcata* (Thunb.) Bl. 개화기 4~6월

산지 숲속 그늘에서 자라는 여러해살이풀로 높이는 40~70cm다. 뿌리줄기는 짧고 뿌리는 몇 개가 길게 옆으로 뻗는다. 줄기는 곧추 서며 잎은 긴 타원형으로 6~8장이 어긋나며 세로 주름이 조금 진다. 잎 아래쪽은 줄기를 감싸고 잎 끝은 뾰족하다. 꽃은 노란색으로 3~10개가 이삭꽃차례로 달린다. 곁꽃잎은 꽃받침보다 조금 짧고, 입술꽃잎은 3갈래다. 활짝 개화하지 않고 반 정도만 개화한다. 열매는 갈색이며 긴 타원형으로 달리고 먼지 같은 작은 종자가 많이 들어 있다. 관상용으로 심는다.

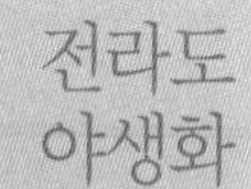

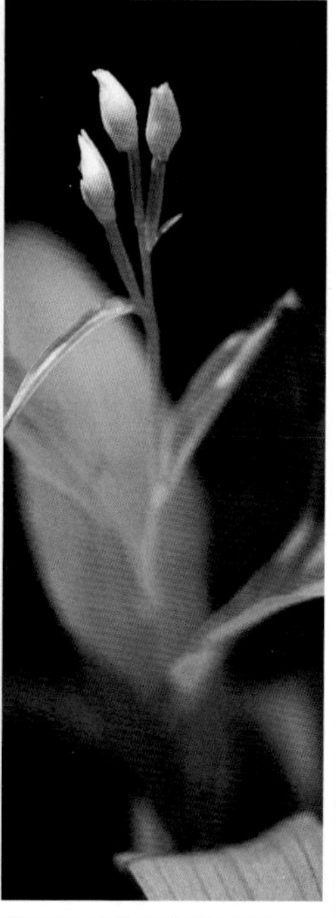

과명 난초과

학명 *Cephalanthera erecta* (Thunb.) Bl. 개화기 5월

은난초

산과 들의 숲속에서 자라는 여러해살이풀로 높이는 40~60cm다. 잎은 어긋나기하고 기부는 줄기를 감싸며 긴 타원형이고 밋밋하며 털이 없고 끝이 뾰족하다 꽃은 5월에 흰색으로 피고 3~10개가 줄기 끝에 이삭 모양으로 달린다. 벌어지지 않는다. 포는 좁은 삼각형이고 꽃차례보다 짧다. 꽃받침은 바소꼴이며 꽃잎은 넓은 바소꼴로서 꽃받침보다 약간 짧고 입술꽃잎은 밑부분이 짧은 꿀주머니로 되어 있다. 열매는 삭과로 안에는 작은 종자들이 많이 들어 있다. 관상용으로 심는다.

꼬마은난초

과명 난초과

학명 *Cephalanthera erecta* var. *subaphylla* (Miyabe & Kudo) Ohwi 개화기 4~5월

그늘진 산지에서 자라는 여러해살이풀이다. 줄기는 곧추 선다. 줄기에 달린 잎은 타원형이며 1~2장이 어긋나며 줄기를 감싼다. 꽃은 흰색으로 3~6개가 이삭꽃차례로 달린다. 포는 난상 바소꼴로 흰색이다. 꽃받침은 넓은 바소꼴로 끝이 오목하게 들어간다. 곁꽃잎은 꽃받침과 거의 비슷하거나 약간 짧다. 입술꽃잎은 3갈래로 갈라지며 가운데 갈래는 타원형이다. 열매는 삭과로 기둥 모양이다. 은난초에 비해 거의 잎이 없다시피한다. 내장산국립공원 백양사 인근 숲에서 자생한다.

과명 난초과

학명 *Spiranthes sinensis* (Pers.) Ames 개화기 4~7월

타래난초

잔디밭이나 논·둑에서 자라는 여러해살이풀로 높이는 10~60cm다. 뿌리는 짧고 약간 굵으며 줄기는 곧게 선다. 뿌리잎은 주맥이 들어가며 밑 부분이 짧은 잎집으로 된다. 줄기잎은 바소꼴로서 끝이 뾰족하다. 꽃대는 줄기 하나가 곧게 선다. 꽃은 연한 붉은색 또는 흰색으로 피고 나선 모양으로 꼬인 수상꽃차례에 한쪽 옆으로 달린다. 포는 달걀모양 바소꼴로 끝이 뾰족하다. 입술꽃잎은 꽃받침보다 길고 끝이 뒤로 젖혀지며 가장자리에 잔톱니가 난다. 타래란, 토양삼, 수초라고도 한다. 관상용으로 심으며 풀 전체는 약용으로 쓰인다.

애기천마

과명 난초과

학명 *Chamaegastrodia shikokiana* Tuyama 개화기 7~8월

숲 속에서 자라는 여러해살이풀로 높이는 5~15cm다. 활엽수림 밑에서 자라는 엽록소가 없는 부생식물로 땅속줄기가 옆으로 벋으며 작은 인편이 있다. 첫 잎은 얇은 막질이고 1맥이 있다. 달걀모양의 비늘잎이 3~10개 있다. 꽃은 연한 갈색이고 이삭꽃차례에 5~15개가 달린다. 등꽃받침은 긴 타원형, 곁꽃받침은 비스듬한 타원형, 곁꽃잎은 위가 넓은 선형이다. 열매는 삭과로 타원형이다. 이 지역에서는 내장산국립공원 백암지구의 숲에서 자생한다.

과명 난초과

학명 *Goodyera schlechtendaliana* Reichb. fil. 개화기 8~9월

사철란

남부지방 및 울릉도의 약간 건조한 숲속에서 자라는 여러해살이풀로 높이는 12~25cm 정도다. 뿌리줄기는 마디에서 뿌리가 내린다. 줄기의 밑 부분은 옆으로 벋으며 끝부분은 곧추 선다. 잎은 좁은 달걀모양으로 어긋나게 달리고 가장자리에 톱니가 없으며 표면은 짙은 녹색으로 흰색 무늬가 있다. 꽃은 흰색 바탕에 붉은색으로 줄기 끝에 7~15개의 꽃이 수상꽃차례로 달린다. 흔히 꽃은 한쪽으로 치우쳐 달리고 바소꼴의 포는 위로 향한다. 열매는 삭과다. 사계절 푸른 잎이므로 사철란이란 이름으로 불린다.

백운란

과명 난초과

학명 *Vexillabium yakushimense* var. *nakaianum* (F. Maekawa) T. Lee 개화기 7월

깊은 산의 낙엽수림 밑에서 자라는 부생식물이다. 여러해살이풀로 높이는 5~12cm다. 뿌리줄기가 옆으로 뻗으며 마디에서 뿌리가 내린다. 잎은 2~4개이고 달걀모양의 원형이며 표면은 짙은 녹색이고 가장자리가 밋밋하며 끝이 뾰족하고 밑 부분이 둥글다. 잎자루의 밑부분이 원줄기를 감싼다. 꽃은 흰색으로 줄기 끝에 수상꽃차례로 1~4송이씩 달린다. 포는 바소꼴이며 끝이 길게 뾰족해지고 뒷면에 잔털이 약간 있다. 백운난초, 백운산난초, 백운란초라고도 한다. 멸종위기 II급 식물이다.

과명 난초과 학명 *Bletila striata* Reichb. fil. 개화기 5~6월

자란

남부지방의 산지에서 자라는 여러해살이풀로 높이는 40cm정도다. 구경은 달걀 모양의 구형으로 흰색이다. 줄기는 단축되어 둥근 알뿌리로 되고 여기에서 5~6개의 잎이 서로 감싸면서 줄기처럼 된다. 잎은 긴 타원형으로 끝이 뾰족하고 밑부분이 좁아져서 잎집처럼 되며 세로 주름이 많이 있다. 꽃은 붉은색으로 잎 사이로부터 꽃대가 자라나 6~7 송이의 꽃이 이삭 모양으로 달린다. 한방에서는 덩이줄기를 백급이라고 하며 대암풀, 주란이라고도 한다. 관상용으로 심는다.

새우난초

과명 난초과 학명 *Calanthe discolor* Lindl. 개화기 4~5월

남부지방의 숲 속에서 자라는 여러해살이풀로 높이는 30~50cm다. 뿌리줄기는 옆으로 벋고 염주처럼 서로 이어진 모양이며 마디가 많고 잔뿌리가 돋는다. 잎은 2년생으로 첫해에는 2~3개가 뿌리에서 다발로 나와 곧게 자라지만 다음해에는 옆으로 늘어지고 거꾸로 세운 바소꼴 긴 타원형이며 양끝이 좁고 주름이 있다. 꽃은 어두운 갈색으로 잎 사이에서 나온 꽃줄기에 총상꽃차례를 이루며 10개가 달린다. 꽃줄기는 짧은 털이 있으며 비늘 같은 잎이 1~2개 있다. 구절충, 야백계, 연환초라고도 한다. 뿌리줄기는 약용으로 쓰인다.

전라도 야생화

과명 난초과 학명 *Calanthe striata* R. Br. 개화기 4~5월

금새우난

주로 섬의 숲속에서 자라는 여러해살이풀로 높이는 40cm다. 잎이 다음해 봄에 교체된다. 잎은 밑부분에서 2~3개가 나와 밑부분이 첫 잎으로 싸여 있다가 점점 벌어지며 주름살이 많고 넓은 타원형이다. 꽃은 노란색으로 총상꽃차례로 꽃줄기 끝에 달린다. 꽃받침잎은 달걀모양 타원형이고 꽃잎보다 조금 크다. 꽃입술은 노란색이며 삼각형 줄모양으로 3개로 갈라져 있으며 중간부분의 조각은 끝이 오목하며 뾰족한 것은 갈라지지 않는다. 열매는 삭과로 타원모양이다. 관상용으로 심는다.

약난초

과명 난초과
학명 *Cremastra appendiculata* Makino 개화기 5~6월

숲 속에서 자라는 여러해살이풀로 높이는 20~30cm다. 비늘줄기는 달걀모양의 원형이며 옆으로 염주같이 연결되고 땅 속으로 얕게 들어간다. 꽃줄기는 비늘줄기 옆에서 나오고 곧게 선다. 잎은 1~2개가 비늘줄기 끝에서 나오고 긴 타원 모양이며 3개의 맥이 있으며 끝이 뾰족하다. 꽃은 연한 자줏빛이 도는 갈색으로 꽃줄기에 15~20개가 한쪽으로 치우쳐서 총상꽃차례를 이루며 밑을 향하여 달린다. 열매는 삭과로 긴 타원 모양이다. 정화난초, 산자고, 주고, 백지율이라고도 한다. 관상용으로 심기도 하며 뿌리줄기는 약용으로 쓰인다.

과명 난초과 학명 *Oreorchis patens* Lindl. 개화기 5~6월

감자난

깊은 산 그늘의 비옥한 토양에서 자라는 여러해살이풀로 높이는 20~40cm다. 헛비늘줄기는 달걀모양의 둥근 모양이다. 잎은 보통 1~2개이며 바소꼴 또는 긴 타원형이다. 꽃은 황갈색으로 총상꽃차례를 이루며 꽃받침과 꽃잎은 바소꼴이다. 입술꽃잎은 꽃받침과 같은 길이로 흰색이고 반점이 있으며 밑동에서 3갈래로 갈라지고 가운데 조각이 특히 크다. 꽃이 핀 후 잎은 누렇게 변해서 휴면에 들어가고 8~9월에 새눈을 내어서 월동을 한다. 열매는 삭과로 방추형이다. 잠자리난초, 감자난, 댓잎새우난초이라고도 한다. 관상용으로 심는다.

석곡

과명 난초과
학명 *Dendrobium moniliforme* (L.) Sw 개화기 5~6월

남부지방의 바위 곁이나 고목 수간에 붙어서 자라는 상록성 여러해살이풀로 높이는 20cm다. 뿌리줄기에서 여러 개의 굵은 뿌리를 내리고 여러 개의 줄기가 모여 자란다. 줄기는 통통하고 마디가 있다. 잎은 2~3년생으로 어긋나고 바소꼴이며 광택이 있다. 표면은 진록색이다. 오래된 줄기에는 잎이 달리지 않는다. 꽃은 5~6월에 흰색이나 연분홍색으로 피고 2년을 묵은 줄기 끝에 1~2개씩 달린다. 꽃의 지름은 3cm이고 향기가 있다. 관상용으로 심으며 뿌리를 제외한 풀 전체는 약용으로 쓰인다.

과명 난초과
학명 *Cymbidium goeringii* Reichb. fil. 개화기 3~4월

보춘화

산지 숲 속의 건조한 곳에서 자라는 여러해살이풀로 높이는 20~50cm다. 육질인 굵은 뿌리는 수염같이 벋고 흰색이다. 공 모양의 비늘줄기는 옆으로 서로 이어지고 윗부분이 시든 잎의 밑동으로 싸인다. 잎은 모여 나고 상록이며 줄 모양으로 끝이 뾰족하고 가장자리에 작은 톱니가 있다. 꽃은 연한 황록색으로 꽃줄기 끝에 1~2개가 달린다. 꽃받침은 약간 육질이고 거꾸로 선 바소꼴로 끝이 둔하며 벌어진다. 꽃잎은 꽃받침과 비슷하지만 약간 짧다. 열매는 곧추선다. 춘란, 꿩밥이라고도 한다. 관상용으로 심는다.

대흥란

과명 난초과

학명 *Cymbidium nipponicum* Makino 개화기 7~8월

숲속 그늘에서 자라는 여러해살이풀로 부생식물이다. 잎은 없고 뿌리줄기는 길이 15cm 정도로 꽃대는 뿌리 끝에서 나서 곧추 서고 높이는 10~30㎝다. 약간의 털이 있고 하부에 기부가 짧은 잎으로 된 막질의 인편엽이 드문드문 난다. 꽃은 흰색바탕에 홍자색을 띠며 2~6개의 꽃이 성글게 달린다. 꽃잎은 긴타원형으로 꽃받침보다 짧다. 환경부지정 멸종위기종으로 해남 대흥사 부근에서 최초로 발견돼 이 같은 이름으로 불리며 내장산국립공원 백암지구에도 자생한다.

과명 난초과

학명 *Sarcanthus scolopendriifolius* Makino 개화기 6~7월

지네발란

바위나 나무줄기에 붙어 자라는 상록성 여러해살이풀이다. 줄기는 가늘고 길게 벋으며 드문드문 가지가 갈라지고 단단하다. 줄기 곳곳에서 굵은 뿌리가 나온다. 줄기의 잎이 붙은 모양이 지네를 닮았다해서 붙여진 이름이다. 잎은 2줄로 어긋나며 가죽질이고 손가락 모양이다. 꽃은 연한 분홍색으로 잎겨드랑이에서 1개씩 핀다. 꽃받침과 꽃잎은 긴 타원형으로 끝이 둔하다. 입술꽃잎은 아래쪽이 부풀어서 짧은 거가 되며 옆의 갈래는 귀불 모양이고 가운데 갈래는 삼각상 달걀모양이다. 열매는 삭과로 곤봉 모양이다.

풍란

과명 난초과 학명 *Neofinetia falcata* (Thunb.) Hu 개화기 7월

남부지방의 해안가나 섬의 바위나 나무에 붙어사는 상록성 여러해살이풀로 높이는 3~15cm다. 밑부분에서 끈 같은 뿌리가 돋는다. 잎은 좌우 2줄로 빽빽이 나고 넓은 줄 모양이다. 잎은 딱딱하고 2개로 접히며 윗부분은 뒤로 젖혀지고 밑에 환절이 있다. 꽃은 순백색이며 3~5개가 총상으로 달린다. 꽃자루는 밑부분의 잎집 사이에서 자란다. 꽃은 지름 1.5cm로 향기가 있다. 열매는 삭과다. 조란이라고도 한다. 관상용으로 심지만 자생지의 훼손이 심하다.

과명 난초과

학명 *Aerides japonicum* Reichb. fil. 개화기 6~8월

나도풍란

남부 지방 해안가나 섬의 상록수 나무 줄기나 바닷가 바위에 붙어서 자라는 여러해살이풀이다. 뿌리는 굵고 긴 수염뿌리인데 땅 속에 있지 않고 공기 중에 노출된 공기뿌리다. 줄기는 짧고 마디 사이가 좁으며 비스듬히 선다. 잎은 3~5개가 2줄로 달리며 줄기 각 마디에 하나씩 어긋나게 나고 두껍고 긴 타원 모양이며 표면에 광택이 있고 끝이 갈라진다. 꽃은 연한 녹백색으로 뿌리에서 바로 나온 꽃줄기 끝에 4~10개의 꽃이 총상꽃차례를 이룬다. 열매는 타원 모양이거나 곤봉 모양이다. 관상용으로 심지만 자생지의 훼손이 심하다.

전라도야생화

부록

가시딸기	*Rubus hongnoensis* Nakai
가시복분자딸기	*Rubus schizostylus* H.Lev.
가야산잔대	*Adenophora kayasanensis* Kitam.
각시둥굴레	*Polygonatum humile* Fisch. ex Maxim.
각시서덜취	*Saussurea macrolepis* (Nakai) Kitam.
각시수련	*Nymphaea tetragona* var. *minima* (Nakai) W.T.Lee
각시족도리풀	*Asarum glabrata* (C.S.Yook & J.G.Kim) B.U.Oh
갈미쥐손이	*Geranium lasiocaulon* Nakai
갈퀴아재비	*Asperula lasiantha* Nakai
갈퀴현호색	*Corydalis grandicalyx* B.U.Oh & Y.S.Kim
갑산제비꽃	*Viola kapsanensis* Nakai
갓대	*Sasa chiisanensis* (Nakai) Y.N.Lee
강계큰물통이	*Pilea oligantha* Nakai
강원고사리	*Athyrium nakaii* Tagawa
개나리	*Forsythia koreana* (Rehder) Nakai
개느삼	*Echinosophora koreensis* (Nakai) Nakai
개수양버들	*Salix dependens* Nakai
개염주나무	*Tilia semicostata* Nakai
개잠자리난초	*Habenaria cruciformis* Ohwi
개족도리풀	*Asarum maculatum* Nakai
갯겨이삭	*Puccinellia coreensis* Honda
갯취	*Ligularia taquetii* (H.Lev. & Vaniot) Nakai
거제딸기	*Rubus longisepalus* var. *tozawai* (Nakai) T.B.Lee
검산초롱꽃	*Hanabusaya latisepala* Nakai
검팽나무	*Celtis choseniana* Nakai
경성서덜취	*Saussurea koidzumiana* Kitam.
계방나비나물	*Vicia linearifolia* Y.N.Lee
고려개보리	*Elymus coreanus* Honda
고려공작고사리	*Adiantum coreanum* Tagawa
고려엉겅퀴	*Cirsium setidens* (Dunn) Nakai
고산구슬붕이	*Gentiana wootchuliana* W.K.Paik
고추냉이	*Wasabia japonica* (Miq.) Matsum.
관모포아풀	*Poa kanboensis* Ohwi
광릉골무꽃	*Scutellaria insignis* Nakai
구름사초	*Carex subumbellata* var. *koreana* Ohwi
구상나무	*Abies koreana* E.H.Wilson
구실바위취	*Saxifraga octopetala* Nakai
국화방망이	*Sinosenecio koreanus* (Kom.) B.Nord.
그늘꿩의다리	*Thalictrum osmorhizoides* Nakai
그늘송이풀	*Pedicularis resupinata* var. *umbrosa* Kom. ex Nakai
그늘실사초	*Carex tenuiformis* var. *neofilipes* (Nakai) Ohwi ex Hatus.
그늘참나물	*Pimpinella brachycarpa* var. *uchiyamana* (Yabe) C.G.Jang

그늘취	*Saussurea uchiyamana* Nakai
금강고사리	*Dryopteris austriaca* var. *subopposita* H.Ito
금강봄맞이	*Androsace cortusaefolia* Nakai
금강분취	*Saussurea diamantica* Nakai
금강솜방망이	*Senecio birubonensis* Kitam.
금강인가목	*Pentactina rupicola* Nakai
금강잔대	*Adenophora pulchra* Kitam.
금강초롱꽃	*Hanabusaya asiatica* (Nakai) Nakai
금강포아풀	*Poa kumgangsanii* Ohwi
금괭이눈	*Chrysosplenium pilosum* var. *sphaerospermum* H. Hara
금마타리	*Patrinia saniculifolia* Hemsl.
금오족도리풀	*Asarum patens* (K.Yamaki) B.U.Oh
긴다람쥐꼬리	*Lycopodium intergrifolium* Matsuda & Nakai
긴서어나무	*Carpinus laxiflora* var. *longispica* Uyeki
깔끔좁쌀풀	*Euphrasia coreana* W.Becker
껄껄이풀	*Hieracium coreanum* Nakai
꼬리말발도리	*Deutzia paniculata* Nakai
꽃잔대	*Adenophora koreana* Kitam.
나도승마	*Kirengeshoma koreana* Nakai
나래완두	*Vicia hirticalycina* Nakai
난쟁이현호색	*Corydalis humilis* B.U.Oh & Y.S.Kim
날개진범	*Aconitum pteropus* Nakai
낭림새풀	*Calamagrostis subacrochaeta* Nakai
넓은꽃잎개수염	*Eriocaulon latipetalum* Y.C.Oh & C.S.Heo
넓은잎각시붓꽃	*Iris rossii* var. *latifolia* J.K.Sim & Y.S.Kim
넓은잎쥐오줌풀	*Valeriana dageletiana* Nakai ex F.Maek.
노각나무	*Stewartia pseudocamellia* Maxim.
노랑갈퀴	*Vicia chosenensis* Ohwi
노랑미치광이풀	*Scopolia lutescens* Y.N.Lee
노랑붓꽃	*Iris koreana* Nakai
노랑팽나무	*Celtis edulis* Nakai
누른괭이눈	*Chrysosplenium flaviflorum* Ohwi
눈개쑥부쟁이	*Aster hayatae* H.Lev. & Vaniot
능수버들	*Salix pseudolasiogyne* H.Lev.
늦둥굴레	*Polygonatum infundiflorum* Y.S.Kim et al.
다도해비비추	*Hosta jonesii* M.G.Chung
다발골무꽃	*Scutellaria asperiflora* Nakai
단양쑥부쟁이	*Aster altaicus* var. *uchiyamae* Kitam.
담배취	*Saussurea conandrifolia* Nakai
당회잎나무	*Euonymus alatus* f. *apterus* (Regel) Rehder
덕우기름나물	*Peucedanum insolens* Kitag.
덩이뿌리개별꽃	*Pseudostellaria bulbosa* (Nakai) Nakai

동강할미꽃 *Pulsatilla tongkangensis* Y.N.Lee & T.C.Lee
두메기름나물 *Peucedanum coreanum* Nakai
두메김의털 *Festuca ovina* var. *koreanoalpina Ohwi*
두메대극 *Euphorbia fauriei* H.Lev. & Vaniot ex H.Lev.
두잎감자난초 *Oreorchis coreana Finet*
둥굴레 *Polygonatum odoratum* var. *pluriflorum* (Miq.) Ohwi
둥근범꼬리 *Bistorta globispica* Nakai
떡버들 *Salix hallaisanensis* H.Lev.
떡윤노리나무 *Pourthiaea villosa* var. *brunnea* (H.Lev.) Nakai
떡조팝나무 *Spiraea chartacea* Nakai
만리화 *Forsythia ovata* Nakai
말오줌나무 *Sambucus sieboldiana* var. *pendula* (Nakai) T.B.Lee
매미꽃 *Coreanomecon hylomeconoides* Nakai
매자나무 *Berberis koreana Palib.*
매화바람꽃 *Callianthemum insigne* (Nakai) Nakai
맥도딸기 *Rubus longisepalus* Nakai
메가물고사리 *Woodsia pseudoilvensis* Tagawa
명천장구채 *Silene myongcheonensis* S.P.Hong & H.K.Moon
모데미풀 *Megaleranthis saniculifolia* Ohwi
모란바위솔 *Orostachys saxatilis* (Nakai) Nakai
목포대극 *Euphorbia pekinensis* var. *subulatifolia* (Hurus.) T.B.Lee
묘향분취 *Saussurea myokoensis* Kitam.
무등풀 *Scleria mutoensis* Nakai
문수조릿대 *Arundinaria munsuensis* Y.N.Lee
물들메나무 *Fraxinus chiisanensis* Nakai
미선나무 *Abeliophyllum distichum* Nakai
바늘엉겅퀴 *Cirsium rhinoceros* (H.Lev. & Vaniot) Nakai
바위송이풀 *Pedicularis nigrescens* Nakai
바위좀고사리 *Asplenium sarelii* var. *anogrammoides* (H.Christ) Tagawa
백두산구슬붕이 *Gentiana takahashii* Mori
백산버들 *Salix xerophila* var. *fuscescens* (Nakai) W.T.Lee
백산새풀 *Calamagrostis angustifolia* Kom.
백설취 *Saussurea rectinervis* Nakai
백양꽃 *Lycoris sanguinea* var. *koreana* (Nakai) T.Koyama
백양더부살이 *Orobanche filicicola* Nakai
버들개회나무 *Syringa fauriei* H.Lev.
버들분취 *Saussurea maximowiczii* Herd
벌개미취 *Aster koraiensis* Nakai
벌깨냉이 *Cardamine glechomifolia* H.Lév.
범의귀 *Saxifraga furumii* Nakai
변산바람꽃 *Eranthis byunsanensis* B.Y.Sun
병꽃나무 *Weigela subsessilis* (Nakai) L.H.Bailey

복사앵도나무	*Prunus choreiana* H. T. Im
봉래꼬리풀	*Veronica kiusiana* var. *diamantiaca* (Nakai) T.Yamaz.
북선메뛰기피	*Calamagrostis hymenoglossa* Ohwi
분취	*Saussurea seoulensis* Nakai
붉노랑상사화	*Lycoris flavescens* M.Y.Kim & S.T.Lee
붉은톱풀	*Achillea alpina* subsp. *rhodoptarmica* (Nakai) Kitam.
비단분취	*Saussurea komaroviana* Lipsch.
사창분취	*Saussurea calcicola* Nakai
산개나리	*Forsythia saxatilis* (Nakai) Nakai
산개별꽃	*Pseudostellaria monantha* Ohwi
산동쥐똥나무	*Ligustrum acutissimum* Koehne
산솜다리	*Leontopodium leiolepis Nakai*
산앵도나무	*Vaccinium hirtum* var. *koreanum* (Nakai) Kitam.
산이스라지	*Prunus ishidoyana* Nakai
산할미꽃	*Pulsatilla nivalis* Nakai
삼도하수오	*Fallopia koreana* B.U.Oh & J.G.Kim
새끼노루귀	*Hepatica insularis* Nakai
서울고광나무	*Philadelphus seoulensis* Y.H.Chung & H.C.Shin
서울제비꽃	*Viola seoulensis* Nakai
선둥굴레	*Polygonatum grandicaule* Y.S.Kim et al.
선모시대	*Adenophora erecta* S.T.Lee et al.
설앵초	*Primula modesta* var. *hannasanensis* T.Yamaz.
섬개야광나무	*Cotoneaster wilsonii* Nakai
섬개회나무	*Syringa patula* var. *venosa* (Nakai) K.Kim
섬거북꼬리	*Boehmeria taquetii* Nakai
섬고광나무	*Philadelphus scaber* Nakai
섬고사리	*Athyrium acutipinnulum* Kodama ex Nakai
섬광대수염	*Lamium takesimense* Nakai
섬국수나무	*Physocarpus insularis* (Nakai) Nakai
섬기린초	*Sedum takesimense* Nakai
섬꼬리풀	*Veronica nakaiana* Ohwi
섬꿩의비름	*Hylotelephium viridescens* (Nakai) H.Ohba
섬나무딸기	*Rubus takesimensis* Nakai
섬남성	*Arisaema takesimense* Nakai
섬노루귀	*Hepatica maxima* (Nakai) Nakai
섬말나리	*Lilium hansonii Leichtlin ex* D.D.T.Moore
섬매발톱나무	*Berberis amurensis* var. *quelpaertensis* Nakai
섬바디	*Dystaenia takesimana* (Nakai) Kitag.
섬백리향	*Thymus quinquecostatus* var. *japonicus* H. Hara
섬버들	*Salix ishidoyana* Nakai
섬벚나무	*Prunus takesimensis* Nakai
섬새우난초	*Calanthe coreana* Nakai

섬시호	*Bupleurum latissimum* Nakai
섬쐐기풀	*Urtica laetevirens* var. *robusta* F.Maek.
섬쑥	*Artemisia japonica* var. *hallaisanensis* (Nakai) Kitam.
섬쑥부쟁이	*Aster glehnii* F.Schmidt
섬양지꽃	*Potentilla dickinsii* var. *glabrata* Nakai
섬자리공	*Phytolacca insularis* Nakai
섬잔대	*Adenophora taquetii* H.Lev.
섬제비꽃	*Viola takesimana* Nakai
섬쥐똥나무	*Ligustrum foliosum* Nakai
섬초롱꽃	*Campanula takesimana* Nakai
섬포아풀	*Poa takeshimana* Honda
섬피나무	*Tilia insularis* Nakai
섬현삼	*Scrophularia takesimensis* Nakai
섬현호색	*Corydalis filistipes* Nakai
세뿔투구꽃	*Aconitum austrokoreense* Koidz.
세잎승마	*Cimicifuga heracleifolia* var. *bifida* Nakai
속리기린초	*Sedum zokuriense* Nakai
속리참나물	*Tilingia nakaiana* Kitag.
솔비나무	*Maackia fauriei* (H.Lev.) Takeda
솜다리	*Leontopodium coreanum* Nakai
솜분취	*Saussurea eriophylla* Nakai
수염김의털	*Festuca ovina* var. *chosenica* Ohwi
수원사시나무	*Populus glandulosa* Uyeki
시루산돔부	*Oxytropis strobilacea* Bunge
신이대	*Sasa coreana* Nakai
신창구절초	*Dendranthema sinchangense* (Uyeki) Kitamura
쌍실버들	*Salix bicarpa* Nakai
암까치깨	*Corchoropsis intermedia* Nakai
애기곡정초	*Eriocaulon sphagnicolum* Ohwi
애기더덕	*Codonopsis minima* Nakai
애기송이풀	*Pedicularis ishidoyana* Koidz. & Ohwi
애기이삭사초	*Carex ochrochlamys* Ohwi
애기좁쌀풀	*Euphrasia coreanalpina* Nakai ex Y.Kimura
애기좁쌀풀	*Euphrasia coreanalpina* Nakai ex Y.Kimura
얇은개싱아	*Aconogonon mollifolium* (Kitag.) H. Hara
양덕고광나무	*Philadelphus koreanus* Nakai
어리병풍	*Parasenecio pseudotaimingasa* (Nakai) K. J. Kim
억새아재비	*Miscanthus oligostachyus* Stapf
연밥매자나무	*Berberis koreana* var. *ellipsoides* Nakai
연지골무꽃	*Scutellaria indica* var. *coccinea* S.T.Kim & S.T.Lee
영주치자	*Gardneria insularis* Nakai
오대산새밥	*Luzula odaesanesis* Y.N.Lee & Chae Y.

오동나무	*Paulownia coreana* Uyeki
왕초피나무	*Zanthoxylum coreanum* Nakai
외대으아리	*Clematis brachyura* Maxim.
외대잔대	*Adenophora racemosa* J.Lee & S.Lee
요강나물	*Clematis fusca* var. *coreana* (H.Lev.) Nakai
우단꼭두서니	*Rubia pubescens* Nakai
우산제비꽃	*Viola woosanensis* Y.N.Lee & J.Kim
울릉국화	*Dendranthema zawadskii* var. *lucidum* (Nakai) J.H.Park
울릉장구채	*Silene takeshimensis* Uyeki & Sakata
울릉포아풀	*Poa ullungdoensis* Chung
위도상사화	*Lycoris uydoensis* M.Y.Kim
유전마름	*Trapa bicornis* var. *koreanus* Y.H.Chung & K.H.Choi
은사시나무	*Populus tomentiglandulosa* T.B.Lee
인천잔대	*Adenophora remotidens* Hemsl.
자란초	*Ajuga spectabilis* Nakai
자병취	*Saussurea chabyoungsanica* H. T. Im
자주솜대	*Smilacina bicolor* Nakai
잡골사초	*Carex aphanolepis* var. *mixta* Nakai
장군풀	*Rheum coreanum* Nakai
장수만리화	*Forsythia velutina* Nakai
장수팽나무	*Celtis cordifolia* Nakai
장억새	*Miscanthus changii* Y.N.Lee
점현호색	*Corydalis maculata* B.U.Oh & Y.S.Kim
제주검정곡정초	*Eriocaulon glaberrimum* var. *platypetalum* (Satake) Satake
제주고사리삼	*Mankyua chejuense* B.Y.Sun et al.
제주국화	*Aster chezuensis* (Kitam.) Nakai
제주모시풀	*Boehmeria quelpaertense* Satake
제주산버들	*Salix blinii* H.Lev.
제주상사화	*Lycoris chejuensis* K.H.Tae & S.C.Ko
제주조릿대	*Sasa palmata* (Bean) E.G.Camus
제주조릿대	*Sasa palmata* (Bean) E.G.Camus
제주큰물통이	*Pilea taquetii* Nakai
제주현삼	*Scrophularia buergeriana* var. *quelpartensis* Yamaz.
조도만두나무	*Glochidion chodoense* J.S.Lee & H.T.Im
조이삭사초	*Carex phaeothrix* Ohwi
좀갈매나무	*Rhamnus taquetii* (H.Lev. & Vaniot) H.Lev.
좀께묵	*Hololeion maximowiczii* var. *fauriei* (H.Lev. & Vaniot) Kitam.
좀마디거머리말	*Zostera geojeensis* Shin
좀민들레	*Taraxacum hallaisanense* Nakai
좀비비추	*Hosta minor* (Baker) Nakai
좀새포아풀	*Poa deschampsioides* Ohwi
좀층층잔대	*Adenophora verticillata* var. *abbreviata* H.Lev.

좀향유	*Elsholtzia minima* Nakai
좁쌀우드풀	*Woodsia saitoana* Tagawa
좁은잎돌꽃	*Rhodiola angusta* Nakai
줄댕강나무	*Abelia tyaihyoni* Nakai
중느릅나무	*Ulmus xmesocarpa* M.Kim & S.Lee
지리고들빼기	*Crepidiastrum koidzumianum* (Kitam.) Pak & Kawano
지리대사초	*Carex okamotoi* Ohwi
지리바꽃	*Aconitum chiisanense* Nakai
지리산개별꽃	*Pseudostellaria okamotoi* Ohwi
지리산오갈피	*Eleutherococcus divaricatus* var. *chiisanensis* (Nakai) C.H.Kim & B.Y.Sun
지리실청사초	*Carex sabynensis* var. *leiosperma* Ohwi
지리터리풀	*Filipendula formosa* Nakai
진노랑상사화	*Lycoris chinensis* var. *sinuolata* K.H.Tae & S.C.Ko
진범	*Aconitum pseudolaeve* Nakai
진보라붓꽃	*Iris sanguinea* var. *violacea* Makino
진퍼리노루오줌	*Astilbe rubra* var. *divaricata* (Nakai) W.T.Lee
차빛당마가목	*Sorbus amurensis* var. *rufa* Nakai
참갈퀴덩굴	*Galium koreanum* (Nakai) Nakai
참개별꽃	*Pseudostellaria coreana* (Nakai) Ohwi
참개싱아	*Aconogonon microcarpum* (Kitag.) H. Hara
참나래박쥐	*Parasenecio koraiensis* (Nakai) K.J.Kim
참나리난초	*Liparis koreana* (Nakai) Nakai
참물부추	*Isoetes coreana* Y.H.Chung & H.G.Choi
참배암차즈기	*Salvia chanryoenica* Nakai
참장대나물	*Arabis columnalis* Nakai
참좁쌀풀	*Lysimachia coreana* Nakai
청괴불나무	*Lonicera subsessilis* Rehder
칼송이풀	*Pedicularis lunaris* Nakai
큰꽃땅비싸리	*Indigofera grandiflora* B.H.Choi
큰뚝사초	*Carex humbertiana* Ohwi
큰산꼬리풀	*Veronica kiusiana* var. *glabrifolia* (Kitag.) Kitag.
큰산버들	*Salix sericeocinerea* Nakai
큰세잎쥐손이	*Geranium knuthii* Nakai
큰톱풀	*Achillea ptarmica var. acuminata* (Ledeb.) Heim.
키버들	*Salix koriyanagi Kimura ex* Goerz
탐라현호색	*Corydalis hallaisanensis* H.Lev.
태백기린초	*Sedum latiovalifolium* Y.N.Lee
태백이질풀	*Geranium taebaekensis* S.J.Park & Y.S.Kim
태안원추리	*Hemerocallis taeanensis* S.S.Kang & M.G.Chung
털긴잎갈퀴	*Galium boreale* var. *koreanum* Nakai
털나도댑싸리	*Axyris koreana* Nakai
털둥근이질풀	*Geranium koreanum* var. *hirsutum* Nakai

털바위떡풀	*Saxifraga fortunei* var. *pilosissima* Nakai
털박하	*Mentha arvensis* var. *barbata* (Nakai) W.T.Lee
털분취	*Saussurea rorinsanensis* Nakai
털싱아	*Aconogonon brachytrichum* (Ohwi) T.B.Lee
털왕버들	*Salix chaenomeloides* var. *pilosa* (Nakai) Kimura
털용가시	*Rosa maximowicziana* var. *pilosa* (Nakai) Nakai
털좁쌀풀	*Euphrasia retrotricha* Nakai ex T.H.Chung
풍산가문비	*Picea pungsanensis* Uyeki
한대리곰취	*Ligularia fischeri* var. *spiciformis* Nakai
한라개승마	*Aruncus aethusifolius* (H.Lev.) Nakai
한라구절초	*Dendranthema coreanum* (H.Lev. & Vaniot) Vorosch.
한라노루오줌	*Astilbe rubra* var. *taquetii* (H.Lev.) H. Hara
한라부추	*Allium taquetii* H.Lev. & Vaniot
한라비비추	*Hosta venusta* F.Maek.
한라사초	*Carex erythrobasis* H.Lev. & Vaniot
한라산참꽃나무	*Rhododendron saisiuense* Nakai
한라솜다리	*Leontopodium hallaisanense* Hand.-Mazz.
한라송이풀	*Pedicularis hallaisanensis* Hurus.
한라장구채	*Silene fasciculata* Nakai
한라참나물	*Pimpinella hallaisanensis* (W.T.Lee & C.G.Jang) C.G.Jang
한라투구꽃	*Aconitum quelpaertense* Nakai
할미밀망	*Clematis trichotoma* Nakai
함흥씀바귀	*Ixeris chinodebilis* Kitam.
해변싸리	*Lespedeza maritima* Nakai
햇사초	*Carex pseudochinensis* H.Lev. & Vaniot
홀아비바람꽃	*Anemone koraiensis* Nakai
홍도서덜취	*Saussurea polylepis* Nakai
홍도원추리	*Hemerocallis hongdoensis* M.G.Chung & S.S.Kang
회양목	*Buxus koreana* Nakai ex Chung & al.
흑산가시	*Rosa kokusanensis* Nakai
흑산도비비추	*Hosta yingeri* S.B.Jones
흰괭이눈	*Chrysosplenium pilosum* var. *fulvum* (N.Terracc.) H. Hara
흰괴불나무	*Lonicera tatarinowii* var. *leptantha* (Rehder) Nakai
흰그늘용담	*Gentiana chosenica* Okuyama
흰등괴불나무	*Lonicera maximowiczii* var. *latifolia* (Ohwi) H. Hara
흰현호색	*Corydalis albipetala* B.U.Oh

환경부지정 멸종위기 생물종(육상식물 77종)

Ⅰ급 (9종)

광릉요강꽃 *Cypripedium japonicum*
나도풍란 *Aerides japonicum*
만년콩 *Euchresta japonica*
섬개야광나무 *Cotoneaster wilsonii*
암매 *Diapensia lapponica* var. *obovata*
죽백란 *Cymbidium lancifolium*
풍란 *Neofinetia falcata*
한란 *Cymbidium kanran*
털복주머니란 *Cypripedium guttatum*

Ⅱ급 (68종)

가시연꽃 *Euryale ferox*
가시오갈피나무 *Eleutherococcus senticosus*
각시수련 *Nymphaea tetragona*
개가시나무 *Quercus gilva*
개병풍 *Astilboides tabularis*
갯봄맞이 *Glaux maritima*
구름병아리난초 *Gymnadenia cucullata*
금자란 *Gastrochilus fuscopunctatus*
끈끈이귀개 *Drosera peltata* var. *nipponica*
기생꽃 *Trientalis europaea* var. *arctica*
나도승마 *Kirengeshoma koreana*
날개하늘나리 *Lilium dauricum*
넓은잎제비꽃 *Viola mirabilis*
노랑만병초 *Rhododendron aureum*
노랑붓꽃 *Iris koreana*
단양쑥부쟁이 *Aster altaicus* var. *uchiyamae*
닻꽃 *Halenia corniculata*
대성쓴풀 *Anagallidium dichotomum*
대청부채 *Iris dichotoma*
대흥란 *Cymbidium macrorrhizum*
독미나리 *Cicuta virosa*
매화마름 *Ranunculus kazusensis*
무주나무 *Lasianthus japonicus*
물고사리 *Ceratopteris thalictroides*
미선나무 *Abeliophyllum distichum*
백부자 *Aconitum koreanum*
백양더부살이 *Orobanche filicicola*
백운란 *Vexillabium yakushimensis*
복주머니란 *Cypripedium macranthos*

분홍장구채 *Silene capitata*
비자란 *Thrixspermum japonicum*
산작약 *Paeonia obovata*
삼백초 *Saururus chinensis*
서울개발나물 *Pterygopleurum neurophyllum*
석곡 *Dendrobium moniliforme*
선제비꽃 *Viola raddeana*
섬시호 *Bupleurum latissimum*
섬현삼 *Scrophularia takesimensis*
솔붓꽃 *Iris ruthenica*
솔잎난 *Psilotum nudum*
순채 *Brasenia schreberi*
세뿔투구꽃 *Aconitum austrokoreense*
애기송이풀 *Pedicularis ishidoyana*
연잎꿩의다리 *Thalictrum coreanum*
왕제비꽃 *Viola websteri*
으름난초 *Galeola septentrionalis*
자주땅귀개 *Utricularia yakusimensis*
전주물꼬리풀 *Dysophylla yatabeana*
제비동자꽃 *Lychnis wilfordii*
제비붓꽃 *Iris laevigata*
제주고사리삼 *Mankyua chejuense*
조름나물 *Menyanthes trifoliata*
죽절초 *Sarcandra glabra*
지네발란 *Sarcanthus scolopendrifolius*
진노랑상사화 *Lycoris chinensis var.sinuolata*
차걸이난 *Oberonia japonica*
초령목 *Michelia compressa*
층층둥글레 *Polygonatum stenophyllum*
칠보치마 *Metanarthecium luteo-viride*
콩짜개난 *Bulbophyllum drymoglossum*
큰바늘꽃 *Epilobium hirsutum*
탐라란 *Gastrochilus japonicus*
파초일엽 *Asplenium antiquum*
한라솜다리 *Leontopodium hallaisanense*
한라송이풀 *Pedicularis hallaisanensis*
해오라비난초 *Habenaria radiata*
홍월귤 *Arctous ruber*
황근 *Hibiscus hamabo*

가는다리장구채	*Silene jenisseensis* Willd.
가는대나물	*Gypsophila pacifica* Kom.
가는잎개별꽃	*Pseudostellaria sylvatica* (Maxim.) Pax
가는잎산들깨	*Mosla chinensis* Maxim.
가는잎향유	*Elsholtzia angustifolia* (Loes.) Kitag.
가문비나무	*Picea jezoensis* (Siebold & Zucc.) Carriere
가시딸기	*Rubus hongnoensis* Nakai
가시연꽃	*Euryale ferox* Salisb.
가시오갈피	*Eleutherococcus senticosus* (Rupr. & Maxim.) Maxim.
가침박달	*Exochorda serratifolia* S.Moore
각시수련	*Nymphaea tetragona* var. *minima* (Nakai) W.T.Lee
각시제비꽃	*Viola boissieuana* Makino
갈매기난초	*Platanthera japonica* (Thunb.) Lindl.
갈사초	*Carex ligulata* Nees
갑산제비꽃	*Viola kapsanensis* Nakai
강부추	*Allium longistylum* Baker
개가시나무	*Quercus gilva* Blume
개감채	*Lloydia serotina* (L.) Rchb.
개구리갓	*Ranunculus ternatus* Thunb.
개느삼	*Echinosophora koreensis* (Nakai) Nakai
개대황	*Rumex longifolius* DC.
개박하	*Nepeta cataria* L.
개벼룩	*Moehringia lateriflora* (L.) Fenzl
개병풍	*Astilboides tabularis* (Hemsl.) Engl.
개부싯깃고사리	*Cheilanthes fordii* Baker
개석송	*Lycopodium annotinum* L.
개쓴풀	*Swertia diluta* var. *tosaensis* (Makino) H. Hara
개연꽃	*Nuphar japonicum* DC.
개정향풀	*Trachomitum lancifolium* (Russanov) Pobed.
개족도리풀	*Asarum maculatum* Nakai
개종용	*Lathraea japonica* Miq.
개지치	*Lithospermum arvense* L.
개차고사리	*Asplenium oligophlebium* Baker
개톱고사리	*Diplazium okudairai* Makino
개톱날고사리	*Athyrium sheareri* (Baker) Ching
개회향	*Ligusticum tachiroei* (Franch. & Sav.) M.Hiroe & Constance
갯금불초	*Wedelia prostrata* Hemsl.
갯대추나무	*Paliurus ramosissimus* (Lour.) Poir.
갯방풍	*Glehnia littoralis* F.Schmidt ex Miq.
갯봄맞이	*Glaux maritima* var. *obtusifolia* Fernald
갯지치	*Mertensia asiatica* (Takeda) J.F.Macbr.
갯취	*Ligularia taquetii* (H.Lev. & Vaniot) Nakai
갯활량나물	*Thermopsis lupinoides* (L.) Link
거꾸리개고사리	*Athyrium reflexipinnum* Hayata
거문도닥나무	*Wikstroemia ganpi* (Siebold & Zucc.) Maxim.
거미란	*Taeniophyllum glandulosum* Blume
거센털꽃마리	*Trigonotis radicans* (Turcz.) Steven
거제딸기	*Rubus longisepalus* var. *tozawai* (Nakai) T.B.Lee

거지딸기	*Rubus sorbifolius* Maxim.
검은도루박이	*Scirpus sylvaticus* var. *maximowiczii* Regel
검은별고사리	*Thelypteris interrupta* (Willd.) K.Iwats.
검은재나무	*Symplocos prunifolia* Siebold & Zucc.
검팽나무	*Celtis choseniana* Nakai
게박쥐나물	*Parasenecio adenostyloides* (Franch. & Sav. ex Maxim.) H.Koyama
고란초	*Crypsinus hastatus* (Thunb.) Copel.
고추냉이	*Wasabia japonica* (Miq.) Matsum.
골고사리	*Asplenium scolopendrium* L.
공작고사리	*Adiantum pedatum* L.
과남풀	*Gentiana triflora* var. *japonica* (Kusn.) H. Hara
광릉골무꽃	*Scutellaria insignis* Nakai
광릉요강꽃	*Cypripedium japonicum* Thunb.
구름떡쑥	*Anaphalis sinica* var. *morii* (Nakai) Ohwi
구름병아리난초	*Gymnadenia cucullata* (L.) Rich.
구름송이풀	*Pedicularis verticillata* L.
구름체꽃	*Scabiosa tschiliensis* f. *alpina* (Nakai) W.T.Lee
구상나무	*Abies koreana* E.H.Wilson
구상난풀	*Monotropa hypopithys* L.
구슬개고사리	*Athyrium deltoidofrons* Makino
구실바위취	*Saxifraga octopetala* Nakai
국화방망이	*Sinosenecio koreanus* (Kom.) B.Nord.
귀박쥐나물	*Parasenecio auriculatus* (DC.) J.R.Grant
금강봄맞이	*Androsace cortusaefolia* Nakai
금강애기나리	*Streptopus ovalis* (Ohwi) F.T.Wang & Y.C.Tang
금강제비꽃	*Viola diamantiaca* Nakai
금강초롱꽃	*Hanabusaya asiatica* (Nakai) Nakai
금떡쑥	*Gnaphalium hypoleucum* DC.
금마타리	*Patrinia saniculifolia* Hemsl.
금방망이	*Senecio nemorensis* L.
금붓꽃	*Iris minutiaurea* Makino
금새우난초	*Calanthe sieboldii* Decne. ex Regel
금억새	*Miscanthus sinensis* var. *chejuensis* (Y.N.Lee) Y.N.Lee
금자란	*Saccolabium matsuran* (Makino) Schltr.
기생꽃	*Trientalis europaea* var. *arctica* (Fisch.) Ledeb.
긴개별꽃	*Pseudostellaria japonica* (Korsh.) Pax
긴갯금불초	*Wedelia chinensis* (Osbeck) Merr.
긴잎갈퀴	*Galium boreale* L.
긴잎꿩의다리	*Thalictrum simlex* var. *brevipes* Hara
긴잎별꽃	*Stellaria longifolia* Muhl. ex Willd.
긴흑삼릉	*Sparganium japonicum* Rothert
깃고사리	*Asplenium normale* D.Don
깔끔좁쌀풀	*Euphrasia coreana* W.Becker
깽깽이풀	*Jeffersonia dubia* (Maxim.) Benth. & Hook.f. ex Baker & S.Moore
께묵	*Hololeion maximowiczii* Kitam.
꼬리겨우살이	*Loranthus tanakae* Franch. & Sav.
꼬리말발도리	*Deutzia paniculata* Nakai
꼬리족제비고사리	*Dryopteris formosana* (Christ) C.Chr.

꼬리진달래	*Rhododendron micranthum* Turcz.
꼬마은난초	*Cephalanthera erecta* var. *subaphylla* (Miyabe & Kudo) Ohwi
꽃개회나무	*Syringa wolfii* C.K.Schneid.
꽃꿩의다리	*Thalictrum petaloideum* L.
꽃대	*Chloranthus serratus* (Thunb.) Roem. & Schult.
꽃장포	*Tofieldia nuda* Maxim.
꽃창포	*Iris ensata* var. *spontanea* (Makino) Nakai
꿩고사리	*Plagiogyria euphlebia* (Kunze) Mett.
끈끈이귀개	*Drosera peltata* var. *nipponica* (Masam.) Ohwi
끈끈이장구채	*Silene koreana* Kom.
끈끈이주걱	*Drosera rotundifolia* L.
끈적쥐꼬리풀	*Aletris foliata* (Maxim.) Makino & Nemote
나도개감채	*Lloydia triflora* (Ledeb.) Baker
나도고사리삼	*Ophioglossum vulgatum* L.
나도범의귀	*Mitella nuda* L.
나도생강	*Pollia japonica* Thunb.
나도수정초	*Monotropastrum humile* (D.Don) Hara
나도승마	*Kirengeshoma koreana* Nakai
나도씨눈란	*Herminium monorchis* (L.) R.A.Br
나도여로	*Zygadenus sibiricus* (L.) A.Gray
나도옥잠화	*Clintonia udensis* Trautv. & C.A.Mey.
나도은조롱	*Marsdenia tomentosa* Morren & Decne.
나도제비란	*Orchis cyclochila* (Franch. & Sav.) Soo
나도진퍼리고사리	*Thelypteris omeiensis* (Baker) Ching
나도풍란	*Aerides japonicum* Rchb.f.
나비국수나무	*Stephanandra incisa* var. *quadrifissa* (Nakai) T.B.Lee
나사미역고사리	*Polypodium fauriei* Christ
낙지다리	*Penthorum chinense* Pursh
낚시돌풀	*Hedyotis biflora* var. *parvifolia* Hook. & Arn.
난장이붓꽃	*Iris uniflora* var. *caricina* Kitag.
난장이이끼	*Crepidomanes amabile* (Nakai) K.Iwats.
날개하늘나리	*Lilium dauricum* KerGawl.
남가새	*Tribulus terrestris* L.
남바람꽃	*Anemone flaccida* F. Schmidt
낭독	*Euphorbia pallasii* Turcz.
냇씀바귀	*Ixeris tamagawaensis* (Makino) Kitam.
너도바람꽃	*Eranthis stellata* Maxim.
너도밤나무	*Fagus engleriana* Seemen ex Diels
너도제비란	*Orchis jooiokiana* Makino
넓은잎제비꽃	*Viola mirabilis* L.
노랑만병초	*Rhododendron aureum* Georgi
노랑무늬붓꽃	*Iris odaesanensis* Y.N.Lee
노랑붓꽃	*Iris koreana* Nakai
노랑투구꽃	*Aconitum sibiricum* Poir.
노랑팽나무	*Celtis edulis* Nakai
녹나무	*Cinnamomum camphora* (L.) J.Presl
눈썹고사리	*Asplenium wrightii* D.C.Eaton ex Hook.
눈잣나무	*Pinus pumila* (Pall.) Regel

눈측백	*Thuja koraiensis* Nakai
눈향나무	*Juniperus chinensis* var. *sargentii* A.Henry
느리미고사리	*Dryopteris tokyoensis* (Matsum. ex Makino) C.Chr.
능금나무	*Malus asiatica* Nakai
늦고사리삼	*Botrychium virginianum* (L.) Sw.
늦둥굴레	*Polygonatum infundiflorum* Y.S.Kim et al.
늦싸리	*Lespedeza maximowiczii* var. *elongata* Nakai
다북떡쑥	*Anaphalis sinica* Hance
다시마고사리삼	*Ophioglossum pendulum* L.
단양쑥부쟁이	*Aster altaicus* var. *uchiyamae* Kitam.
단풍딸기	*Rubus palmatus* Thunb.
단풍박쥐나무	*Alangium platanifolium* (Siebold & Zucc.) Harms
담팔수	*Elaeocarpus sylvestris* var. *ellipticus* (Thunb.) H. Hara
닻꽃	*Halenia corniculata* (L.) Cornaz
대구돌나물	*Tillaea aquatica* L.
대구사초	*Carex paxii* Kuk.
대성쓴풀	*Anagallidium dichotomum* (L.) Griseb.
대암사초	*Carex chordorhiza* L.f.
대청부채	*Iris dichotoma* Pall.
대흥란	*Cymbidium macrorrhizum* Lindl.
댕강나무	*Abelia mosanensis* T.H.Chung ex Nakai
댕댕이나무	*Lonicera caerulea* var. *edulis* Turcz. ex Herder
덩굴꽃마리	*Trigonotis icumae* (Maxim.) Makino
덩굴모밀	*Persicaria chinensis* (L.) H.Gross
덩굴민백미꽃	*Cynanchum japonicum* Morr. & Decne.
덩굴옻나무	*Rhus ambigua* H.Lev.
덩굴용담	*Tripterospermum japonicum* (Siebold & Zucc.) Maxim.
도깨비부채	*Rodgersia podophylla* A.Gray
도라지모시대	*Adenophora grandiflora* Nakai
독미나리	*Cicuta virosa* L.
돌방풍	*Carlesia sinensis* Dunn
동강할미꽃	*Pulsatilla tongkangensis* Y.N.Lee & T.C.Lee
동래엉겅퀴	*Cirsium toraiense* Nakai ex Kitam.
된장풀	*Desmodium caudatum* (Thunb.) DC.
두루미천남성	*Arisaema heterophyllum* Blume
두메개고사리	*Athyrium spinulosum* (Maxim.) Milde
두메닥나무	*Daphne pseudomezereum* var. *koreana* (Nakai) Hamaya
두메대극	*Euphorbia fauriei* H.Lev. & Vaniot ex H.Lev.
두메부추	*Allium senescens* L.
두잎감자난초	*Oreorchis coreana* Finet
두잎약난초	*Cremastra unguiculata* (Finet) Finet
둥근잎꿩의비름	*Hylotelephium ussuriense* (Kom.) H.Ohba
둥근잎조팝나무	*Spiraea betulifolia* Pall.
둥근잎택사	*Caldesia parnassifolia* (Bassi ex L.) Parl.
들떡쑥	*Leontopodium leontopodioides* (Willd.) Beauverd
들쭉나무	*Vaccinium uliginosum* L.
들통발	*Utricularia pilosa* (Makino) Makino
등대시호	*Bupleurum euphorbioides* Nakai

등에풀	*Dopatrium junceum* (Roxb.) Ham. ex Benth.
등칡	*Aristolochia manshuriensis* Kom.
등포풀	*Limosella aquatica* L.
땃두릅나무	*Oplopanax elatus* (Nakai) Nakai
땅귀개	*Utricularia bifida* L.
땅나리	*Lilium callosum* Siebold & Zucc.
떡조팝나무	*Spiraea chartacea* Nakai
마키노국화	*Dendranthema makinoi* (Matsum.) Y.N.Lee
만년콩	*Euchresta japonica* Regel
만리화	*Forsythia ovata* Nakai
만병초	*Rhododendron brachycarpum* D.Don ex G.Don
만삼	*Codonopsis pilosula* (Franch.) Nannf.
만주바람꽃	*Isopyrum manshuricum* (Kom.) Kom.
만주송이풀	*Pedicularis mandshurica* Maxim.
말나리	*Lilium distichum Nakai ex* Kamib.
망개나무	*Berchemia berchemiifolia* (Makino) Koidz.
매미꽃	*Coreanomecon hylomeconoides* Nakai
매화마름	*Ranunculus kazusensis* Makino
매화오리나무	*Clethra barbinervis* Siebold & Zucc.
먹넌출	*Berchemia racemosa* var. *magna* Makino
멱쇠채	*Scorzonera austriaca subsp. glabra* (Rupr.) Lipsch. & Krasch. ex Lipsch.
모감주나무	*Koelreuteria paniculata* Laxmann
모데미풀	*Megaleranthis saniculifolia* Ohwi
모새달	*Phacelurus latifolius* (Steud.) Ohwi
목련	*Magnolia kobus* DC.
몽울풀	*Elatostema densiflorum* Franch. & Sav.
무등풀	*Scleria mutoensis* Nakai
무엽란	*Lecanorchis japonica* Blume
무주나무	*Lasianthus japonicus* Miq.
문주란	*Crinum asiaticum* var. *japonicum* Baker
물고사리	*Ceratopteris thalictroides* (L.) Brongn.
물까치수염	*Lysimachia leucantha* Miq.
물꼬리풀	*Dysophylla stellata* (Lour.) Benth.
물부추	*Isoetes japonica* A.Braun
물석송	*Lycopodium cernuum* L.
물엉겅퀴	*Cirsium nipponicum* (Maxim.) Makino
물여뀌	*Persicaria amphibia* (L.) Delarbre
물잔디	*Pseudoraphis ukishiba* Ohwi
물질경이	*Ottelia alismoides* (L.) Pers.
미선나무	*Abeliophyllum distichum* Nakai
미역고사리	*Polypodium vulgare* L.
미치광이풀	*Scopolia japonica* Maxim.
민구와말	*Limnophila indica* (L.) Druce
바늘까치밥나무	*Ribes burejense* F.Schmidt
바늘명아주	*Chenopodium aristatum* L.
바늘엉겅퀴	*Cirsium rhinoceros* (H.Lev. & Vaniot) Nakai
바람꽃	*Anemone narcissiflora* L.
바위댕강나무	*Abelia integrifolia* Koidz.

바위모시	*Oreocnide fruticosa* (Gaudich.) Hand.-Mazz.
바위솜나물	*Tephroseris phaeantha* (Nakai) C.Jeffrey & Y.L.Chen
바위장대	*Arabis serrata* Franch. & Sav.
바위틈고사리	*Dryopteris laeta* (Kom.) C.Chr.
바이칼꿩의다리	*Thalictrum baicalense* Turcz.
바이칼바람꽃	*Anemone glabrata* (Maxim.) Juz.
박달목서	*Osmanthus insularis* Koidz.
반쪽고사리	*Pteris dispar* Kunze
밤일엽	*Neocheiropteris ensata* (Thunb.) Ching
밤잎고사리	*Colysis wrightii* (Hook.) Ching
방울난초	*Habenaria flagellifera* (Maxim.) Makino
방울새란	*Pogonia minor* (Makino) Makino
백두사초	*Carex peiktusani* Kom.
백량금	*Ardisia crenata* Sims
백리향	*Thymus quinquecostatus* Celak.
백부자	*Aconitum coreanum* (H.Lev.) Rapaics
백서향	*Daphne kiusiana* Miq.
백양꽃	*Lycoris sanguinea* var. *koreana* (Nakai) T.Koyama
백양더부살이	*Orobanche filicicola* Nakai
백운기름나물	*Peucedanum hakuunense* Nakai
백운란	*Vexillabium yakushimensis* (Yaman.) F.Maek.
백작약	*Paeonia japonica* (Makino) Miyabe & Takeda
버들금불초	*Inula salicina* var. *asiatica* Kitam.
버들바늘꽃	*Epilobium palustre* L.
버들일엽	*Loxogramme salicifolia* (Makino) Makino
버들잎엉겅퀴	*Cirsium lineare* (Thunb.) Sch.Bip.
버어먼초	*Burmannia cryptopetala* Makino
벌깨풀	*Dracocephalum rupestre* Hance
벌레먹이말	*Aldrovanda vesiculosa* L.
범부채	*Belamcanda chinensis* (L.) DC.
벗풀	*Sagittaria sagittifolia subsp. leucopetala* (Miq.) Hartog
벼룩아재비	*Mitrasacme alsinoides* R.Br.
변산바람꽃	*Eranthis byunsanensis* B.Y.Sun
병아리다리	*Salomonia oblongifolia* DC.
병풍쌈	*Parasenecio firmus* (Kom.) Y.L.Chen
복사앵도나무	*Prunus choreiana* H. T. Im
복주머니란	*Cypripedium macranthos* Sw.
봉래꼬리풀	*Veronica kiusiana* var. *diamantiaca* (Nakai) T.Yamaz.
부산꼬리풀	*Veronica pusanensis* Y.Lee
부채붓꽃	*Iris setosa Pall. ex* Link
북통발	*Utricularia ochroleuca* R.Hartm.
분홍바늘꽃	*Epilobium angustifolium* L.
분홍장구채	*Silene capitata* Kom.
붉은골풀아재비	*Rhynchospora rubra* (Lour.) Makino
붓순나무	*Illicium anisatum* L.
비고사리	*Lindsaea japonica* (Baker) Diels
비늘석송	*Lycopodium complanatum* L.
비로용담	*Gentiana jamesii* Hemsl.

비비추난초	*Tipularia japonica* Matsum.
비자란	*Sarcochilus japonicus* (Rchb.f.) Miq.
뻐꾹나리	*Tricyrtis macropoda* Miq.
사철란	*Goodyera schlechtendaliana* Rchb.f.
산개나리	*Forsythia saxatilis* (Nakai) Nakai
산닥나무	*Wikstroemia trichotoma* (Thunb.) Makino
산들깨	*Mosla japonica* (Benth.) Maxim.
산마늘	*Allium microdictyon* Prokh.
산부싯깃고사리	*Cheilanthes kuhnii* Milde
산분꽃나무	*Viburnum burejaeticum* Regel & Herder
산솜다리	*Leontopodium leiolepis* Nakai
산솜방망이	*Tephroseris flammea* (Turcz. ex DC.) Holub
산작약	*Paeonia obovata* Maxim.
산진달래	*Rhododendron dauricum* L.
산토끼꽃	*Dipsacus japonicus* Miq.
산파	*Allium maximowiczii* Regel
산흰쑥	*Artemisia sieversiana* Ehrh. ex Willd.
삼백초	*Saururus chinensis* (Lour.) Baill.
삼지구엽초	*Epimedium koreanum* Nakai
새깃아재비	*Woodwardia japonica* (L.f.) Sm.
새박	*Melothria japonica* (Thunb.) Maxim.
새우난초	*Calanthe discolor* Lindl.
서울개발나물	*Pterygopleurum neurophyllum* (Maxim.) Kitag.
석곡	*Dendrobium moniliforme* (L.) Sw.
선녀고사리	*Asplenium tenerum* G.Forst.
선둥굴레	*Polygonatum grandicaule* Y.S.Kim et al.
선백미꽃	*Cynanchum inamoenum* (Maxim.) Loes.
선제비꽃	*Viola raddeana* Regel
선투구꽃	*Aconitum umbrosum* (Korsh.) Kom.
설악눈주목	*Taxus caespitosa* Nakai
설앵초	*Primula modesta* var. *hannasanensis* T.Yamaz.
섬개야광나무	*Cotoneaster wilsonii* Nakai
섬공작고사리	*Adiantum monochlamys* Eaton
섬광대수염	*Lamium takesimense* Nakai
섬국수나무	*Physocarpus insularis* (Nakai) Nakai
섬꽃마리	*Cynoglossum zeylanicum* (Vahl ex Hornem.) Thunb. ex Lehm.
섬꿩고사리	*Plagiogyria japonica* Nakai
섬남성	*Arisaema takesimense* Nakai
섬노루귀	*Hepatica maxima* (Nakai) Nakai
섬다래	*Actinidia rufa* (Siebold & Zucc.) Planch. ex Miq.
섬댕강나무	*Abelia coreana* var. *insularis* (Nakai) W.T.Lee & W.K.Paik
섬말나리	*Lilium hansonii Leichtlin ex* D.D.T.Moore
섬매발톱나무	*Berberis amurensis* var. *quelpaertensis* Nakai
섬백리향	*Thymus quinquecostatus* var. *japonicus* H. Hara
섬시호	*Bupleurum latissimum* Nakai
섬오갈피나무	*Eleutherococcus gracilistylus* (W.W.Sm.) S.Y.Hu
섬자리공	*Phytolacca insularis* Nakai
섬잔대	*Adenophora taquetii*

섬쥐깨풀	*Mosla japonica* var. *thymolifera* (Makino) Kitam.
섬천남성	*Arisaema negishii* Makino
섬초롱꽃	*Campanula takesimana* Nakai
섬현삼	*Scrophularia takesimensis* Nakai
섬현호색	*Corydalis filistipes* Nakai
섬회나무	*Euonymus chibai* Makino
성주풀	*Centranthera cochinchinensis* var. *lutea* (Hara) Hara
세뿔석위	*Pyrrosia hastata* (Thunb.) Ching
세뿔투구꽃	*Aconitum austrokoreense* Koidz.
세잎승마	*Cimicifuga heracleifolia* var. *bifida* Nakai
세잎종덩굴	*Clematis koreana* Kom.
소귀나무	*Myrica rubra* (Lour.) Siebold & Zucc.
손고비	*Colysis elliptica* (Thunb.) Ching
손바닥난초	*Gymnadenia conopsea* (L.) R.A.Br
솔나리	*Lilium cernuum* Kom.
솔붓꽃	*Iris ruthenica* KerGawl.
솔송나무	*Tsuga sieboldii* Carrière
솔잎란	*Psilotum nudum* (L.) P.Beauv.
솜다리	*Leontopodium coreanum* Nakai
솜아마존	*Cynanchum amplexicaule* (Siebold & Zucc.) Hemsl.
솜양지꽃	*Potentilla discolor* Bunge
쇠채	*Scorzonera albicaulis* Bunge
수궁초	*Apocynum cannabinum* L.
수수새	*Sorghum nitidum* (Vahl) Pers. var. *nitidum*
수염마름	*Trapella sinensis* var. *antenifera* (H.Lev.) H. Hara
수정난풀	*Monotropa uniflora* L.
순채	*Brasenia schreberi* J.F.Gmelin
숟갈일엽	*Loxogramme saziran* Tagawa
숲바람꽃	*Anemone umbrosa* C.A.Mey.
시로미	*Empetrum nigrum* var. *japonicum* K.Koch
시호	*Bupleurum falcatum* L.
실꽃풀	*Chionographis japonica* (Willd.) Maxim.
실부추	*Allium anisopodium* Ledeb.
실사리	*Selaginella sibirica* (Milde) Hieron.
쑥방망이	*Senecio argunensis* Turcz.
쑥부지깽이	*Erysimum cheiranthoides* L.
씨눈난초	*Herminium lanceum* var. *longicrure* (C.Wright) Hara
아마풀	*Diarthron linifolium* Turcz.
아물고사리	*Dryopteris amurensis* (Milde) Christ
알록큰봉의꼬리	*Pteris nipponica* W.C.Shieh
암공작고사리	*Adiantum capillis-junonis* Rupr.
암매	*Diapensia lapponica var. obovata F.Schmidt*
애기가물고사리	*Woodsia glabella R.Br. ex Rich.*
애기담배풀	*Carpesium rosulatum Miq.*
애기더덕	*Codonopsis minima Nakai*
애기등	*Millettia japonica* (Siebold & Zucc.) A.Gray
애기물꽈리아재비	*Mimulus tenellus* Bunge
애기버어먼초	*Burmannia championii* Thwaites

애기사철란	*Goodyera repens* (L.) R.Br.
애기송이풀	*Pedicularis ishidoyana* Koidz. & Ohwi
애기우산나물	*Syneilesis aconitifolia* (Bunge) Maxim.
애기자운	*Gueldenstaedtia verna* (Georgi) Boriss.
애기천마	*Hetaeria sikokiana* (Makino & F.Maek.) Tuyama
야고	*Aeginetia indica* L.
약난초	*Cremastra variabilis* (Blume) Nakai ex Shibata
양뿔사초	*Carex capricornis* Meinsh. ex Maxim.
어리병풍	*Parasenecio pseudotaimingasa* (Nakai) K. J. Kim
여뀌잎제비꽃	*Viola thibaudieri* Franch. & Sav.
여름새우난초	*Calanthe reflexa* Maxim.
여우꼬리풀	*Aletris glabra* Bureau & Franch.
연영초	*Trillium kamtschaticum* Pall. ex Pursh
연잎꿩의다리	*Thalictrum coreanum* H.Lev.
연화바위솔	*Orostachys iwarenge* (Makino) Hara
염주사초	*Carex ischnostachya* Steud.
옥녀꽃대	*Chloranthus fortunei* (A.Gray) Solms
옹굿나물	*Aster fastigiatus* Fisch.
왕과	*Thladiantha dubia* Bunge
왕다람쥐꼬리	*Lycopodium cryptomerinum* Maxim.
왕둥굴레	*Polygonatum robustum* (Korsh.) Nakai
왕벚나무	*Prunus yedoensis* Matsum.
왕씀배	*Prenanthes ochroleuca* (Maxim.) Hemsl.
왕자귀나무	*Albizia kalkora* (Roxb.) Prain
왕제비꽃	*Viola websteri* Hemsl.
왕죽대아재비	*Streptopus koreanus* (Kom.) Ohwi
왜구실사리	*Selaginella helvetica* (L.) Spring
왜박주가리	*Tylophora floribunda* Miq.
왜솜다리	*Leontopodium japonicum* Miq.
외잎쑥	*Artemisia viridissima* (Kom.) Pamp.
용머리	*Dracocephalum argunense* Fisch. ex Link
울릉국화	*Dendranthema zawadskii* var. *lucidum* (Nakai) J.H.Park
원지	*Polygala tenuifolia* Willd.
월귤	*Vaccinium vitis-idaea* L.
위도상사화	*Lycoris uydoensis* M.Y.Kim
으름난초	*Galeola septentrionalis* Rchb.f.
이노리나무	*Crataegus komarovii* Sarg.
이삭귀개	*Utricularia racemosa* Wall.
이삭단엽란	*Microstylis monophyllos* (L.) Lindl.
이삭마디풀	*Polygonum polyneuron* Franch. & Sav.
이삭바꽃	*Aconitum kusnezoffii* Rchb.
이삭봄맞이	*Stimpsonia chamaedrioides* C.Wright ex A.Gray
이삭송이풀	*Pedicularis spicata* Pall.
이팝나무	*Chionanthus retusus* Lindl. & Paxton
인삼	*Panax ginseng* C.A.Mey.
일엽아재비	*Vittaria flexuosa* Fee
자라풀	*Hydrocharis dubia* (Blume) Backer
자란	*Bletilla striata* (Thunb.) Rchb.f.

자반풀	*Omphalodes krameri* Franch. & Sav.
자주꽃방망이	*Campanula glomerata* var. *dahurica* Fisch. ex KerGawl.
자주땅귀개	*Utricularia yakusimensis* Masam.
자주솜대	*Smilacina bicolor* Nakai
자주황기	*Astragalus dahuricus* (Pall.) DC.
작은황새풀	*Eriophorum gracile* Koch
장백제비꽃	*Viola biflora* L.
전주물꼬리풀	*Dysophylla yatabeana* Makino
정선황기	*Astragalus koraiensis* Y.N.Lee
정향나무	*Syringa patula* var. *kamibayshii* (Nakai) M.Y.Kim
정향풀	*Amsonia elliptica* (Thunb.) Roem. & Schult.
제비동자꽃	*Lychnis wilfordii* (Regel) Maxim.
제비붓꽃	*Iris laevigata* Fisch.
제주고사리삼	*Mankyua chejuense* B.Y.Sun et al.
제주달구지풀	*Trifolium lupinaster* f. *alpinus* (Nakai) M.Park
제주산버들	*Salix blinii* H.Lev.
제주상사화	*Lycoris chejuensis* K.H.Tae & S.C.Ko
제주황기	*Astragalus membranaceus* var. *alpinus* Nakai
조도만두나무	*Glochidion chodoense* J.S.Lee & H.T.Im
조름나물	*Menyanthes trifoliata* L.
좀갈매나무	*Rhamnus taquetii* (H.Lev. & Vaniot) H.Lev.
좀나도고사리삼	*Ophioglossum thermale* Kom.
좀다람쥐꼬리	*Lycopodium selago* L.
좀댕강나무	*Abelia serrata* Siebold & Zucc.
좀도깨비사초	*Carex idzuroei* Franch. & Sav.
좀민들레	*Taraxacum hallaisanense* Nakai
좀바늘사초	*Kobresia bellardii* (All.) Degl.
좀사다리고사리	*Thelypteris cystopteroides* (D.C.Eaton) Ching
좀사위질빵	*Clematis brevicaudata* DC.
좀어리연꽃	*Nymphoides coreana* (Lev.) Hara
좁은잎덩굴용담	*Pterygocalyx volubilis* Maxim.
좁은잎흑삼릉	*Sparganium hyperboreum* Laest. ex Beurl.
주걱댕강나무	*Abelia spathulata* Siebold & Zucc.
주걱비름	*Sedum tosaense* Makino
주걱일엽	*Loxogramme grammitoides* (Baker) C.Chr.
주름고사리	*Diplazium wichurae* (Mett.) Diels
주름제비란	*Gymnadenia camtschatica* (Cham.) Miyabe & Kudo
주목	*Taxus cuspidata* Siebold & Zucc.
죽대아재비	*Streptopus amplexifolius* var. *papillatus* Ohwi
죽백란	*Cymbidium lancifolium* Hook.
죽절초	*Sarcandra glabra* (Thunb.) Nakai
줄댕강나무	*Abelia tyaihyoni* Nakai
줄석송	*Lycopodium sieboldii* Miq.
쥐방울덩굴	*Aristolochia contorta* Bunge
지네발란	*Sarcanthus scolopendrifolius* Makino
지느러미고사리	*Hymenasplenium hondoense* (Murakami & Hatanaka) Nakaike
지리바꽃	*Aconitum chiisanense* Nakai
지리산오갈피	*Eleutherococcus divaricatus* var. *chiisanensis* (Nakai) C.H.Kim & B.Y.Sun

지치	*Lithospermum erythrorhizon* Siebold & Zucc.
진노랑상사화	*Lycoris chinensis* var. *sinuolata* K.H.Tae & S.C.Ko
진주고추나물	*Hypericum oliganthum* Franch. & Sav.
진퍼리개고사리	*Deparia okuboana* (Makino) M.Kato
진퍼리까치수염	*Lysimachia fortunei* Maxim.
진퍼리용담	*Gentiana scabra* f. *stenophylla* (H. Hara) W.K.Paik & W.T.Lee
진퍼리잔대	*Adenophora palustris* Kom.
차걸이란	*Oberonia japonica* (Maxim.) Makino
차꼬리고사리	*Asplenium trichomanes* L.
참나무겨우살이	*Taxillus yadoriki* (Siebold) Danser
참물부추	*Isoetes coreana* Y.H.Chung & H.G.Choi
참배암차즈기	*Salvia chanryoenica* Nakai
참작약	*Paeonia lactiflora* var. *trichocarpa* (Bunge) Stern
참좁쌀풀	*Lysimachia coreana* Nakai
창일엽	*Microsorum superficiale* (Blume) Ching
창포	*Acorus calamus* L.
채고추나물	*Hypericum attenuatum* Fisch. ex Choisy
채진목	*Amelanchier asiatica* (Siebold & Zucc.) Endl. ex Walp.
처진물봉선	*Impatiens koreana* (Nakai) B.U.Oh
천마	*Gastrodia elata* Blume
청닭의난초	*Epipactis papillosa* Franch. & Sav.
청사조	*Berchemia racemosa* Siebold & Zucc.
초령목	*Michelia compressa* (Maxim.) Sarg.
초종용	*Orobanche coerulescens* Stephan
측백나무	*Thuja orientalis* L.
층층고란초	*Crypsinus veitchii* (Baker) Copel.
층층둥굴레	*Polygonatum stenophyllum* Maxim.
칠보치마	*Metanarthecium luteoviride* Maxim.
콩짜개란	*Bulbophyllum drymoglossum* Maxim. ex Okub.
큰개고사리	*Diplazium mesosorum* (Makino) Koidz.
큰고추나물	*Hypericum attenuatum* var. *confertissium* (Nakai) T.B.Lee
큰구와꼬리풀	*Veronica pyrethrina* Nakai
큰두루미꽃	*Maianthemum dilatatum* (Wood) A.Nelson & J.F.Macbr.
큰바늘꽃	*Epilobium hirsutum* L.
큰방울새란	*Pogonia japonica* Rchb.f.
큰솔나리	*Lilium tenuifolium* Fisch.
큰연영초	*Trillium tschonoskii* Maxim.
큰옥매듭풀	*Polygonum bellardii* All.
큰잎쓴풀	*Swertia wilfordii* J.Kern.
큰절굿대	*Echinops latifolius* Tausch
큰제비고깔	*Delphinium maackianum* Regel
큰처녀고사리	*Thelypteris quelpaertensis* (Christ) Ching
키큰산국	*Leucanthemella linearis* (Matsum.) Tzvelev
탐라난	*Saccolabium japonicus* (Makino) Schltr.
태백제비꽃	*Viola albida* Palib.
털복주머니란	*Cypripedium guttatum* var. *koreanum* Nakai
털연리초	*Lathyrus palustris* subsp. *pilosus* (Cham.) Hulten
털조장나무	*Lindera sericea* (Siebold & Zucc.) Blume

토끼고사리	*Gymnocarpium dryopteris* (L.) Newman
토현삼	*Scrophularia koraiensis* Nakai
톱지네고사리	*Dryopteris cycadina* (Franch. & Sav.) C.Chr.
통발	*Utricularia vulgaris* var. *japonica* (Makino) Tamura
파초일엽	*Asplenium antiquum* Makino
풍란	*Angraecum falcatum* Lindl.
피뿌리풀	*Stellera chamaejasme* L.
한계령풀	*Leontice microrhyncha* S.Moore
한들고사리	*Cystopteris fragilis* (L.) Bernh.
한라개승마	*Aruncus aethusifolius* (H.Lev.) Nakai
한라구절초	*Dendranthema coreanum* (H.Lev. & Vaniot) Vorosch.
한라꽃장포	*Tofieldia coccinea* var. *kondoi* (Miyabe & Kudo) Hara
한라돌쩌귀	*Aconitum japonicum subsp. napiforme* (H.Lev. & Vaniot) Kadota
한라산참꽃나무	*Rhododendron saisiuense* Nakai
한라솜다리	*Leontopodium hallaisanense* Hand.-Mazz.
한라송이풀	*Pedicularis hallaisanensis* Hurus.
한라옥잠난초	*Liparis auriculata* Blume ex Miq.
한라잠자리난	*Platanthera minor* (Miq.) Rchb.f.
한라장구채	*Silene fasciculata* Nakai
한라천마	*Gastrodia verrucosa* Blume
한란	*Cymbidium kanran* Makino
해녀콩	*Canavalia lineata* (Thunb.) DC.
해변노간주	*Juniperus rigida* var. *conferta* (Parl.) Patschke
해오라비난초	*Habenaria radiata* (Thunb.) Spreng.
햇사초	*Carex pseudochinensis* H.Lev. & Vaniot
헐떡이풀	*Tiarella polyphylla* D.Don
호랑가시나무	*Ilex cornuta* Lindl. & Paxton
혹난초	*Bulbophyllum inconspicuum* Maxim.
홀아비바람꽃	*Anemone koraiensis* Nakai
홍도까치수염	*Lysimachia pentapetala* Bunge
홍도서덜취	*Saussurea polylepis* Nakai
홍월귤	*Arctous ruber* (Rehder & E.H.Wilson) Nakai
화엄제비꽃	*Viola ibukiana* Makino
황근	*Hibiscus hamabo* Siebold & Zucc.
회솔나무	*Taxus baccata* var. *latifolia* Nakai
흑난초	*Liparis nervosa* (Thunb.) Lindl.
흑산도비비추	*Hosta yingeri* S.B.Jones
흑삼릉	*Sparganium erectum* L.
흑오미자	*Schisandra repanda* (Siebold & Zucc.) Radlk.
흰땃딸기	*Fragaria nipponica* Makino
흰인가목	*Rosa koreana* Kom.
흰참꽃나무	*Rhododendron tschonoskii* Maxim.
히어리	*Corylopsis gotoana* var. *coreana* (Uyeki) T.Yamaz.

전라도 야생화 찾아보기

ㄱ

가는잎쑥부쟁이 ··· 21
가는오이풀 ··· 189
가는장구채 ··· 61
가래 ··· 552
가막사리 ··· 528
가막살나무 ··· 460
가시꽈리 ··· 427
가시연꽃 ··· 74
가야산은분취 ··· 495
각시붓꽃 ··· 645
각시서덜취 ··· 496
갈대 ··· 568
갈퀴나물 ··· 216
감국 ··· 533
감자난 ··· 667
강아지풀 ··· 563
개감수 ··· 251
개갓냉이 ··· 135
개곽향 ··· 402
개구리미나리 ··· 94
개구리발톱 ··· 100
개구리자리 ··· 92
개망초 ··· 514
개머루 ··· 268
개미자리 ··· 60
개발나물 ··· 327
개별꽃 ··· 63
개불알풀 ··· 438
개시호 ··· 326
개싸리 ··· 210
개쑥갓 ··· 522
개쑥부쟁이 ··· 511
개여뀌 ··· 51
개자리 ··· 232
개정향풀 ··· 372
개족도리풀 ··· 32
개질경이 ··· 452
갯강아지풀 ··· 558
갯강활 ··· 330
갯기름나물 ··· 331
갯까치수영 ··· 349
갯메꽃 ··· 382
갯방풍 ··· 323
갯버들 ··· 22
갯쑥부쟁이 ··· 487
갯완두 ··· 219
갯장구채 ··· 71
갯질경 ··· 353
겨우살이 ··· 31
계요등 ··· 454
고광나무 ··· 158
고들빼기 ··· 549
고마리 ··· 43
고사리삼 ··· 13
고삼 ··· 207
고추나무 ··· 256
고추나물 ··· 282
골담초 ··· 228
골등골나물 ··· 506
골무꽃 ··· 403
골잎원추리 ··· 623
골풀 ··· 589
곰딸기 ··· 183
곰취 ··· 520
공조팝나무 ··· 170
광대나물 ··· 412
광대수염 ··· 413
광릉요강꽃 ··· 652
괭이밥 ··· 239
구기자나무 ··· 425
구슬붕이 ··· 367
구절초 ··· 531
국수나무 ··· 173
금강아지풀 ··· 564
금강애기나리 ··· 594
금난초 ··· 656
금낭화 ··· 121
금마타리 ··· 466
금목서 ··· 358
금불초 ··· 503
금새우난 ··· 665
금창초 ··· 399
기린초 ··· 143
기생여뀌 ··· 46
긴담배풀 ··· 505
긴병꽃풀 ··· 407
길마가지나무 ··· 465
까마귀머루 ··· 267
까마귀밥여름나무 ··· 160
까마중 ··· 428
까치고들빼기 ··· 486
까치수영 ··· 347
깽깽이풀 ··· 113
꼬마은난초 ··· 658
꼭두서니 ··· 455
꽃다지 ··· 137
꽃대 ··· 20
꽃마리 ··· 390
꽃며느리밥풀 ··· 439
꽃창포 ··· 647
꽃층층이꽃 ··· 417
꽃향유 ··· 420
꾸지뽕나무 ··· 25
꿀풀 ··· 408
꿩의다리 ··· 98
꿩의바람꽃 ··· 91
꿩의밥 ··· 590
끈끈이귀개 ··· 140
끈끈이주걱 ··· 139

ㄴ

나도개감채 ··· 628
나도물통이 ··· 29
나도바람꽃 ··· 78
나도밤나무 ··· 261
나도생강 ··· 584
나도송이풀 ··· 441
나도승마 ··· 155
나도제비란 ··· 649
나도풍란 ··· 673
나래가막살이 ··· 480
나래완두 ··· 217
나문재 ··· 53

난장위바위솔 ············ 142
남산제비꽃 ············ 283
내장금란초 ············ 400
냉이 ············ 136
너도바람꽃 ············ 106
넓은잎딱총나무 ············ 457
넓은잎천남성 ············ 574
네잎갈퀴나물 ············ 203
노각나무 ············ 275
노랑물봉선화 ············ 262
노랑붓꽃 ············ 646
노랑어리연꽃 ············ 370
노랑제비꽃 ············ 292
노루귀 ············ 89
노루발 ············ 337
노루삼 ············ 104
노루오줌 ············ 148
노린재나무 ············ 354
논냉이 ············ 134
놋젓가락나물 ············ 103
누리장나무 ············ 393
누린내풀 ············ 395
누운주름잎 ············ 433
눈개승마 ············ 174
눈괴불주머니 ············ 128

ㄷ

다정큼나무 ············ 196
닥나무 ············ 24
단풍나무 ············ 259
단풍취 ············ 500
닭의덩굴 ············ 39
닭의장풀 ············ 588
담배풀 ············ 504
담쟁이덩굴 ············ 269
당아욱 ············ 272
대극 ············ 250
대흥란 ············ 670
댓잎현호색 ············ 124
댕댕이덩굴 ············ 114
더덕 ············ 472
덜꿩나무 ············ 459
덩굴닭의장풀 ············ 585
도깨비바늘 ············ 529
도라지 ············ 471
도라지모시대 ············ 476
독활 ············ 319
돈나무 ············ 161
돌가시나무 ············ 192
돌나물 ············ 145
돌단풍 ············ 150
돌바늘꽃 ············ 310
돌양지꽃 ············ 176
돌콩 ············ 222
동백나무 ············ 277
동의나물 ············ 108
동자꽃 ············ 70
두루미천남성 ············ 581
두릅나무 ············ 318
둥굴레 ············ 609
둥근이질풀 ············ 238
둥근잎나팔꽃 ············ 381
들현호색 ············ 126
등골나물 ············ 507
등대시호 ············ 325
등대풀 ············ 249
딱지꽃 ············ 180
딱총나무 ············ 458
땅귀개 ············ 447
땅나리 ············ 635
땅비싸리 ············ 224
땅채송화 ············ 146
때죽나무 ············ 356
떡버들 ············ 21
떡쑥 ············ 501
뚜껑덩굴 ············ 295
뚝갈 ············ 468
뜰보리수 ············ 301
띠 ············ 560

ㅁ

마 ············ 644
마가목 ············ 198
마름 ············ 307
마삭줄 ············ 373
마타리 ············ 467
마편초 ············ 391
만수국아재비 ············ 524
만주바람꽃 ············ 105
말나리 ············ 631
말오줌때 ············ 257
말채나무 ············ 334
망초 ············ 515
매듭풀 ············ 212
매미꽃 ············ 120
매화노루발 ············ 336
맥문동 ············ 600
머위 ············ 516
먼나무 ············ 254
멀구슬나무 ············ 243
멀꿀 ············ 111
멍석딸기 ············ 184
메꽃 ············ 383
며느리밑씻개 ············ 42
며느리배꼽 ············ 41
모감주나무 ············ 260
모데미풀 ············ 107
모래지치 ············ 387
모시대 ············ 477
무릇 ············ 638
물꽈리아재비 ············ 431
물닭개비 ············ 593
물레나물 ············ 281
물매화 ············ 154
물봉선 ············ 263
물수세미 ············ 313
물양지꽃 ············ 167
물옥잠 ············ 592
물질경이 ············ 556
물참대 ············ 156
물푸레나무 ············ 359
미국가막사리 ············ 527
미국미역취 ············ 509
미국실새삼 ············ 386
미국쑥부쟁이 ············ 512
미국자리공 ············ 57
미꾸리낚시 ············ 44

미나리냉이 ··· 132
미나리아재비 ··· 93
미선나무 ··· 363
미역줄나무 ··· 255
미역취 ··· 508
미치광이풀 ··· 426
민들레 ··· 536
민백미꽃 ··· 378
밀사초 ··· 570

ㅂ

바늘꽃 ··· 311
바디나물 ··· 329
바보여뀌 ··· 50
바위떡풀 ··· 151
바위말발도리 ··· 157
바위솔 ··· 141
바위채송화 ··· 147
바위취 ··· 152
박새 ··· 615
박주가리 ··· 376
박쥐나물 ··· 523
박하 ··· 418
반디지치 ··· 388
반하 ··· 579
밤나무 ··· 23
방가지똥 ··· 545
방동사니 ··· 572
방아풀 ··· 421
방울고랭이 ··· 571
밭뚝외풀 ··· 435
배롱나무 ··· 305
배암차즈기 ··· 414
배초향 ··· 405
배풍등 ··· 429
백당나무 ··· 461
백량금 ··· 343
백서향 ··· 299
백선 ··· 242
백양꽃 ··· 640
백양더부살이 ··· 443
백운란 ··· 662
백작약 ··· 109
뱀딸기 ··· 175
번행초 ··· 58
벋음씀바귀 ··· 539
벌개미취 ··· 549
벌깨덩굴 ··· 406
벌노랑이 ··· 227
범꼬리 ··· 38
벗풀 ··· 554
변산바람꽃 ··· 77
별꽃 ··· 67
병꽃나무 ··· 463
병아리다리 ··· 245
병조희풀 ··· 80
보리밥나무 ··· 304
보리수나무 ··· 302
보리장나무 ··· 303
보춘화 ··· 669
보풀 ··· 555
복분자딸기 ··· 185
복수초 ··· 95
복주머니란 ··· 651
봄구슬붕이 ··· 368
봄맞이 ··· 352
부게꽃나무 ··· 258
부들 ··· 550
부레옥잠 ··· 591
부처꽃 ··· 306
붉나무 ··· 252
붉은대극 ··· 247
붉은병꽃나무 ··· 462
붉은서나물 ··· 518
붉은토끼풀 ··· 230
붓꽃 ··· 648
비비추 ··· 618
비수리 ··· 211
빗살현호색 ··· 125
뻐꾹나리 ··· 614
뽀리뱅이 ··· 547

ㅅ

사데풀 ··· 544
사마귀풀 ··· 587
사상자 ··· 321
사스레피나무 ··· 279
사위질빵 ··· 87
사철란 ··· 661
산괴불주머니 ··· 130
산괭이눈 ··· 153
산국 ··· 532
산꼬리풀 ··· 436
산꿩의다리 ··· 97
산딸기 ··· 163
산딸나무 ··· 332
산마늘 ··· 625
산박하 ··· 422
산부추 ··· 626
산비장이 ··· 498
산뽕나무 ··· 26
산수국 ··· 159
산수유 ··· 335
산여뀌 ··· 35
산오이풀 ··· 166
산자고 ··· 629
산조팝나무 ··· 171
산철쭉 ··· 341
산초나무 ··· 241
산파 ··· 599
산해박 ··· 377
살갈퀴 ··· 215
삼백초 ··· 16
삼지구엽초 ··· 112
삼지닥나무 ··· 300
삽주 ··· 489
삿갓나물 ··· 602
상동나무 ··· 265
상사화 ··· 642
새끼노루귀 ··· 90
새박 ··· 294
새삼 ··· 384
새우난초 ··· 664
새콩 ··· 223
새팥 ··· 220
생강나무 ··· 116
생열귀나무 ··· 193

생이가래 15
서양민들레 537
서향 298
석곡 668
석산 641
석잠풀 411
석창포 576
선등갈퀴 202
선밀나물 612
선백미꽃 379
선씀바귀 542
선인장 293
섬사철란 650
섬천남성 580
세잎양지꽃 179
세잎종덩굴 82
소경불알 470
소엽맥문동 601
속단 424
솔나리 634
솔나물 456
솜나물 499
솜방망이 521
솜양지꽃 177
송악 314
송이풀 442
송장풀 410
쇠뜨기 12
쇠무릎 55
쇠물푸레 360
쇠별꽃 66
쇠비름 59
쇠서나물 534
쇠털이슬 309
수까치깨 274
수련 75
수리딸기 182
수리취 497
수선화 643
수염가래꽃 479
수영 37
수정난풀 338
수크령 562
숙은노루오줌 149
순비기나무 394
순채 72
술패랭이꽃 69
숫잔대 478
쉬땅나무 168
쉽싸리 416
실새삼 385
싸리 209
쑥부쟁이 510
쓴풀 365
씀바귀 541

ㅇ

아구장나무 172
아까시나무 226
아욱 271
앉은부채 577
알록제비꽃 284
알며느리밥풀 440
알방동사니 573
애기나리 606
애기나팔꽃 380
애기도라지 473
애기등 225
애기똥풀 118
애기마름 308
애기부들 551
애기수영 36
애기앉은부채 578
애기천마 660
애기풀 244
앵초 351
야고 444
약난초 666
약모밀 17
양지꽃 178
어리연꽃 371
어수리 324
억새 561
얼레지 627
엉겅퀴 492
여뀌 34
연꽃 76
염주괴불주머니 129
영아자 474
영춘화 364
예덕나무 246
오리방풀 423
오리새 567
오이풀 188
옥녀꽃대 19
옥잠화 617
왕고들빼기 543
왕둥굴레 610
왕머루 266
왕쌀새 566
왕원추리 621
왕자귀나무 205
왜개연꽃 73
왜당귀 328
왜현호색 122
외대으아리 84
용담 369
용둥굴레 611
우묵사스레피 280
우산나물 517
원추리 620
유럽점나도나물 64
윤판나물 605
으름 110
으아리 85
은난초 657
은목서 357
은방울꽃 603
음나무 317
이고들빼기 548
이삭귀개 446
이삭여뀌 40
이스라지 195
이질풀 236
이팝나무 361
익모초 409
인동 464
일월비비추 619

ㅈ

자귀나무 ···· 204
자귀풀 ···· 214
자금우 ···· 344
자라풀 ···· 557
자란 ···· 663
자리공 ···· 56
자운영 ···· 229
자주가는오이풀 ···· 165
자주광대나물 ···· 398
자주괴불주머니 ···· 127
자주꿩의다리 ···· 96
자주닭개비 ···· 586
자주쓴풀 ···· 366
자주조희풀 ···· 81
작살나무 ···· 392
잠자리난초 ···· 653
장구밥나무 ···· 270
장대나물 ···· 138
장딸기 ···· 186
전동싸리 ···· 233
절굿대 ···· 488
점나도나물 ···· 65
정금나무 ···· 342
정영엉겅퀴 ···· 493
제비꽃 ···· 289
제비난 ···· 654
조개나물 ···· 401
조릿대 ···· 559
조밥나물 ···· 538
조뱅이 ···· 491
조팝나무 ···· 169
족도리풀 ···· 33
족제비싸리 ···· 201
졸방제비꽃 ···· 290
좀가지풀 ···· 346
좀깨잎나무 ···· 30
좀씀바귀 ···· 540
종덩굴 ···· 79
주걱비비추 ···· 598
주름잎 ···· 434
주홍서나물 ···· 485
죽대 ···· 608
줄 ···· 565
중의무릇 ···· 637
쥐깨풀 ···· 415
쥐꼬리망초 ···· 449
쥐꼬리풀 ···· 624
쥐똥나무 ···· 362
쥐오줌풀 ···· 469
지네발란 ···· 671
지느러미엉겅퀴 ···· 490
지칭개 ···· 494
진노랑상사화 ···· 639
진달래 ···· 339
진득찰 ···· 525
진퍼리까치수영 ···· 345
질경이 ···· 451
질경이택사 ···· 553
짚신나물 ···· 190
쪽 ···· 48
쪽동백나무 ···· 355
찔레 ···· 191

ㅊ

차나무 ···· 276
차풀 ···· 206
참골무꽃 ···· 404
참꽃마리 ···· 389
참꿩의다리 ···· 99
참나리 ···· 636
참싸리 ···· 208
참여로 ···· 597
참오동나무 ···· 430
참조팝나무 ···· 164
참취 ···· 484
창질경이 ···· 453
창포 ···· 575
처녀치마 ···· 596
천남성 ···· 582
천마 ···· 655
천선과나무 ···· 27
청미래덩굴 ···· 613
초종용 ···· 445
초피나무 ···· 240
층꽃나무 ···· 396
층층나무 ···· 333
층층잔대 ···· 475
칠면초 ···· 52
칡 ···· 221

ㅋ

콩배나무 ···· 197
콩제비꽃 ···· 291
콩짜개덩굴 ···· 14
큰개별꽃 ···· 62
큰개불알풀 ···· 437
큰개여뀌 ···· 47
큰까치수영 ···· 348
큰꽃으아리 ···· 83
큰꿩의비름 ···· 144
큰달맞이꽃 ···· 312
큰도둑놈의갈고리 ···· 213
큰땅빈대 ···· 248
큰방가지똥 ···· 546
큰뱀무 ···· 181
큰애기나리 ···· 607
큰앵초 ···· 350
큰제비고깔 ···· 101
큰천남성 ···· 583
큰피막이 ···· 320
큰황새냉이 ···· 133

ㅌ

타래난초 ···· 659
태백제비꽃 ···· 286
터리풀 ···· 187
털마삭줄 ···· 374
털머위 ···· 519
털여뀌 ···· 45
털제비꽃 ···· 285
털조장나무 ···· 117
털중나리 ···· 633
털쥐손이 ···· 237
털진달래 ···· 340

토끼풀 ······ 231
토현삼 ······ 432
톱풀 ······ 530
통발 ······ 448
통보리사초 ······ 569

ㅍ

파리풀 ······ 450
팔손이나무 ······ 316
팥꽃나무 ······ 297
팥배나무 ······ 199
패랭이꽃 ······ 68
풀솜나물 ······ 502
풀솜대 ······ 604
풍란 ······ 672
풍접초 ······ 131
피나물 ······ 119

ㅎ

하늘나리 ······ 632
하늘말나리 ······ 630
하늘타리 ······ 296
한련초 ······ 529
할미꽃 ······ 88
할미밀망 ······ 86
함박꽃나무 ······ 115
해국 ······ 513
해당화 ······ 194
해홍나물 ······ 54
향등골나물 ······ 482
향유 ······ 419
현호색 ······ 123
협죽도 ······ 375
호랑가시나무 ······ 253
홀아비꽃대 ······ 18
홍도원추리 ······ 595
홑왕원추리 ······ 622
환삼덩굴 ······ 28
활나물 ······ 234
활량나물 ······ 218
황근 ······ 273
황기 ······ 200
황칠나무 ······ 315
회향 ······ 322
흰골무꽃 ······ 397
흰꽃여뀌 ······ 49
흰동백나무 ······ 278
흰물봉선 ······ 264
흰민들레 ······ 535
흰씀바귀 ······ 481
흰여로 ······ 616
흰이질풀 ······ 235
흰젖제비꽃 ······ 287
흰제비꽃 ······ 288
흰진범 ······ 102
히어리 ······ 162

전라도 야생화

1쇄_ 2015년 1월 30일
발행인_ 오영상
발행처_ 영민기획
편집디자인_ 전율호, 김현희
주소_ 광주광역시 서구 회재로 898(2F)
대표전화 062)232-7008
등록_ 제05-01-0337호(2004. 6. 12)

ISBN 978-89-93726-16-9 06480

값 35,000원